Stahlleichtbau von Maschinen

Konstruktionsbücher

Herausgeber Professor Dr.-Ing. K. Kollmann, Karlsruhe

1

Stahlleichtbau von Maschinen

von

<table>
<tr><td align="center">Dipl.-Ing. K. Bobek
Konstruktionsdirektor
der Allgemeinen Elektricitäts-Gesellschaft Berlin</td><td align="center">Dr.-Ing. A. Heiß
Alfred Teves, Maschinen- und Armaturenfabrik KG
Frankfurt (Main)</td></tr>
</table>

und

Dr.-Ing. Fr. Schmidt

Oberingenieur der M A N Augsburg

Zweite neubearbeitete Auflage

Mit 243 Abbildungen

Springer-Verlag Berlin Heidelberg GmbH

1955

ISBN 978-3-642-49083-5   ISBN 978-3-642-94654-7 (eBook)
DOI 10.1007/978-3-642-94654-7

Vorwort zur zweiten Auflage.

Die steigenden Anforderungen, die heute bezüglich der Wirtschaftlichkeit der Herstellung und der Betriebstüchtigkeit der Industrieprodukte gestellt werden, zwingen auf allen Gebieten des Maschinenbaues dazu, mit dem Werkstoff sparsam umzugehen und durch geeignete konstruktive Ausbildung aller Einzelteile die Fertigungskosten und Fertigungszeiten zu senken. Für den Konstrukteur ist deshalb die Beschäftigung mit den Problemen des Leichtbaues von Maschinen, insbesondere des Stahlleichtbaues, von großer Wichtigkeit. Das Interesse, das der ersten Auflage dieses Buches aus dem Kreise der Praxis entgegengebracht wurde, ermutigte die Verfasser zur Neubearbeitung einer zweiten Auflage, die dem neuesten Stand der Erfahrungen gerecht zu werden versucht und in einigen Abschnitten völlig umgearbeitet wurde.

Der Leichtbau ist heute im wesentlichen gekennzeichnet durch Stahlschweißkonstruktionen, die sich bei Verwendung geeigneter Vorrichtungen und Werkzeuge (— man denke nur an den Bau selbsttragender Karosserien in modernen Fahrzeugfabriken —) auch für große Stückzahlen, also hohe Produktionsziffern, eignen. Am Beispiel der Elektroindustrie, des Werkzeugmaschinenbaues und der Fertigung von Verbrennungsmotoren wird versucht, wesentliche Richtlinien für den Konstrukteur herauszustellen, um ihm das Gestalten von neuartigen Konstruktionselementen in Leichtbauweise zu ermöglichen.

Da sich das Buch in erster Linie an den Konstrukteur wendet, ist über die eigentlichen Schweißverfahren nur wenig gesagt. Dagegen ist der Beurteilung des Festigkeitsverhaltens von Schweißkonstruktionen große Aufmerksamkeit gewidmet. Aber auch die kombinierte Guß- und Stahl-Schweißbauweise, die vor allem für große und schwere Maschinengehäuse und -gestelle an Stelle von komplizierten Gußteilen in Betracht zu ziehen ist, wird eingehend an Hand von Beispielen behandelt.

So soll das Büchlein, für dessen Ausgestaltung die Autoren in selbstloser Weise keine Mühe gescheut haben und für dessen sorgfältige und ansprechende Ausführung dem Springer-Verlag sowie allen Firmen, die wertvolles Bildmaterial beigesteuert haben, verbindlich gedankt sei, ein Ratgeber für den Konstrukteur werden. Verlag und Herausgeber würden es freudig begrüßen, wenn die vorliegende Form des Büchleins neue Anregungen zur Ausgestaltung der Reihe der „Konstruktionsbücher" geben würde.

Karlsruhe, im April 1955.

K. Kollmann.

Inhaltsverzeichnis.

I. Grundlagen des Stahlleichtbaues.
Von Dipl.-Ing. K. Bobek, Berlin.

II. Stahlleichtbau von Elektromaschinen.
Von Dipl.-Ing. K. Bobek, Berlin.

III. Stahlschweißbau von Werkzeugmaschinen.
Von Dr.-Ing. A. Heiss, Frankfurt (Main).

IV. Stahlleichtbau für Verbrennungsmaschinen.
Von Dr.-Ing. Fr. Schmidt, Augsburg.

I. Grundlagen des Stahlleichtbaues.

Von Dipl.-Ing. K. Bobek, Berlin.

A. Leichtbau allgemein.

Ziel des Leichtbaues ist, das Gewicht je Leistungseinheit einer Maschine oder eines sonstigen technischen Erzeugnisses herabzusetzen. Es ist von der Werkstoff- und Fertigungsseite her grundsätzlich auf 2 Wegen erreichbar: durch weitgehenden *Einsatz von Leichtmetallen* oder durch die *Anwendung des Stahlleichtbaues*. Konstruktionen aus Leichtmetall sind in der Regel entweder kleinen und hochwertigen Erzeugnissen vorbehalten, bei denen die Preisfrage nicht im Vordergrunde steht, oder solchen, bei denen die Verteuerung gegenüber Guß- oder Stahlausführungen durch wesentliche Vorteile aufgewogen wird, wie z. B. im Fahrzeugbau. Der Stahlleichtbau erstrebt neben der Gewichtsverminderung in erster Linie eine *Verbilligung* der Erzeugnisse unbeschadet der Absicht, damit auch Qualitätsverbesserungen oder andere Vorteile zu verbinden.

Damit ist der Stahlleichtbau nicht etwa nur als eine Geschmacksrichtung im Maschinenbau anzusehen, sondern er bietet auch die Möglichkeit, wirtschaftliche und, wie sich noch zeigen wird, auch technische Vorteile zu erzielen.

Es ist nicht zu erwarten, daß der Stahlleichtbau die Gußeisenkonstruktion im Maschinenbau vollständig verdrängen wird. Es gibt aber eine Reihe von Anwendungsmöglichkeiten, auf denen er in der Praxis den Beweis seiner unleugbaren, ja entscheidenden Überlegenheit erbracht hat. Mit diesen Gebieten wird sich der vorliegende Band beschäftigen.

Selbstverständlich ist die volle Entfaltung der technischen und wirtschaftlichen Möglichkeiten, die der Stahlleichtbau bietet, daran gebunden, daß Gestaltung und Fertigung sich seinen besonderen Anforderungen unterwerfen. Der Konstrukteur darf nicht etwa versuchen, eine ausgereifte Gußkonstruktion in Stahlbau nachzubilden. Er muß in einem anderen Werkstoff, mit anderen Formgebungselementen und in einer veränderten Herstellung denken lernen. Er muß sich hüten, über das Ziel hinauszuschießen, und muß die wirtschaftlichen Grenzen der Anwendung des Stahlleichtbaues immer im Auge behalten. Mit anderen Worten: auch wenn er die Gesetze der Gestaltung im Stahlleichtbau beherrscht, muß er sich den objektiven Blick für die jeweils richtige Wahl des Werkstoffes und der daraus folgernden Konstruktion und Fertigungsart bewahren.

Eine Anzahl von Beispielen unserer Abhandlung wird zeigen, daß in manchen Fällen sogar eine Art von „Gemischtbauweise" die beste Lösung ergibt, wobei einzelne Teile von Maschinen im Stahlbau, andere, vornehmlich kompliziert geformte und in derselben Form öfter wiederkehrende, aus Gußeisen, Stahlguß oder Leichtmetall ausgeführt sind. Ja selbst das Verschweißen von Stahl mit Stahlgußteilen kann recht oft sehr vorteilhaft geformte Maschinenteile ergeben.

B. Vorteile des Stahlleichtbaues.

Die im folgenden behandelten Vorteile des Stahlleichtbaues werden naturgemäß nicht alle in jedem Arbeitsgebiet und in gleichem Maße in Erscheinung treten. Schon das aus Ersparnisgründen angestrebte leichte Gewicht als solches kann gelegentlich sich nachteilig auswirken, dann nämlich, wenn beispielsweise eine große Masse der Maschine zur Aufnahme von Stoßkräften erwünscht wäre. Die fehlende Masse ist in diesem Falle durch ein schwereres Fundament zu ersetzen, das sich freilich aus dem wesentlich billigeren Werkstoff Beton herstellen läßt. Man sollte meinen, daß die noch anzutreffende Ansicht, eine schwerere Maschine sei stets wegen des angeblich höheren Gegenwertes für den Anschaffungspreis vorzuziehen, heute schon im Hinblick auf die Werkstoffe einer höheren technischen Einsicht Platz machen müßte. Andere der angeführten Vorteile sind nicht immer auf den ersten Blick oder bei den ersten Untersuchungen erkennbar. Sie erweisen sich aber bestimmt in einem späteren Stadium der Entwicklung als richtig und gewinnen oft erst dann ihre volle, ja ausschlaggebende Bedeutung.

Die wichtigsten Vorteile des Stahlleichtbaues, der untrennbar mit dem *Arbeitsverfahren des Schweißens*, besonders des elektrischen Lichtbogenschweißens, betrachtet werden **muß**, sind die folgenden:

1. Durch den Stahlleichtbau erzielen wir leichtere und zugleich steifere Konstruktionen, begründet in der Verschiedenheit des Arbeitsverfahrens und der Eigenschaften von Gußeisen und Walzstahl. Die Konstruktionsgewichte gußeiserner Teile sind in den seltensten Fällen durch die Bruchfestigkeit des Gußeisens bestimmt, sondern es sind einerseits die geringste zulässige *Durchbiegung*, andererseits Rücksichten auf den *Gußvorgang* für die gewählten Wandstärken maßgebend. Der Stahlbau kennt diese Rücksicht nicht, wohl aber muß die zulässige Durchbiegung (Steifigkeit) maßgebend bleiben. Die Größe der Durchbiegung in einem beanspruchten Querschnitt ist bei gleichem Trägheitsmoment und damit Gewichtsaufwand aber bei Walzstahl mit einem hohen Elastizitätsmodul von $E = 2\,100\,000$ wesentlich kleiner als bei Gußeisen, dessen E bekanntlich etwa bei $850\,000$ liegt. Oder umgekehrt: *bei gleicher Durchbiegung brauchen die Wandstärken des Stahles nur 40% derjenigen von Gußeisen zu betragen.*

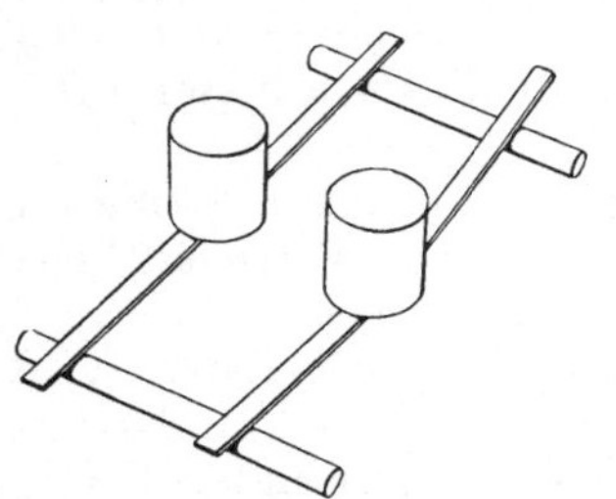

Abb. 1. Durchbiegung zweier Stäbe gleichen Querschnittes bei gleicher Belastung: links Stahl St. 37, rechts Gußeisen.

Die Abb. 1 möge das noch vielfach vorhandene falsche „Gefühl“, Gußteile seien steifer als Stahlteile, vertreiben helfen. Von zwei im Querschnitt gleichen, über derselben Auflagerentfernung mit dem gleichen Gewicht belasteten Stäben biegt sich der gußeiserne mehr als doppelt so stark durch als der Stahlstab. *Es möge also als Faustregel gelten, daß bei richtiger Konstruktion ein Werkstück aus Walzstahl mit den halben Wandstärken des gußeisernen Werkstückes noch einen fühlbaren Gewinn an Biegungssteifigkeit aufweist.*

Es wird später dargelegt, daß man bei Schweißstücken nicht nur die kantigen, aus ebenen Flächen zusammengesetzten Formen anwenden soll, die sich aus der Verwendung des ebenen Plattenmateriales im ersten Entwurf ergeben mögen. Eine Krümmung der Flächen in einer Richtung, wie sie auf einfachen Biegemaschinen leicht und billig herstellbar ist, verbessert die Verhältnisse meist ganz bedeutend. Wird ohne Rücksicht auf etwas höheren Preis eine möglichst leichte Konstruktion angestrebt, so werden am besten kreisförmige Ausschnitte in der Neutralen Zone der beanspruchten Trägheitsmomente angeordnet.

Bei den Stahlkonstruktionen spart man in der Regel die gewichtsvermehrenden Augen (Nocken) und sonstigen Verstärkungen, die bei Gußeisen zum Einsetzen von Gewindebolzen und für Schraubenverbindungen zur Erzielung der notwendigen Gewindetiefe erforderlich sind. Bei Stahl wird für das Gewindeloch nur eine Wandstärke entsprechend der genormten Mutterhöhe benötigt. Ist die Wandung noch dünner und die Rückseite zugänglich, so wird eine Durchsteckschraube benutzt und die Mutter an der Rückseite angeschweißt.

2. **Der Stahlbau macht die Gestaltung unabhängig vom Gußmodell,** und zwar in zweierlei Hinsicht: die Formgebung neuer Teile wird insofern erleichtert, als sie auf die Ausführbarkeit eines Holzmodelles mit seinen vielerlei Forderungen in bezug auf Teilung, Kernanordnung und damit Preis keine Rücksicht zu nehmen braucht; die Weiterentwicklung von Maschinen wird von der Hemmung, die in dem Zwang nach möglichster Verwertung der teuren vorhandenen Modelle zu erblicken ist, befreit und somit wesentlich verflüssigt. Auch der Entschluß, *Versuchsmaschinen* zu bauen, wird erleichtert, weil die Entscheidung über die endgültige Ausführung oft erst später getroffen werden kann und weil vor allen Dingen durch das Schweißverfahren Änderungen an solchen fertigen Maschinen jederzeit leicht und schnell durchgeführt werden können.

Der Fortfall eines großen Teiles der Modelle verbilligt das Erzeugnis mittelbar durch den Wegfall ihrer Instandhaltung, Verwaltung und Lagerung und gibt so Fabrikräume für produktive Zwecke frei.

3. **Die Unabhängigkeit von Fremdlieferungen aus Gießereien** verringert vor allem den kaufmännischen Apparat und gibt größere Sicherheit bei der *Festsetzung von Lieferterminen*, da die Arbeiten an den Stahlteilen im eigenen Werk nach eigenem Ermessen disponiert und gegebenenfalls beschleunigt werden können. Da die reine Fabrikationszeit der Stahlteile in der Regel sehr kurz ist, behält der Konstrukteur längere Zeit die *Freiheit der endgültigen Gestaltung*, sofern er nur rechtzeitig die notwendigen Halbfabrikate (Bleche, Profileisen) bestellt hat. Für Neukonstruktionen kann dies oft von unschätzbarem Wert sein. Bei der Fertigung selbst tritt besonders der *Fortfall der Ausschußgefahr* günstig in Erscheinung. Selbst, wenn einmal ein Schweißstück aus irgendeinem Grunde durch zu starken Verzug oder durch Spannungsrisse unbrauchbar wird, kann der Schaden durch Herausschneiden und Erneuern der fehlerhaften Stellen oder selbst des ganzen Stückes oft über Nacht gut gemacht werden. Das Ausschußwerden eines Gußstückes dagegen ist ein geradezu sprichwörtlicher Grund zu Terminverschiebungen und zu einem Rattenschwanz von oft unerquicklichen Auseinandersetzungen und ist jedesmal mit materiellem Schaden für einen der Beteiligten verbunden.

4. **Stahlleichtbau und Schweißverfahren erhöhen den eigenen Umsatz** bzw. den Lohnanteil am Werkstück, der im eigenen Werk anfällt. Während z.B. für irgendein Gehäuse dem Gießer sowohl der Preis für den Rohstoff als auch der bei ihm entstehende Lohnaufwand für Einformen und Gießen einschließlich aller Unkosten und Gewinn bezahlt werden muß, hat man bei der Stahlbauweise nur die notwendigen Halbfabrikate (Bleche, Träger, Profileisen) einzukaufen und den Arbeitslohn den eigenen Gefolgschaftsmitgliedern auszubezahlen. Dieser Lohnanteil bedeutet nicht nur *Deckung eigener Unkosten*, sondern enthält auch einen Teil des eigenen Gewinnes. Sehr zu beachten ist, daß dabei infolge des wesentlich kleineren Gewichtes der Stahlbauteile insgesamt eine kleinere Materialmenge nach Gewicht und Volumen umzusetzen, d.h. anzuliefern, innerhalb des Werkes zu bewegen und zu lagern ist. Dies wirkt sich günstig auf die Zahl der notwendigen sog. unproduktiven Hilfskräfte, Transport- und Hebemittel aus, ein Umstand, der bei vergleichenden Kalkulationen meist nicht berücksichtigt wird, weil der Aufwand dafür in einer allgemeinen Unkostenziffer erscheint. Diese *Unkostenziffer* wird also mit fortschreitender Anwendung des Stahlleichtbaues niedriger.

5. **Die Verringerung des in lagernden Halbfabrikaten festliegenden Kapitales** ist ein weiterer Vorteil, der mit dem unter 4 genannten zusammenhängt. Naturgemäß ist das Ausmaß dieses Vorteiles sehr abhängig vom Arbeitsgebiet bzw. vom Fabri-

kationsprogramm eines Werkes. Am größten erscheint der Gewinn in Arbeitsgebieten, in denen Kleinreihenfabrikation betrieben wird, weil dabei stets mit der Lagerhaltung von Einzelteilen gerechnet werden muß. So ist z. B. die Kleinreihenherstellung von Werkzeugmaschinen nicht denkbar, wenn nicht einzelne Ständer, Tische, Supporte und ähnliche in verschiedenen Zusammensetzungen wiederkehrende Teile lagermäßig sind, oder der Elektromotorenbau nicht wirtschaftlich durchführbar, wenn nicht die Abgüsse von Gehäusen, Lagerschilden usw. vorrätig gehalten werden. Wenn solche Teile in Stahlleichtbau gefertigt werden, so ist wegen der kurzen Herstellungszeit in der Schweißerei meist nur eine Lagerhaltung der hierfür notwendigen Bleche und Profileisen erforderlich, wofür der Kapitalaufwand höchstens $\frac{1}{3}$ bis $\frac{1}{4}$ desjenigen für Gußteile beträgt. Hierzu kommt, daß bei etwa notwendig werdenden Umstellungen dieses Halbzeug stets wieder volle Verwendung finden kann, während im Falle der Lagerung von Gußteilen stets erst ein Abstoßen der Restbestände notwendig ist, wenn man nicht große Verluste erleiden will.

6. Verringerung von Versand- und Zollkosten. Das verringerte Gesamtgewicht einer Stahlleichtbaumaschine wirkt sich in verminderten Versandkosten aus. Die Gewichtsverminderung der gesamten Maschine mag 20 oder 30 % betragen und kann sogar bis 50 % gehen. Das kann bei großen Maschinen oder größeren Reihen kleiner Maschinen insbesondere bei Lieferungen nach überseeischen Ländern sehr fühlbar werden. Da oft auch die Zollkosten vom Gewicht abhängen, liegen hierin nicht zu vernachlässigende Möglichkeiten, den Export zu fördern.

Zusammenfassend lassen sich die vorstehend beschriebenen Vorteile also dahingehend kennzeichnen, daß man bei Anwendung des Stahlleichtbaues in der Regel leichtere und billigere Erzeugnisse bei unveränderter oder erhöhter Güte mit kürzeren Lieferzeiten und mit größerer Terminsicherheit herstellen kann.

C. Allgemeine Konstruktionsgrundsätze.

In diesem Abschnitt sollen diejenigen Grundsätze für die Konstruktion von Stahlmaschinen behandelt werden, die unbeschadet besonderer Richtlinien und Erfahrungen bei den in späteren Abschnitten behandelten Arbeitsgebieten allgemein gültig sind und daher für jeden Konstrukteur die Grundlage bilden, mit der er an seine Aufgabe herantreten soll.

1. Zusammenhang zwischen Gewicht und Festigkeit, Wahl der Wandstärken. Ohne den jeweils besonderen Erfordernissen vorzugreifen, kann hier an das unter B 1 Gesagte angeknüpft werden, um zunächst einen Anhalt für die erste Wahl der Wandstärken im Entwurf zu erhalten. Da es sich in den meisten Fällen darum handeln wird, ein bisher aus Gußeisen hergestelltes Stück nunmehr in Stahl zu bauen, geht man dabei zweckmäßig von den bisherigen Gußwandstärken aus und *wählt zunächst Blechwandungen, die etwa der Hälfte der Gußwandungen* entsprechen, und zwar überall dort, wo es sich um Teile handelt, die auf Zug, Druck oder Biegung beansprucht sind. Im Entwurf ist sofort zu prüfen, ob infolge der Anpassung an eine „schweißgerechte" Formgebung nicht längere Kraftwege, Auflagerentfernungen oder Hebelarme entstehen. Wenn besonders die letzteren nicht vermieden werden können, so ist zunächst zu prüfen, ob die Verhältnisse nicht durch eine zweckmäßige Verrippung wieder verbessert werden können. Die Abb. 2a und b, die einen Ständer von bestimmter Höhe mit waagerecht hin- und hergehendem Kraftangriff an seinem oberen Ende darstellt, zeigt, wie bei seiner geschweißten Ausführung im ersten Entwurf der Hebelarm des Biegungsmomentes, das in seinem quadratischen Querschnitt a_1 angreift, vom Maß h_1 auf das Maß h_2 vergrößert wurde, da man bei einer schweißgerechten Gestaltung aus Preisgründen nicht einen ähnlichen kastenartigen Fuß ausbilden kann, wie er bei Gußeisen selbstverständlich erscheint. Die Wandstärke s_2 könnte daher bei gleicher Biegungssteifigkeit nicht im Verhältnis von

$$\frac{E_1}{E_{22}} = \frac{850\,000}{2\,100\,000}$$

kleiner gewählt werden. Durch eine Formgebung nach Abb. 3a wird dieser Nachteil mit Hilfe der seitlichen Rippen vermieden und der mögliche Gewichtsgewinn von etwa 50 % voll ausgenutzt, d. h. s_2 kann etwa $\frac{1}{2}\,s_1$ sein, wobei die Biegungssteifigkeit sogar noch etwas größer ist. Wesentlich verbilligt kann das Stück werden, wenn es gelingt, Ständer und Fuß etwa nach Abb. 3b aus $\llcorner$- und $\lfloor$-Eisen zusammensetzen, weil die Gesamtlänge der Schneidkanten und Schweißnähte ganz bedeutend verringert und der Abfall verkleinert wird. Eine solche Formgebung aus

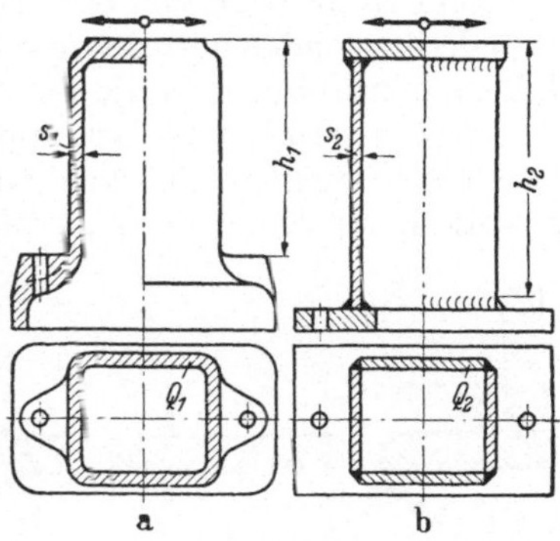

Abb. 2. Ständerbock aus Gußeisen und in geschweißter Stahlausführung, erster Entwurf.

Profileisen ist selbst dann noch wirtschaftlich, wenn das Gewicht infolge der genormten Stegdicken nicht das erreichbare Minimum beträgt.

Von irgendwelchen *Mitteln der Versteifung* wird in vielen Fällen Gebrauch gemacht werden. Es sei hier darum noch auf einen Kniff verwiesen, der bei Versteifung von Trägeranschlüssen und überhaupt bei Verwendung von Walzprofilen in vielen Abwandlungen oft sehr zweckmäßig ist und dessen Prinzip aus Abb. 4 erhellt: der waagerechte Anschluß eines I-Trägers an einer Wand z. B. wird billig und richtig versteift, indem der eine Gurt vom Steg am Ende getrennt, schräg abgebogen und der Steg selbst an dieser Stelle durch ein eingeschweißtes keilförmiges Füllblech entsprechend verbreitert wird. Dadurch wird nicht nur die Wirkung einer starken Abrundung wie bei einem gegossenen Stück erzielt, sondern auch die Länge der anschließenden Schweißnaht vorteilhaft vergrößert.

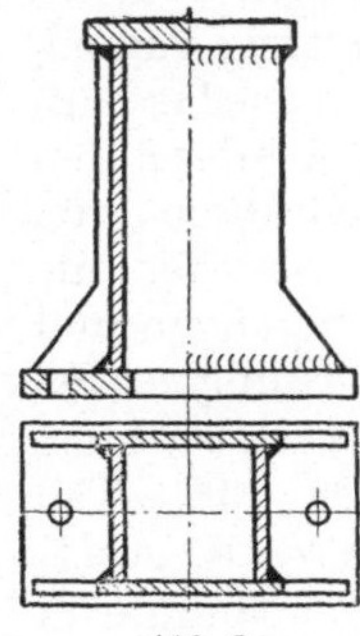

Abb. 3a.

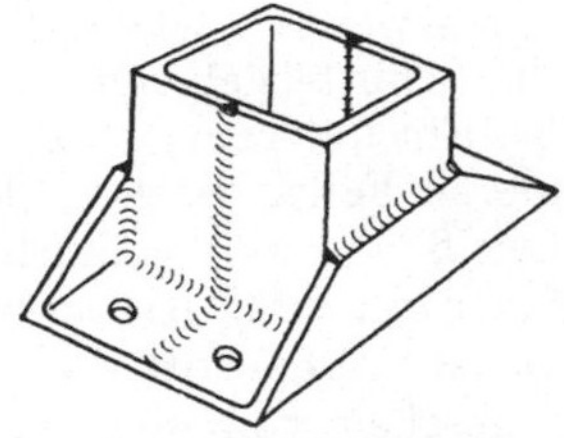

Abb. 3b.

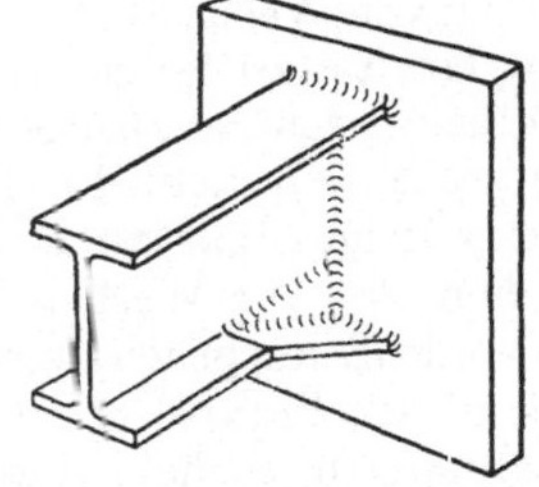

Abb. 4. Anschluß eines Trägers an einer Wand

2. Festigkeit bei ruhenden Beanspruchungen, Schweißnahtdicken.

Die Überlegungen über die richtige Gestaltung von geschweißten Stahlteilen bei ruhenden Beanspruchungen unterscheiden sich kaum von denen bei irgendwelchen anderen Maschinenteilen. Das Neue darin ist nur die Frage der *Bemessung der Schweißnähte*. Da jede Schweißnaht um so mehr Geld kostet, je dicker sie ist, so hat man sich zuerst darüber klar zu werden, welche Nähte überhaupt nennenswert beansprucht werden. Es gibt viele Teile an Maschinen, die nur ganz untergeordnete Aufgaben als Halteorgane zu erfüllen haben, angeschweißte Konsolen, Böckchen usw., bei denen ohne Rücksicht auf die gewählte Blechdicke die dünnst mögliche Naht vorgeschrieben werden kann, etwa eine Kehlnaht von der Dicke $a=3\,\text{mm}$. Die Bedeutung dieses

Maßes „a" geht aus der Abb. 5a hervor. Die Blechdicke s kann dabei aus Gründen, die später noch besprochen werden (Schwingungssteifigkeit, Geräuschbildung) oder zum Einbringen von Gewindelöchern usw. stärker gewählt werden, als es aus Festigkeitsgründen notwendig wäre. Natürlich kann man Stumpfnähte (X- oder V-Nähte) nicht dünner als die Blechstärke machen (Abb. 5b).

Bei *beanspruchten Nähten* muß stets mindestens der volle Blechquerschnitt angeschlossen werden. Bei Kehlnähten bedeutet dies, daß $a_{min} = s$ sein muß. Nun zeigt die Betrachtung der Abb. 5a, daß eine einseitige Kehlnaht bei Zug, Druck und ganz besonders bei Biegung eine außerordentlich ungünstige Beanspruchung erfahren muß; man wird daher bemüht sein, stets eine doppelseitige Kehlnaht zu verwenden (Abb. 5 c), wobei dann $a_1 + a_2 \geqq s$ sein soll. Die Festigkeit einer solchen Verbindung ist erst dann derjenigen von s selbst annähernd

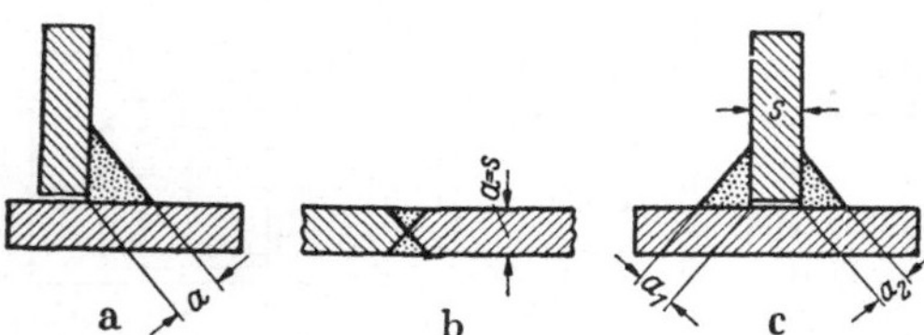

Abb. 5 a bis c. Bezeichnung der Dicken von Schweißnähten.

gleichzusetzen, wenn $a_1 + a_2 = 1,2 \cdot s$ ist. Die einseitige Kehlnaht ist bei erheblichen Biegungsbeanspruchungen unbedingt ganz zu vermeiden; nach Möglichkeit mache man $a_1 = a_2$. Sehr zu beachten ist, daß auch bei *Druckbeanspruchungen* die Nähte nicht schwächer gewählt werden dürfen, etwa in der Annahme, daß der Druck ja von den beiden aneinanderstoßenden Blechkanten selbst übertragen werde. Dies ist nicht richtig, denn die Berührung der nicht bearbeiteten, sondern nur roh geschnittenen Blechkanten erfolgt stets nur an wenigen Punkten, die sich bei eintretendem Druck sofort plastisch verformen würden. Auch alle Druckspannungen werden daher über die als starr anzunehmenden Schweißnähte übertragen.

3. Gestaltung bei Dauerwechselbeanspruchungen. Die Erkenntnis, daß unsere meisten Maschinenteile nicht nur ruhenden, sondern auch irgendwelchen dauernd wechselnden Beanspruchungen ausgesetzt sind, beeinflußt die Gestaltung von geschweißten Stahlteilen in ganz besonderem Maße. Gleich zu erkennen ist das Auftreten von Wechselbeanspruchungen immer dann, wenn sie durch die Art des äußeren Kraftangriffes selbst hervorgerufen werden, wie z. B. bei Grundrahmen von Kolbenmaschinen, bei Schwinghebeln, Schüttelsieben usw. Man unterlasse aber nie zu prüfen, ob nicht durch ungewollte Erschütterungen, durch Schwingungen und periodische Stöße auch in allen anderen Fällen wechselnde Kraftwirkungen entstehen, die für Werkstoff und Schweißnaht weit gefährlicher als noch so hohe ruhende Beanspruchungen sind. Man kann ruhig behaupten, daß der größte Teil der in der Praxis vorkommenden Brüche auf — oft nicht erkannte — Wechselspannungen zurückzuführen ist, abgesehen von den auf Schrumpfspannungen zurückzuführenden Rissen in den Schweißnähten oder in deren nächster Umgebung, die sich schon während der Herstellung der Teile bemerkbar machen und über die noch später gesprochen werden muß.

Die von Wechselspannungen herrührenden Brüche treten fast immer an Stellen auf, an denen örtliche Spannungserhöhungen entstehen, die man unter dem Sammelbegriff „*Kerbwirkungen*" zusammenfaßt. Kerbwirkung tritt an jeder Stelle eines Maschinenteiles auf, an der ein durch dasselbe gedachter mechanischer Kraftlinienfluß eine Störung in seinem glatten, fließenden Verlauf erleidet, sei es durch scharfe Umlenkung, durch Einengung, teilweise Unterbrechung oder durch eine plötzliche Änderung des Werkstoffgefüges. Der Konstrukteur vermeidet zur Ausschaltung der ersterwähnten „*formbedingten*" *Kerbwirkungen* daher nach Möglichkeit scharfe Kanten, Einkerbungen, plötzliche Dickenänderungen des Werkstoffes, er wählt dafür gute Übergänge mit großen Abrundungen. Die zweite „*werkstoffbedingte*" *Kerbwirkung* bei geschweißten Stücken kann er aber nicht vermeiden, da der Zusatzwerkstoff der Schweißnaht und die Einbrandzone stets eine Gefügeänderung darstellt.

Damit ergibt sich als *Hauptaufgabe des Konstrukteurs* von geschweißten Stahlteilen einerseits richtige Gestaltung und *Wahl der richtigen Schweißnahtformen* und andererseits das Bestreben, die *Schweißnähte so anzuordnen, daß sie von den Stellen „formbedingter" Kerbwirkungen möglichst weit entfernt* liegen, damit nicht zwei ungünstige Bedingungen an einer Stelle zusammenfallen.

Von den in Abb. 6a—e dargestellten Schweißnahtformen lehrt der Augenschein, daß die in a gezeichneten Stumpfnähte (*V*-Naht, *X*-Naht) zweifellos den besten Kraftflußverlauf, daher die ge-

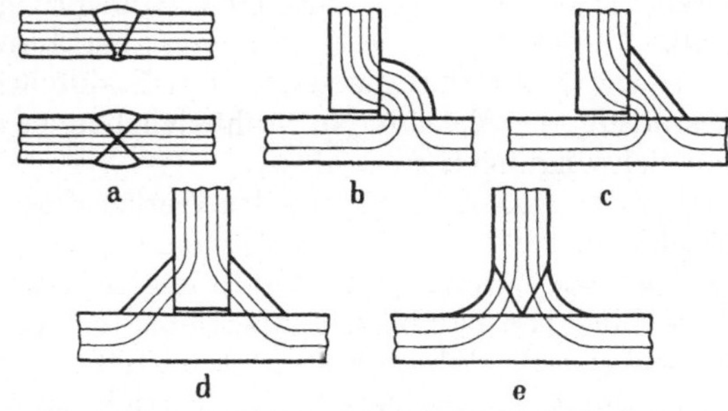

Abb. 6 a bis e. Verlauf des gedachten Kraftlinienflusses in verschiedenen Schweißverbindungen.

ringsten Kerbwirkungen ergeben; formbedingte Kerbwirkungen scheiden hier ganz aus, der Kraftfluß wird weder abgebogen noch eingeengt oder behindert. Dagegen erweist sich die sog. volle Kehlnaht nach b als sehr ungünstig, weil die Kraftlinien sehr scharf abgebogen und eingeengt werden, und zwar gerade an den Stellen, an denen der Einbrand der Schweißnaht eine durch die Gefügeänderung bedingte zusätzliche Kerbwirkung ergibt. Tatsächlich ergaben die zahlreich durchgeführten Versuche eine vielfach höhere Dauerfestigkeit der Stumpfnaht gegenüber dieser Kehlnaht. Wenig besser sind die Verhältnisse bei der Flachnaht nach c, doch erweist sich die schon im vorigen Abschnitt erwähnte Tatsache, daß eine

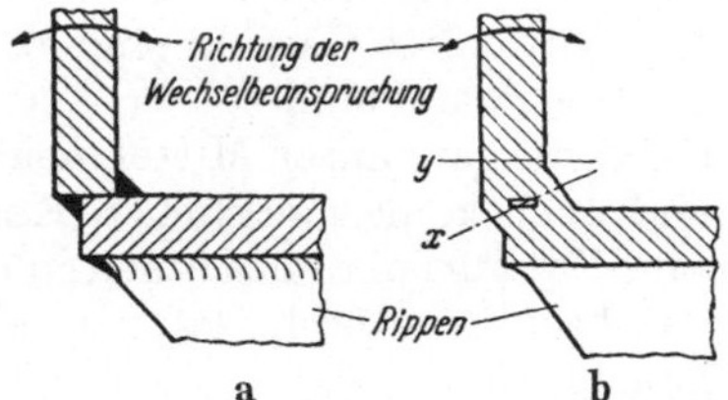

Abb. 7 a u. b. Winkelstoß mit Bindungsbild. Gefährdeter Querschnitt durch die Schweißnähte.

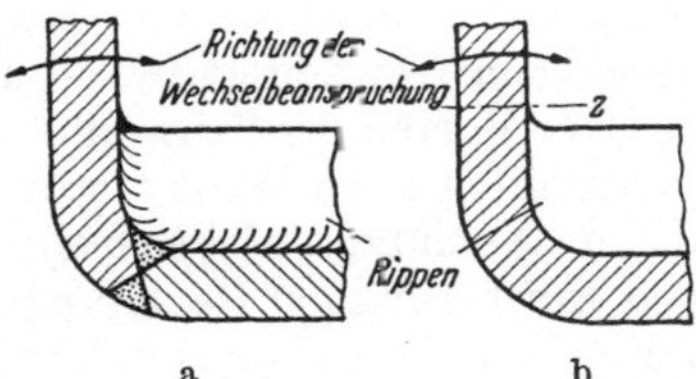

Abb. 8 a u. b. Gerundeter Winkelstoß. Gefährdeter Querschnitt im Grundwerkstoff.

symmetrische Naht nach d zweifellos besser als eine einseitige ist, durch die Betrachtung des Kraftflusses als richtig. Die in e dargestellte doppelseitige Hohlnaht hat die geringste formbedingte Kerbwirkung und ist daher die beste Kehlnaht, allerdings teurer durch die Kantenabschrägung des einen Bleches. Als Regel ergibt sich daraus: *Verwende, wo immer es möglich ist, Stumpfnähte, vermeide einseitige Kehlnähte* und scheide die volle Kehlnaht, die trotz ihres Mehraufwandes keinerlei Vorteile gegenüber der Flachnaht bietet, ganz aus deinen Konstruktionen aus.

Die Abb. 7a, b und 8a, b geben ein Beispiel, wie man durch konstruktive Formgebung es vermeiden kann, daß Schweißnähte mit den gefährdeten Querschnitten eines Stückes zusammenfallen. Dabei ist (in Abb. 7b und 8b) von dem Hilfsmittel des „*Bindungsbildes*" zur leichteren Erkennung dieser Querschnitte Gebrauch gemacht, das ist eine Skizze, in der die Nähte als volles Material angenommen und die

Trennfugen besonders sichtbar markiert sind. Während bei 7a, b, die gefährdeten Querschnitte x und y durch die Schweißnähte gehen, bzw. unmittelbar daneben liegen, ist der Querschnitt z in Abb. 8a, b weit genug von der Schweißnaht entfernt.

Schließlich sei noch erwähnt, daß, so wertvoll *unterbrochene Schweißnähte* bei nur ruhend und wenig beanspruchten Verbindungen aus Preisgründen sein können, deren Verwendung bei wechselnden Beanspruchungen unbedingt vermieden werden muß. An ihre Stelle treten dünnere, aber durchlaufende Nähte.

4. Die Schwingungsneigung von Stahlteilen, Geräuschbildung. Auch bei der Gestaltung der Maschine in Stahlleichtbau ist an die Entstehung und Auswirkung von Schwingungen zu denken.

Bei der großen Steifigkeit des Werkstoffes und den kleineren Maßen sollte man annehmen, daß man stets eine Erhöhung der Eigenschwingungszahl mit einer entsprechenden Zunahme der Dämpfung und Verkleinerung der Amplituden erhält. Tatsächlich hat man bei der Inbetriebnahme von Stahlleichtbaumaschinen gelegentlich festgestellt, daß an bestimmten Stellen gegenüber der Gußausführung erhöhte Schwingungsneigung besteht, die betriebsmäßig häufig Geräusche verursacht und vielfach die Meinung aufkommen läßt, der Stahlleichtbau eigne sich nicht für Maschinen, von denen besondere Starrheit und Geräuschlosigkeit verlangt wird.

Der konstruktive Leitgedanke muß folgender sein: Um günstige Schwingungseigenschaften zu bekommen, muß man grundsätzlich die Schwingungszahl hoch legen, indem man die Federkonstante groß, d. h. die Konstruktion starr macht und die Starrheit mit kleinem Gewichtsaufwand, d. h. kleiner schwingender Masse erreicht.

Weiter ist daran zu denken, daß dünne, unversteifte Blechwände oft unangenehme Schwingungen, die mit Geräuschen verbunden sind, hervorrufen, und dort versteift werden müssen, wo die Schwingungsausschläge am größten sind. Eine quer über die schwingenden Flächen geschweißte Rippe oder eine eingepreßte Sicke, ein in der Mitte der Flächen angreifender Stehbolzen, der diese etwa mit einer parallelen Fläche verspannt, oder ein dazwischen geschweißtes Gasrohr sind Mittel, die bei geringem Gewichtsaufwand außerordentlich wirksam sind.

Ein großer Vorteil des Schweißbaus ist dabei, daß die genannten Mittel meistens auch nachträglich angewandt werden können und auch keine merklichen Kosten verursachen. Noch besser ist es freilich, gleich beim Entwurf der Maschinen solchen möglichen Erscheinungen Rechnung zu tragen, am besten dadurch, daß man einen Teil der Flächen nicht eben, sondern gekrümmt ausführt.

Man mache sich grundsätzlich frei von der Anschauung, ein werkstoff- und werkgerecht geschweißtes Maschinenteil müsse eine wie aus Kistenbrettern kantig zusammengesetzte Form besitzen. Das Ausbrennen von Kreisschnitten kostet genau soviel wie das Schneiden von geraden Kanten und die Kosten für das Biegen von Blechen in der Blechbiegemaschine fallen gar nicht ins Gewicht. *Gekrümmte Flächen* aber *weisen eine wesentlich höhere Eigensteifigkeit* auf. Selbstverständlich muß man aus Herstellungsgründen von räumlich gekrümmten Flächen absehen.

Man besitzt also ausreichende und billige Mittel genug, schwingungsfähige Flächen im Stahlbau zu vermeiden; freilich sind diese Verhältnisse im allgemeinen einer Rechnung nicht zugänglich. In schwierigeren Fällen kann mit einfachen Schwingungsmessern oder auch durch Aufstreuen von Sand und Erzeugung von „Klangfiguren" jede wünschenswerte Klarheit über die Lage der Schwingungsbäuche und -knoten und damit über die Lage etwa notwendiger Versteifungsteile erzielt werden.

5. Angaben in den Zeichnungen, Schweißgüten. Da im Stahlleichtbau das Schweißverfahren als Verbindungsmittel ein vollwertiges Fabrikationsverfahren darstellt, ist es nicht angängig, die werkstattmäßige Ausführung der Schweißnähte etwa wie bei Reparaturschweißungen der Werkstatt allein zu überlassen. Die Konstruktionszeichnung hat vielmehr, genau wie bei Niet- oder Schraubenverbindungen, die Lage, Art und Dicke der Schweißnähte genau vorzuschreiben. Bekanntlich sind die dafür zu verwendenden *Zeichen und Darstellungen in DIN 1912* Blatt 1 und 2 zusammengefaßt, so daß hier ein weiteres Eingehen hierauf nicht notwendig ist. Eine Ergänzung hierzu findet sich in den vom VDI-Verlag herausgegebenen „Anleitungsblättern für das Schweißen im Maschinenbau“, die noch besondere Erfordernisse des allgemeinen Maschinenbaues berücksichtigen.

Hervorgehoben sei die Empfehlung, bei der Vorschreibung der Schweißnähte darauf Rücksicht zu nehmen, daß nicht alle Schweißverbindungen gleich stark beansprucht sind. Dies ergibt nämlich die Möglichkeit, einen Schweißbetrieb besonders wirtschaftlich auszunützen, in dem man die geübtesten Schweißer und die sorgfältigsten und damit teuersten Schweißverfahren nur dann anwendet, wenn sie auf Grund der Beanspruchungen wirklich erforderlich sind. Jeder Betrieb muß sowohl mit bestausgebildeten hochbezahlten als auch mit weniger guten und niedriger bezahlten Kräften arbeiten und wird sowohl teuere Spezialschweißdrähte als auch die normalen Schweißdrähte verwenden. Es handelt sich also darum, der Werkstatt, die ja bei einem vielgestaltigen Fabrikationsprogramm über Verwendung und Beanspruchung der einzelnen Teile nicht immer volle Kenntnis haben kann, Anweisung über den richtigen Einsatz der Schweißer und Schweißdrähte zu geben. Zu diesem Zweck werden mit der Werkstatt am besten einige „*Schweißgüten*“ vereinbart, die mit der Angabe der Schweißnahtdicken auf der Zeichnung vorgeschrieben werden. Die erwähnten „Anleitungsblätter“ empfehlen beispielsweise folgende Schweißgüten:

Schweißgüte „N“ = normale Konstruktionsschweißung:

für feststehende Teile mit nur niedrigen ruhenden Beanspruchungen ohne Dauerwechselbeanspruchungen.

Schweißgüte „F“ = Festschweißung:

für feststehende und bewegte Teile mit hohen ruhenden und mit Dauerwechselbeanspruchungen.

Schweißgüte „ND“ und „FD“ = Dichtschweißung:

für flüssigkeits- oder gasdichte Behälter in der Festigkeitsgüte „N“ oder „D“.

Schweißgüte „S“ = Sonderschweißung:

für feststehende oder bewegte Teile mit sehr hohen ruhenden oder wechselnden Beanspruchungen, für dichte Hochdruckbehälter, Temperaturbeanspruchungen u. dgl. mit Sonderangaben über Elektroden usw. Für die einzelnen Schweißgüten sind Mindestforderungen an Festigkeit, Aussehen der Nähte und Beschaffenheit der Schweißdrähte angegeben, die hier nicht wiederholt zu werden brauchen. Eine solche Festlegung von Schweißgüten hat sich praktisch stets sehr bewährt und ist für alle mit ihren Erfordernissen oft weit auseinanderliegenden Betriebsverhältnisse geeignet.

6. Behelfsmäßige Vorkalkulation im Konstruktionsbüro. Um in Einzelfällen rasch entscheiden zu können, ob ein Maschinenteil zweckmäßig in Stahlkonstruktion oder aus Gußeisen oder Stahlguß hergestellt werden soll, ist es notwendig, daß sich der Konstrukteur selbst ein Bild vom *Preis der geschweißten Stahlkonstruktion* machen kann, ohne erst das Kalkulationsbüro zu befragen. Der Preis für das Gußstück, das ersetzt werden soll, oder zumindest für ein ähnliches Gußstück ist meist bekannt, so daß ein Vergleich leicht möglich ist.

Der Preis eines Stahlteiles setzt sich zusammen aus dem *Preis für das Halbzeug* (Bleche, Profileisen, Träger), wofür das Gewicht des Teiles vermehrt um den voraussichtlichen Abfall einzusetzen ist, aus dem Lohn mit Zuschlägen für das *Zuschneiden* der Bleche und für das *Schweißen*. Der Aufwand an Schweißdrähten, Strom, Schneidgas usw. ist in den Zuschlägen enthalten. Aus der Gesamtlänge der notwendigen Schneidkanten und Schweißnähte kann demnach der Konstrukteur den Preis feststellen, wenn er eine Aufstellung der Löhne mit Zuschlägen etwa nach folgender Tabelle oder nach entsprechenden Kurven besitzt:

a) Autogenschnitt je 1 m

Blechdicke	5	10	20	30	50			mm
Minuten	5,6	6,0	7,2	8,5	10,8			
Lohn + Zuschläge	0,62	0,67	0,8	0,94	1,20			DM

b) Lichtbogenschweißnaht Schweißgüte N je 1 m

Blechdicke	3	5	7	10	13	16	20	mm
Minuten	8	13,5	21,5	36,5	56	82	125	
Lohn + Zuschläge	0,89	1,50	2,39	4,05	6,22	9,10	13,88	DM

c) Lichtbogenschweißnaht Schweißgüte F je 1 m

Blechdicke	3	5	7	10	13	16	20	mm
Minuten	8	13,5	25,2	41	64	94	140	
Lohn + Zuschläge	0,89	1,50	2,83	4,55	7,10	10,43	15,54	DM

Ähnlich ist diese Aufstellung für die übrigen Schweißgüten, für das Gasschmelzschweißen usw. fortzusetzen. Die hier nur beispielsweise gebrachten Löhne in DM/m werden sich natürlich je nach den Unkosten eines Betriebes etwas erhöhen, oder erniedrigen, relativ zueinander aber etwa in der gezeigten Linie liegen.

Beachtenswert ist, daß der Lohn mit wachsender Blechdicke beim Autogenschneiden nur relativ wenig, beim Schweißen dagegen sehr stark ansteigt, was dazu mahnt, niemals unnötig dicke Schweißnähte vorzuschreiben. Auch wird vielfach eine durchgezogene dünne Naht billiger sein als eine unterbrochen geschweißte dicke Naht und dabei sogar Vorteile in bezug auf Verwerfungen und Haltbarkeit bei Dauerwechselbeanspruchungen aufweisen.

Verlangt ein Maschinenteil sehr viel Bearbeitung, so macht sich zugunsten des Stahlteiles die gegenüber Gußteilen stets kleinere Bearbeitungszugabe bemerkbar, d. h. also eine kleinere Bearbeitungszeit; das Fehlen der Gußhaut wirkt sich beim Bearbeiten gleichfalls günstig aus.

Durch solche Überlegungen und Berechnungen, die während des Konstruktionsentwurfes gemacht werden sollten, kann vermieden werden, daß man gelegentlich falsche Wege beschreitet und Zeit und Geld auf Versuchsausführungen verwendet, die sich hinterher als unwirtschaftlich herausstellen könnten.

7. Richtiges Gestalten in bezug auf Abfall und Werkstattausführung. Bei der Errechnung des Preises eines Stahlbauteiles spielt die Größe des Abfalles als Teil des aufzuwendenden Werkstoffes eine große Rolle. Eine abfallarme konstruktive Formgebung ist daher für die Wirtschaftlichkeit des Stahlleichtbaues von sehr großer, oft ausschlaggebender Bedeutung. *Wie gestaltet man abfallarm?* Diese Frage beantwortet sich je nach dem Bauprogramm der Werkstatt verschieden. Sind einige wenige Baumuster von ähnlicher Größe herzustellen, so bleibt nichts anderes übrig, als alle einzelnen Wände, Rippen, Platten und Ringe einer Maschine in den Abmessungen möglichst so gegeneinander abzugleichen, daß die *Fläche normaler Blechtafeln* nach Möglichkeit voll ausgenutzt wird. Wichtig ist, daß nicht zu viele verschiedene Blechdicken oder Trägerformen benutzt werden, weil dadurch die Verwendung von Reststücken sehr erschwert wird. Besonders groß ist der Abfall beim *Ausbrennen runder Ringe*, etwa Flanschringe u. dgl. Es ist immer zu prüfen, ob solche Ringe nicht gebogen und stumpfgeschweißt werden können, weil diese Herstellungsart gar keinen Abfall ergibt. Die Stumpfschweißverbindung kann als *V-* oder *X-*Naht mit dem Lichtbogenschweißverfahren, bei Vorhandensein einer Stumpfschweißmaschine aber oft wirtschaftlicher nach dem Abschmelzverfahren ausgeführt werden. Eine große Zahl gleich großer Ringe, etwa in Massenherstellung, erhält man, wenn man aus dem dafür gewählten Profileisen eine Schraubenfeder wickelt, längs einer Erzeugenden des um hüllenden Zylinders aufschneidet, die daraus entstehenden windschiefen und offenen Ringe eben drückt und stumpf zusammenschweißt.

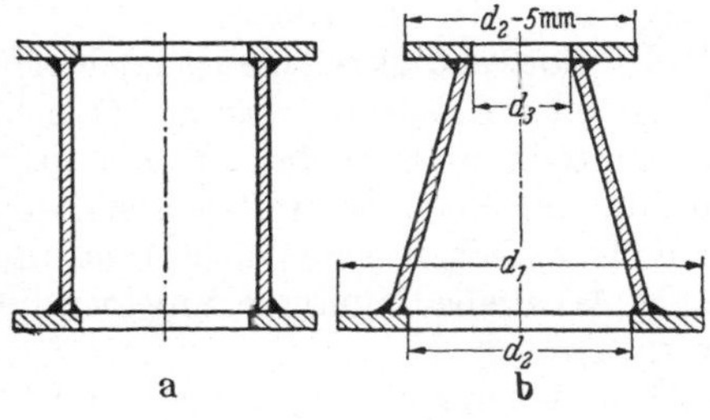

Abb. 9 a u. b.

Müssen Ringe ausgebrannt werden — etwa weil sie zum Biegen eine zu hochkantige Form besitzen — so soll man versuchen, ihre Größen so abzustimmen, daß sie möglichst nur durch einen Brennschnitt getrennt ineinanderpassen. Häufig kommen zylindrische Ständer oder Flanschteile nach Abb. 9a vor, die oben und unten mit einem gleichgroßen Flanschring versehen werden und dadurch recht erheblichen Abfall verursachen. Man vermeidet mehr als die Hälfte des Abfalles, wenn man den Teil kegelig ausführt, wie in Abb. 9b dargestellt, wobei der obere Flanschring kleiner ist und aus dem Innenabfall des unteren unmittelbar anfällt. Das *Herstellen kegeliger Flächen* nach Abb. 9b an Stelle von zylindrischen macht keinerlei Schwierigkeiten, wenn man für die Werkstatt die Abwicklung in der Zeichnung maßgerecht herauszeichnet.

Denselben Grundsatz wird man anwenden, wenn sich im Fabrikationsprogramm eine Reihe von gleichartigen, aber in der Größe abgestuften Maschinen findet. Hierbei verteilt sich die Ausnützung des Werkstoffes auf die ganze Reihe und ist somit in der Regel viel günstiger zu gestalten. Der *Verwendung möglichst weniger verschiedener Blechdicken* und Profile kommt hier eine besondere Bedeutung zu.

Oft wird die Werkstattausführung geschweißter Stahlteile sehr erschwert durch die schlechte *Zugänglichkeit von Schweißnähten*; dies ist besonders bei kastenartigen Teilen der Fall, bei denen auch innen die Schweißnähte verlangt werden. Die Überlegungen des Konstrukteurs müssen in solchen Fällen dahin gehen, die inneren Nähte nur dort vorzuschreiben, wo sie gezogen werden können, bevor die letzte der Wandungen angebracht wird, also in noch teilweise offenem Zustande des Körpers. Man wählt hierzu die Wandung mit den kleinsten Beanspruchungen und verschweißt diese nur von außen. Bei größeren Teilen können vielleicht Öffnungen angebracht werden, die auch diese letzten Nähte zu schweißen gestatten. Zum Durchführen von Schweißdrahtzange und Hand sowie zur Sicht muß eine solche Öffnung mindestens etwa 200 × 250 mm groß sein.

Es ist weiter schon vom Konstrukteur zu beachten, daß nur Schweißnähte in „N"-Güte auch in senkrechter Richtung geschweißt werden können, während „F"-Schweißung wegen des leichten Fließens des Schweißgutes nur in waagerechter Lage ausgeführt werden können. Die Möglichkeit zum leichten Wenden solcher Werkstücke muß daher gegeben sein.

D. Arbeitsverfahren.

1. Der Stahlleichtbau ist ohne Anwendung des Schweißverfahrens schlechthin nicht denkbar. Als wichtigstes aller Schweißverfahren ist das elektrische Lichtbogenschweißen in erster Linie zu nennen, wenn auch das Gasschmelzschweißen sich nebenbei seinen Platz zu behaupten vermag und für die festigkeitsgleiche Verbindung von dünnen Blechen (bis einschl. 2,5 mm) kaum entbehrlich ist. Geräte für das Gasschmelzschweißen sind in jedem Betrieb vorhanden. Für die Verarbeitung aller dickeren Bleche ist, von Sonderfällen abgesehen, das elektrische Lichtbogenschweißen wirtschaftlicher.

Die notwendigste Ausrüstung hierfür sind *Schweißumformer* (Gleichstromschweißung) oder *Schweißumspanner* (Wechselstromschweißung) in genügender Anzahl, die heute im wesentlichen nur mehr als Einstellen-Schweißgeräte verwandt werden, um die einzelnen Schweißer unabhängig voneinander zu machen. Auf die Unterschiede zwischen der Gleichstrom- und der Wechselstromschweißung, die für normale Arbeitsbedingungen unwesentlich sind, braucht hier nicht eingegangen zu werden.

Für Arbeitsgebiete, in denen leichte Gehäuse, Abdeckkappen usw. in größerer Anzahl vorkommen, sind *Punktschweißmaschinen* oder Nahtschweißmaschinen (für ununterbrochene Überlapptverbindungen) unentbehrlich. Selbst dichte Gefäße können mit den letzteren hergestellt werden und es lohnt sich bestimmt, sich über die Fabrikationsmöglichkeiten mit solchen Maschinen stets auf dem laufenden zu halten.

Für „abfallarme" Herstellungsverfahren sind *Stumpfschweißmaschinen* außerordentlich wertvoll, wie schon im vorhergehenden Abschnitt ausgeführt wurde. Aber nicht nur für den Stahlleichtbau selbst sind diese Maschinen brauchbar, auch der Werkzeugbau z.B. bedient sich ihrer z.B. beim Anschweißen teurer Werkzeugstähle an Haltestangen aus billigeren Werkstoff. Zum Verbinden von Rohren und selbst Wellen werden sie ebenfalls vielfach benutzt; so wird z.B. im Elektromotorenbau ein anormaler Wellenstumpf an einem vom Lager verkauften Motor ohne Nachteile durch Stumpfschweißung angebracht.

Für besonders gelagerte Arbeitsbedingungen werden von der Elektroindustrie *Sonderschweißgeräte* in großer Zahl hergestellt, die als Ziel eine größere Wirtschaftlichkeit der Herstellung verfolgen. So werden für das Schweißen gleichartiger langer Nähte (gerade oder in Rundungen) selbsttätige Schweißköpfe verwendet, die mit einer Abkürzung der Schweißzeit eine hohe Güte und Gleichmäßigkeit der Nähte ergeben. Hochwertige Verbindungen von dünnen Blechen oder Profilen werden mit dem Arcatomgerät hergestellt, bei dem der Lichtbogen von einer Gashülle umgeben ist, die das Oxydieren des Schweißgutes verhindert.

Die Einrichtungen einer guten Schweißerei bestehen aber nicht nur aus den Schweißgeräten selbst, sondern umfassen auch Aufspannplatten, Schweißtische, Dreh- und Wendetische, sowie Hubgeräte für größere Teile, ferner Vorrichtungen und Lehren, die ein besonders maßgerechtes Schweißen ermöglichen. Die Geräte dieser Art ergeben sich nach Art und Größe aus dem Herstellungsprogramm und werden in einer gut geleiteten Schweißerei selbst entworfen und auch z.T. selbst angefertigt. Daran erinnert soll noch werden, in der Schweißerei selbst auch *einfache Bearbeitungsmaschinen* für solche Teile aufzustellen, die während der Schweißung eine Zwischenbearbeitung erfordern, damit der Transport in die besonderen Bearbeitungswerkstätten und zurück unterbleiben kann.

2. Der zweite Teil der Einrichtungen einer Schweißerei umfaßt alle jene Geräte, die zum *Vorschneiden und Vorrichten* der zusammenzuschweißenden Bleche und

Profileisen notwendig oder wünschenswert sind. Der gewöhnliche *Handschneid-brenner* ist davon das wichtigste Gerät und wohl überall anzutreffen. Nützliche Abarten hiervon sind der Schneidbrenner mit Rollenführung für längere gerade Schnitte, die besonders sauber und glatt ausfallen, wenn der Brenner mit einem motorischen Vorschubantrieb ausgerüstet ist, dessen Geschwindigkeit je nach der Blechdicke einstellbar ist.

Aus diesem Gerät läßt sich mit einfachen Mitteln durch Anbringen einer in ihrer Länge verstellbaren Stange mit einem Dorn als Drehpunkt ein *Kreisschneider* für große Durchmesser herstellen. Im übrigen ist aber die Anschaffung einer Maschine zum *Ausschneiden nach Schablonen* und zum Schneiden von Geraden und Kreis-bögen mit kleinem Durchmesser nicht zu umgehen. Selbstverständlich wird die Wirtschaftlichkeit der Fabrikation durch die Anwendung mechanischer Scheren sowohl für Bleche als auch für Profileisen günstig beeinflußt.

Wie schon erwähnt, ist das Vorhandensein einer *Blechbiegemaschine,* der Größe der Arbeitsstücke angepaßt, unbedingt erforderlich. Aber auch Biegemaschinen für flach- und hochkantgestellte Flacheisen sowie andere Profileisen sind um so vorteil-hafter, je mehr man es mit kreisförmigen Flanschen und zylindrischen Körpern zu tun hat, weil, wie schon in einem früheren Abschnitt ausgeführt, das Biegen im Gegensatz zum Ausschneiden gestattet, abfallarm zu bauen. Selbst das Warm-biegen und *Schmieden* von Ringen u. dgl. ist im gleichen Sinne häufig wirtschaft-

licher als das Ausbrennen, wes-halb die Schweißerei mit der Schmiede möglichst zusammen-gefaßt werden sollte.

Die Schweißkanten der Bleche werden in der Regel nicht bearbeitet. Ist bei dicken Stumpfnähten (*V*- und *X*-Näh-ten) eine Schrägung der Kanten erforderlich, so soll man mög-lichst gleich schräg schneiden, sonst mit dem Preßluftmeißel behauen. Das Bearbeiten der Kanten würde die Wirtschaft-lichkeit des Herstellungsver-

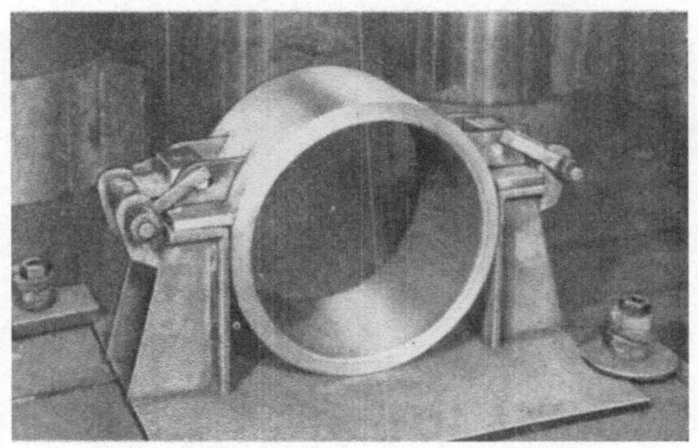

Abb. 10 a. Heftvorrichtung zum maßhaltigen Anschweißen von Haltefüßen an ein Gehäuse.

fahrens unter ein zulässiges Maß verringern und bringt in bezug auf die Halt-barkeit der Nähe keine Vorteile.

Zur vollständigen Ausrüstung einer Stahlbauwerkstatt gehören schließlich noch Blechrichtmaschinen und schwere Richtplatten, die ein Nachrichten von Blechen oder Teilen gestatten, die entweder von vornherein nicht ganz eben waren oder durch Schweißverbindungen sich geworfen haben.

3. Für das Heften und Schweißen von Teilen in größeren Stückzahlen ist es aus wirtschaftlichen Gründen unerläßlich, *Vorrichtungen* zur Erleichterung und Be-schleunigung der Arbeitsgänge zu verwenden. In den meisten Fällen werden diese Vorrichtungen zum Heften benützt, während das Fertigschweißen getrennt davon nachträglich durchgeführt wird. So ist in Abb. 10a eine einfache Heftvorrichtung für das maßgerechte Anheften von pratzenartigen Füßen an ein ringförmiges Ge-häuse dargestellt. Abb. 10b zeigt eine Heftvorrichtung für flachgeformte Schild-lager, die aus einem Schwenktisch besteht, an dessen Ober- und Unterseite jeweils 2 Hälften eines Schildlagers eingelegt und geheftet, gegebenenfalls auch fertig-geschweißt werden können. Schließlich gibt die Abb. 10c eine Schweißvorrichtung

an, die zum Schweißen von zylindrisch geformten Teilen aus mehreren Schüssen dient und im wesentlichen ein hoch gelagerter, dreh- und schwenkbarer Rundtisch ist, der durch ein Gegengewicht ausgewogen wird.

Die Schweißwerkstatt wird sich solche Vorrichtungen in der Regel nach eigenem Ermessen selbst bauen, aber gut daran tun, hinsichtlich der zweckmäßigen Gestaltung der Maschinenteile rechtzeitig mit dem Konstruktionsbüro in Verbindung zu treten, weil sich dadurch manche Erleichterung der Arbeit ergeben kann.

Abb. 10b. Heftvorrichtung für 4 flachgeformte Schildlagerhälften in Form eines Schwenktisches.

Abb. 10c. Schweißvorrichtung in Form eines dreh- und schwenkbaren Rundtisches.

E. Grundlagen zur Festigkeitsrechnung.

1. Ruhende Beanspruchungen. Die wenigen wichtigen Grundsätze zur Berechnung der Spannungen in geschweißten Stahlteilen, hervorgerufen durch ruhende (zügige) Kräfte, sind in DIN 4100 festgelegt, allerdings im wesentlichen auf Stahlhochbauten zugeschnitten. Sie seien hier in einer für den Maschinenbauer brauchbaren Form kurz wiederholt, wobei vorausgeschickt werden soll, daß es sich dabei nicht um eine genaue Ermittlung der wahren Spannungen in den Schweißnähten handelt. Die wahren Spannungsverhältnisse in irgendeiner Schweißnaht werden außer durch die bekannten äußeren Kraftangriffe so sehr von den Spannungen aus der Quer- und Längsschrumpfung der Nähte und durch Spannungsbildungen innerhalb des Werkstückes beeinflußt, daß ihre Ermittlung ein oft noch nicht gelöstes Beginnen darstellt. Berücksichtigt werden diese Erscheinungen viel einfacher durch die Herabsetzung der als zulässig erachteten Spannungen in einem durch die Praxis gewonnenen Maß, während die errechneten Werte nur als vergleichsweise anwendbar anzusehen sind. Dieses Vorgehen stellt nichts ungewöhnliches dar, es wird von uns, oft unbewußt, auch bei vielen anderen Festigkeitsrechnungen angewandt.

a) Zug und Druck: Die *Zug- oder Druckspannung* in einer *Stumpfnaht* nach Abb. 11a ist durch den einfachen Ausdruck $\sigma_z = \dfrac{P}{d \cdot l}$ gegeben, worin d die Dicke des verschweißten Bleches ist. Sind die Blechdicken ungleich (Abb. 11b), so ist das kleinere d einzusetzen. Ist das l sehr klein, so ist zu berücksichtigen, daß die beiden Enden der Schweißnaht nicht als voll tragend eingesetzt werden können, weshalb man zweckmäßig an Stelle von l etwa $l—d$ einsetzt oder die zulässige Beanspruchung entsprechend vermindert.

Bei *doppelseitigen Kehlnähten* etwa nach Abb. 12a ist die Spannung dementsprechend $\sigma_z = \dfrac{P}{2\,a\cdot l}$ oder allgemein $\sigma_z = \dfrac{P}{\Sigma(a\cdot l)}$. Es ist schon betont worden und auch leicht einzusehen, daß man die zulässige Beanspruchung bei einseitigen Kehlnähten (Abb. 12b) wegen der dabei auftretenden Biegung und der Kerbwirkungen wesentlich vorsichtiger wird einsetzen müssen. Diese zulässige Beanspruchung beträgt im Falle der Stumpfnaht und bei der doppelten Kehlnaht höchstens $0{,}6 \cdot \sigma_{zul}$ auf Zug und $0{,}75 \cdot \sigma_{dzul}$ auf Druck, wobei σ_{zul} und σ_{dzul} die zulässigen Beanspruchungen des vollen Bleches (etwa Handelsgüte oder St 37) sind. Vorausgesetzt ist hierbei

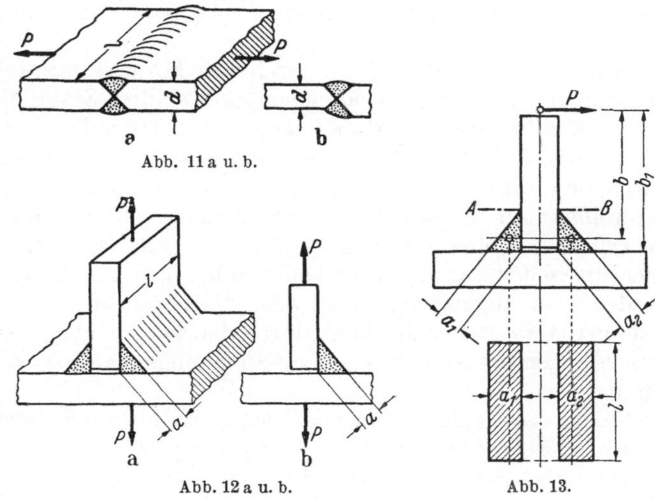

Abb. 11a u. b.

Abb. 12a u. b.   Abb. 13.

Schweißgüte „F". Bei einseitigen Kehlnähten oder Flankennähten wird man nicht über $0{,}35 \cdot \sigma_{zul}$ oder $0{,}5 \cdot \sigma_{dzul}$ gehen.

b) **Biegung:** Die Berechnung der *Biegungsspannungen einer Stumpfnaht* unterscheidet sich nicht von der Biegungsrechnung in einem anderen Querschnitt des beanspruchten Teiles, d. h. also $\sigma_b = \dfrac{M_b}{W}$. Als zulässig wird hier ein Wert von $0{,}6 \cdot \sigma_{zul}$ angenommen. Wird Zug- und Druckseite getrennt gerechnet, so ist für die Druckseite $0{,}75 \cdot \sigma_{zul}$ zulässig.

Bei *doppelseitigen Kehlnähten* (Abb. 13) werden folgende Annahmen gemacht:

1. Der Biegungsquerschnitt geht durch die Schwerpunkte der Nahtquerschnitte,

2. die beanspruchten Längsschnitte der Schweißnähte besitzen die Breite a_1 bzw. a_2. (Meist ist $a_1 = a_2$.)

Damit ist die in Abb. 13 kreuzschraffiert gezeichnete, in den Grundriß geklappte Gesamtanschlußfläche gegeben, für die nun in bekannter Weise das Widerstandsmoment W in bezug auf die Achse X zu bestimmen ist. Es ist dann die gerechnete Biegungsspannung $\sigma_b = \dfrac{P\cdot b}{W_x}$. Mit genügender Genauigkeit kann für b meist auch der aus den Abmessungen des Stückes unmittelbar ersichtliche Hebelarm b_1 eingesetzt werden. Als zulässig gilt $0{,}5 \cdot \sigma'_{zul}$, wobei σ'_{zul} die zulässige Biegungsbeanspruchung für das Blech bedeutet.

c) **Abscherung:** Durch einen Kraftangriff, wie in Abb. 13 dargestellt, werden die Schweißnähte nicht nur auf Biegung, sondern auch auf Abscherung beansprucht. Die Scherspannung ist sinngemäß mit $\sigma_s = \dfrac{P}{(a_1 + a_2)\cdot l}$ zu bestimmen. Als zulässig gilt $0{,}5 \cdot \tau_{zul}$.

d) **Zusammengesetzte Spannung:** Die *Zusammensetzung* der gerechneten Biegungsspannung σ_b und Scherspannung σ_s geschieht stets nach der Formel $\sigma_{Res} = \sqrt{\sigma_b^2 + \sigma_s^2}$, d.h. man nimmt an, daß sich die Spannungen rechtwinklig zusammensetzen. Die Verwendung von anderen verwickelteren Formeln, wie wir sie etwa bei der Zusammensetzung von Biegungs- und Verdrehungsbeanspruchungen in Wellen usw. gewohnt sind, scheidet bei der Berechnung von Schweißnähten aus. Für solcherart zusammengesetzte Spannungen kann man als zulässig $\sigma_{Res} = 0{,}6 \cdot \sigma_{zul}$ annehmen, worin σ_{zul} die zulässige Zugbeanspruchung für das verschweißte Blech ist.

Auf den hier in ihrer grundsätzlichen Form skizzierten Berechnungsverfahren beruhen alle Festigkeitsrechnungen geschweißter Stahlteile, *die von nur zügig wirkenden Kräften beansprucht sind.* Die als „zulässige Beanspruchungen" angegebenen Werte berücksichtigen im großen und ganzen die Schwächungen der Verbindung durch den Einbrand und gewisse, stets vorhandene Unregelmäßigkeiten in den Schweißnähten. Sie sind keineswegs etwa als verbindlich zu betrachten und können sicherlich, besonders bei Stumpfnähten in sehr sauberer Ausführung, gelegentlich auch überschritten, ja bis zur vollen zulässigen Beanspruchung des Bleches erhöht werden. Im allgemeinen lehrt aber die Erfahrung, daß in der Praxis die beim Entwurf gewählten und schon durch den konstruktiven Aufbau bedingten Nahtabmessungen meist weit kleinere Spannungen als die als zulässig angegebenen erhalten.

Neben der Nachrechnung der Schweißnähte muß selbstverständlich eine *rechnerische Überprüfung der Blech- oder Profilquerschnitte selbst* vorgenommen werden, besonders bei Kehlnahtformen (Abb. 13), bei denen z.B. das stehend gezeichnete Blech in dem Querschnitt am oberen Ende der Schweißnähte, in der Zeichnung mit *A—B* gekennzeichnet, unbedingt ebenfalls auf Biegung untersucht werden muß.

2. Dauerwechselbeanspruchungen. Während eine gute, *zügig* — im Sinne von ruhend — beanspruchte Stumpfschweißnaht $90 \cdots 100\%$ der Festigkeit des ungeschweißten Werkstoffes bei derselben Beanspruchungsart aufweist, liegen die Verhältnisse bei dauernd wechselnder Beanspruchung wesentlich ungünstiger. Derselben in jeder Hinsicht einwandfrei geschweißten Stumpfnaht wird unter *dauernd wechselnden* Kräften vielleicht nur die Hälfte der Dauerfestigkeit des ungeschweißten Werkstoffes zugemutet werden können, bei einer einseitig gezogenen Kehlnaht, wieder beste Schweißarbeit vorausgesetzt, ist dieses Verhältnis noch sehr viel schlechter, etwa mit 10 oder 15% anzunehmen. Dies wird sofort verständlich, wenn man sich daran errinnert, wie stark der Einfluß von *Kerbwirkungen* aller Art auf die Dauerfestigkeit bei Schwellbeanspruchungen und bei Wechselbeanspruchungen ist. Jede Schweißnaht gibt schon allein durch den Gefügewechsel Grundwerkstoff zum Nahtwerkstoff und erst recht durch die Einbrandzone die Ursache zu erheblichen Kerbwirkungen.

Gerade die Kerbwirkungen sind ja der Grund, warum die Berechnung der Dauerfestigkeiten von Maschinenteilen in weit höherem Maße als sonstige Festigkeitsrechnungen von der Verwertung praktischer Versuchsergebnisse abhängig ist. Dadurch besitzt sie mehr die Bedeutung einer vergleichenden Nachrechnung als die einer exakten Vorausberechnung von Spannungen, Dauerfestigkeiten oder zulässigen Lastwechseln. Daher haben sich in jedem Sondergebiet des Maschinenbaues entsprechend den Sondererfahrungen mit den dabei vorkommenden Formelementen, deren Beanspruchungen in Dauerprüfmaschinen nachgeprüft werden, besondere Methoden der Rechnung ergeben, die nicht auf andere Maschinenteile ohne weiteres übertragen werden dürfen, weil eben die Dauerfestigkeit ganz wesentlich von der Form der Teile abhängt, also eine Gestaltfestigkeit ist.

Andererseits besteht in vielen Fällen zweifellos die Notwendigkeit, die voraussichtliche Dauerhaltbarkeit eines Maschinenteiles zum Zwecke seiner richtigen Dimensionierung in Form von zulässigen Lastwechseln oder besser als Bruchsicherheit wenigstens größenordnungsmäßig vorauszurechnen, ohne langwierige und teure Versuche vorzunehmen. Die dabei anzuwendenden Grundsätze sind außer sonstiger einschlägiger Literatur am besten und übersichtlichsten zu entnehmen den Arbeitsblättern Nr. 1 bis 5 des Fachausschusses für Maschinenelemente beim VDI (VDI-Verlag), deren Studium bei unseren Ausführungen vorausgesetzt werden soll. Im Stahlleichtbau kommt die Notwendigkeit dazu, in die Berechnungen auch die Schweißverbindungen mit einzubeziehen. Hierüber (wie überhaupt über die zweckmäßige Gestaltung von Schweißteilen, die dauernd wechselnd beansprucht werden) sind Angaben enthalten in den „Anleitungsblättern für das Schweißen im Maschinenbau", herausgegeben vom Fachausschuß für Schweißtechnik im VDI (VDI-Verlag). Weiteres Schrifttum hierüber u. a.:

„Über die Berechnung von dauernd wechselnd beanspruchten Schweißverbindungen". (BOBEK), Elektroschweißung 1936, S. 42 und folgende.

„Die Dauerhaltbarkeit geschweißter Maschinenteile." (BIERETT), Der Maschinenschaden 1938, S. 133 und folgende; mit Zahlentafeln aus Prüfergebnissen.

„Berechnung der Schweißkonstruktionen auf Dauerhaltbarkeit." (HÄNCHEN), Glasers Annalen 1941, Heft 13.

Im nachstehend geschilderten Rechnungsgang wird vor den verschiedenen Vorschlägen, die hierfür gemacht wurden, bewußt der einfachste und übersichtlichste Weg beschrieben, der allerdings nicht den Anspruch auf die heute größtmögliche Genauigkeit oder vielmehr Wirklichkeitsnähe machen kann. Dies geschieht deshalb, weil erst die längere Beschäftigung mit solchen Rechnungen, die an sich einfach sind, eine gewisse Sicherheit in der Führung des Gedankenganges gibt, der ihnen zugrunde liegt, und auch deshalb, weil ohnedies keine der Rechnungsmethoden auch nur annähernd eine solche Sicherheit der Vorausberechnung gewährt wie etwa für zügige Beanspruchungen. Bei Dauerfestigkeitsrechnungen von Schweißverbindungen wird man nur dann eine größere Genauigkeit erreichen können, wenn man Versuchsreihen mit ähnlich gestalteten Maschinenteilen durchgeführt und damit eine große Treffsicherheit in der Wahl der bei der Rechnung einzusetzenden Koeffizienten (Beiwerte) gewonnen hat.

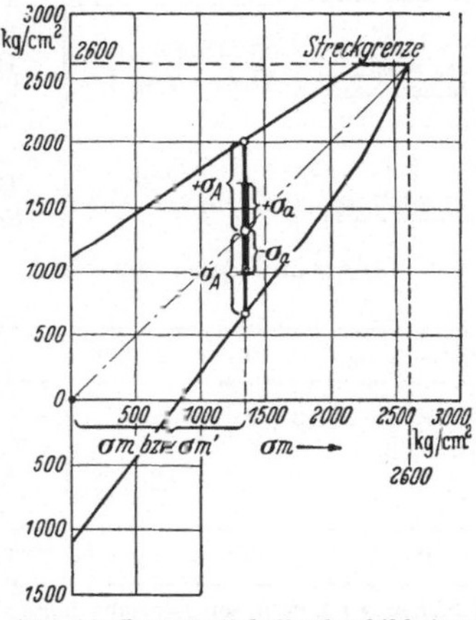

Abb. 14. Dauerfestigkeitsschaubild einer V-Naht mit Wurzelverschweißung, Grundwerkstoff St. 37.11, bei Zug-Druck-Beanspruchung.

Voraussetzung für jede Dauerfestigkeitsrechnung ist das Vorliegen eines *Dauerfestigkeitsschaubildes* für den verwendeten Werkstoff in einer der Wirklichkeit möglichst nahekommenden Gestaltung. Für Schweißverbindungen ist die Aufstellung je eines Dauerfestigkeitsschaubildes für die ganze Vielzahl der möglichen Formen kaum möglich, weshalb bei der Rechnung nur das in Abb. 14 dargestellte Schaubild für eine gute X-Naht als bekannt angenommen wird. Es ist das Schaubild nach SMITH (Schleifenbild), das im Maschinenbau mehr als etwa das „Spannungsgehäuse" nach WEYRAUCH und KOMMERELL benutzt wird. Für eine bestimmte

Mittelspannung σ_m, die im praktischen Falle entweder der aus der statischen Festigkeitsrechnung gefundenen ruhenden Belastung entspricht, oder sich aus bekannten periodischen Kräften ermitteln läßt, ist daraus mit $\pm \sigma_A$ derjenige nach oben und unten wechselnde Spannungsausschlag zu entnehmen, bei dem die Verbindung gerade noch unendlich viele Lastwechsel aushält (Dauerfestigkeit $= \sigma_m \pm \sigma_A$). Hat man wegen der Art der Schweißnaht oder wegen der Gestalt des Werkstückes Anlaß, auf das Vorhandensein von erheblichen Schrumpfspannungen zu schließen, so wird man die Mittelspannung σ_m noch um einen geschätzten Zuschlag von etwa 20 % erhöhen. Die wirkliche Dauerfestigkeit wird kleiner sein als die aus dem Schaubild als $\sigma_m \pm \sigma_A$ abgelesene, weil sie entweder eine ungünstigere *Form* als die *X*-Naht besitzt (z. B. Kehlnaht), in ihrer *Schweißgüte* nicht der Güte des Probestabes entspricht oder weil *Kerbwirkungen* infolge der konstruktiven Formgebung (Kraftflußstörungen) zu erwarten sind. Diese Einflüsse sind durch Beiwerte zu berücksichtigen, und zwar durch den Beiwert b_1 für die Nahtform, b_2 für die Schweißgüte, b_3 für formbedingte Kerbwirkungen. Die Größe dieser Beiwerte kann nach dem bisherigen Stand der Forschungsergebnisse etwa nach der in Abb. 15 angegebenen Tafel angenommen werden. Man erhält also mit $\sigma_D = \sigma_m \pm \sigma_A \cdot b_1 \cdot b_2 \cdot b_3$ diejenige Dauerfestigkeit, die man von der zu untersuchenden Schweißverbindung erwarten kann.

Tafel der Beiwerte (Vorschlag, Werte unverbindlich).

Beiwert b_1 für Nahtform		Art der Beanspruchung	(b_1)
	X-Naht	jede	1
	V-Naht	jede	1
	Doppelte V-Naht mit Lücke	Zug-Druck Biegung Schub *)	0,6 0,8 0,6
	Symmetrische Hohlkehlnaht mit Abschrägung	jede	0,9
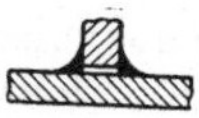	Symmetrische Hohlkehlnaht	Zug-Druck Biegung Schub *)	0,7 0,9 0,7
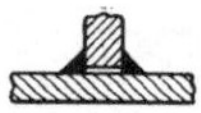	Symmetrische Dreiecksnaht	Zug-Druck Biegung Schub *)	0,6 0,8 0,6
	Einseitige Dreiecksnaht	Zug-Druck Biegung Schub *)	0,4 0,2 0,4

*) längs und quer zur Naht.

Beiwert b_2 für Schweißgüte		(b_2)
Festschweißung *F*	jede	1
Normale Konstruktionsschweißung	jede	0,5

Beiwert b_3 für formbedingte Kerbwirkungen	(b_3)

ist kleiner als 1, wenn eine formbedingte Kerbwirkung mit der Stelle der Schweißnaht zusammenfällt. Größe des Wertes nach Ermessen des Konstrukteurs, der hierfür die Anleitungen auf den Arbeitsblättern 1, 2, 3 und 5 des „Fachausschusses f. Maschinenelemente b. VDI" benutzen kann.

Abb. 15.

Ebenso, wie man nun bei statischen Festigkeitsrechnung die „Sicherheit" als das Verhältnis von Bruchfestigkeit zur höchsten Beanspruchung ermittelt, wird bei der vorliegenden Dauerfestigkeitsrechnung mit *Sicherheit S* das Verhältnis der oberen Wechselspannung aus der Dauerfestigkeit zur oberen Wechselspannung aus der Dauerbeanspruchung bezeichnet, d. h. also Sicherheit

$$S = \frac{\sigma_A \cdot b_1 \cdot b_2 \cdot b_3}{\sigma_a}.$$

Man erkennt, daß der Konstruktionsteil gerade eine unendliche Zahl von Lastwechseln aushalten würde, wenn $S = 1$ ist. Naturgemäß soll die Sicherheit aber größer, etwa 2 bis 3, sein. Mit der Feststellung eines solchen befriedigenden Wertes ist dann die Rechnung beendet.

Am meisten Schwierigkeiten macht in der Regel die Errechnung der im Werkstück praktisch auftretenden Wechselbeanspruchung σ_a, wozu die Größe der wechselnden Kräfte oder bei Schwingungen die Masse und die Frequenz bekannt sein müssen. Manchmal sind durch Versuchsergebnisse oder Erfahrungen über Brüche oder Haltbarkeit ähnlicher Teile Anhaltspunkte für die Bestimmung von σ_a gegeben. Die oben erwähnten „Anleitungsblätter" enthalten hierüber Genaueres und einige durchgerechnete Beispiele, die für den praktischen Fall gute Anleitungen darstellen. Weitere Beispiele nach etwas verfeinerten Rechnungsmethoden, bei denen noch mehr Beiwerte verwendet werden, und nicht die manchmal unbestimmbare Mittelspannung σ_m zum Ausgangspunkt der Betrachtungen gemacht wird, sondern der höchste Spannungsausschlag, enthält die schon erwähnte Arbeit von HÄNCHEN in Glasers Annalen 1941.

II. Stahlleichtbau von Elektromaschinen.

Von Dipl.-Ing. K. Bobek, Berlin.

A. Die besonderen Bedingungen und Grundsätze des Elektromaschinenbaues.

Jede elektrische Maschine besteht aus einem feststehenden ringförmigen Teil und einem umlaufenden, der sich in der Regel innerhalb einer zylindrischen Bohrung des ersteren bewegt und von ihm durch einen meist sehr engen Luftspalt getrennt ist. Über diesen Luftspalt, der von 0,3 mm bei den kleinen Maschinen bis zu mehreren Millimetern bei größeren beträgt und dessen dauernde genaueste Einhaltung eine Lebensbedingung aller elektrischen Maschinen ist, sind sehr starke magnetische Kräfte wirksam, die wesentlich mitbestimmend für die in den Maschinen auftretenden mechanischen Beanspruchungen sind. Im umlaufenden Maschinenteil sind weiter Fliehkräfte von oft beträchtlicher Größe wirksam; die aus dem Drehmoment kommenden Beanspruchungen sind gleichermaßen im umlaufenden wie im feststehenden Teil zu finden.

Die *magnetischen Kräfte* zwischen dem feststehenden und dem umlaufenden Teil, allgemein „Ständer" und „Läufer" genannt, sind konzentrisch wirkende Anziehungskräfte, die sich bei allseitig genau gleich großem Luftspalt das Gleichgewicht halten. Liegt der Läufer etwas außerhalb der Mitte oder ist aus anderen Gründen, z. B. durch Unrundheit, der Luftspalt an einer Stelle kleiner als der mittlere theoretische Spalt, so wachsen an dieser Stelle die Anziehungskräfte in eben dem Maße an, wie sie auf der gegenüberliegenden Seite mit dem Quadrat der Entfernung abnehmen. Bei stark exzentrischer Lage des Läufers im Ständer wird die Anziehungskraft an der engsten Stelle des Luftspaltes so groß, daß ein „Anklatschen", d. i. ein Streifen des Läufers auch bei kräftigster Konstruktion mit konstruktiven Mitteln nicht mehr verhindert werden kann. Da in der Praxis stets mit gewissen Ungleichheiten im Luftspalt gerechnet werden muß, ist also auch stets mit einseitigen Beanspruchungen zu rechnen und Läufer und Ständer müssen daher biegungssteif gebaut sein.

Die magnetische Anziehungskraft ist an sich eine dauernd und ruhend wirkende Kraft. Je nach der Ursache des ungleichen Luftspaltes aber kann die den Ständer nach innen biegende Kraft mit dem Läufer umlaufen, wenn dieser nämlich unrund ist, und so zu einer dauernd wechselnden Beanspruchung des Ständers führen, oder im Raum stets an derselben Stelle wirken, wenn der Ständer unrund ist oder der Läufer exzentrisch liegt; in diesem Falle wird der Läufer, vor allem die Welle, wie durch das Eigengewicht von einer dauernd wechselnde Biegungskraft beansprucht. Daraus ergibt sich als Aufgabe für die konstruktive Durchbildung des Läufers und ganz besonders des Ständers

a) eine möglichst biegungssteife Konstruktion,

b) die Möglichkeit einer genau zentrischen Ausrichtung des Läufers im Ständer und

c) die Vermeidung von Eigenschwingungszahlen, die in der Nähe der Drehzahl liegen.

Für Läufer mit sehr großen *Fliehkraftbeanspruchungen* kommt verhältinsmäßig selten der Stahlbau in Frage, weil hier meist geschmiedete Ringe und ähnliche hochwertige Werkstoffe verwendet werden. Oft genug werden aber auch in geschweißten Rädern von langsamer laufenden Maschinen die Schweißnähte und Stahlteile sehr hoch belastet, so daß rechnerische Nachprüfung notwendig ist. Die Fliehkraft ist stets eine stetig wirkende, also ruhende Belastung.

Auch das von der Antriebsleistung herrührende *Drehmoment* ist eine ruhende Belastung, die sich zunächst in der Welle, dann aber auch in allen Teilen des Läuferrades auswirkt. Der Ständer hat das *Gegenmoment* auszuhalten, wozu er ohne merkbare Beanspruchungen in der Lage ist, da er ja aus anderen Gründen sehr kräftig gestaltet sein muß. Dem ruhenden Drehmoment überlagern sich sehr häufig *wechselnde Drehmomente*, die von der Antriebsmaschine herrühren. Dies ist z. B. der Fall bei allen Kolbenmaschinen, bei denen die elektrische Maschine als ausgleichende Schwungmasse benutzt wird, oder bei Arbeitsmaschinen mit periodischen Stößen wie bei einigen Arten von Mühlen, bei Werkzeugmaschinen usw. In der elektrischen Maschine selbst werden wechselnde Drehmomente nur bei Einphasen-Wechselstromgeneratoren erzeugt, bei denen, sofern es sich um größere Leistungen handelt, besondere Maßnahmen gegen dadurch etwa auftretende Schwingungen ergriffen werden müssen.

B. Kleinmaschinen.

Bei den *kleinsten Maschinen* mit etwa unter 0,5 kW Leistung ist wenig Gelegenheit zur Anwendung des Stahlbaues vorhanden. Die Lagerschilde sind die gegebenen Werkstücke für Guß, Spritzguß oder Leichtmetallausführung. Gehäuse von Maschinen nach Abb. 16 können vorteilhaft aus Stahlblech in folgender Form hergestellt werden: von einem in seinen Abmessungen zugepaßten Blechstreifen werden die beiden Längskanten vollständig umgelappt, dann wird das Blech so eingerollt, daß die beiden umgelappten Ränder innen liegen (Abb. 17a). Nach Einsetzen der Ständerbleche, die sich innen an die umgelappten Ränder anlegen, wird der eingerollte Streifen von außen an den Umfang der Ständerbleche vollends angepreßt und an der „Bauchnaht" verschweißt (Abb. 17b). Nach Eindrehen der beiden Zentrierränder ist dann der Ständer zum Wickeln fertig. Die Füße, ein Stahlpreßteil, werden sodann an den Ständer angeschraubt oder — vor dem Wickeln — angeschweißt.

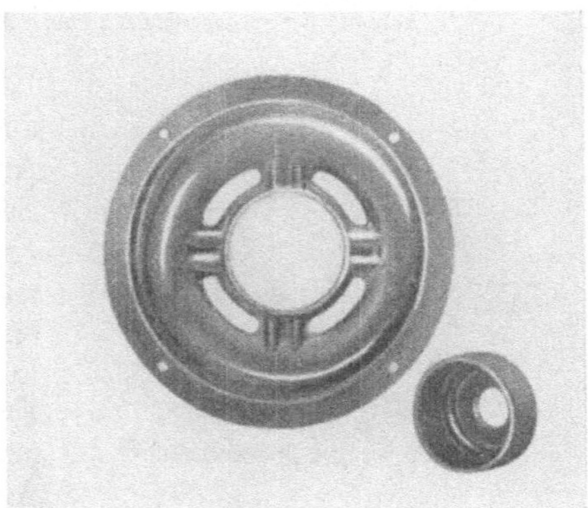

Abb. 18. Gepreßtes Lagerschild.

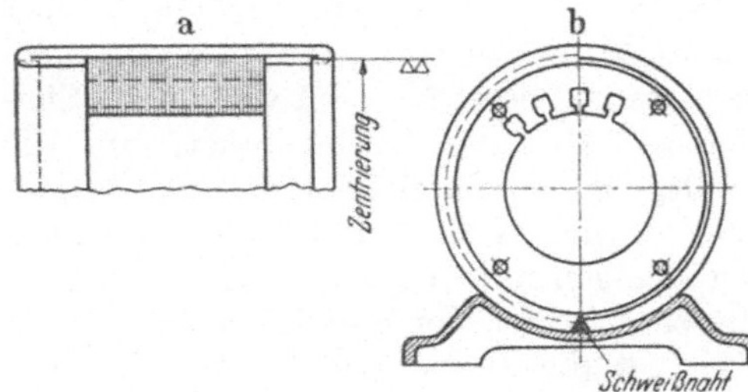

Abb. 17 a u. b. Kleinmotorengehäuse.

Eine *Kleinmotorenreihe* von 0,5 bis etwa 25 kW Leistung läßt sich sehr gut in Stahlleichtbauweise entwickeln mit dem Ergebnis, daß eine große Anzahl der im

Abschnitt I angeführten Vorteile verwirklicht werden. Voraussetzung für eine solche Entwicklung ist die Fabrikation von solchen Stückzahlen, daß sich die recht erheblichen Aufwendungen für Vorrichtungen und Werkzeuge lohnen. Man kann dann darangehen, die Lagerschilde aus Tiefziehblech zu pressen (Abb. 18), wobei die

Abb. 19. Skelettgehäuse.

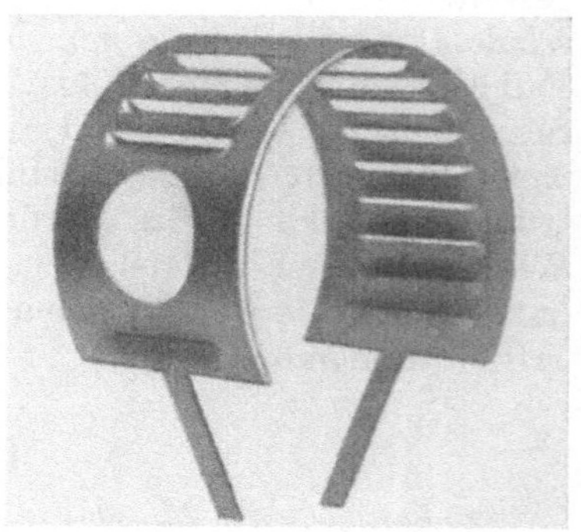

Abb. 20. Mantel zum Skelettgehäuse.

Kapsel für die Aufnahme des Wälzlagers gesondert gezogen und eingeschweißt werden muß. Zur Zentrierung muß der Außenrand des Lagerschildes benutzt werden.

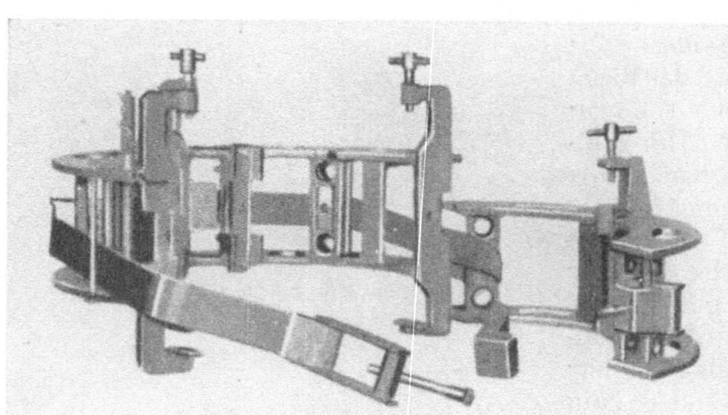

Abb. 21. Schweißvorrichtung zum Skelettgehäuse.

Die Anliegefläche zum Ständer wird nicht überdreht, sondern überschliffen. Die Praxis lehrt, daß der äußere Durchmesser solcher gepreßter Lagerschilder nach oben mit etwa 250—300 mm begrenzt ist, da bei größeren Schildern die in das Stahlblech durch den Preßvorgang hineingebrachten Spannungen zu einem unruhigen Lauf der Motoren führen können. Es entsteht auf diese Weise verhältnismäßig viel Ausschuß. Andererseits ist die Bruchfestigkeit solcher Schilde unübertrefflich.

Die Gehäuse dieser Motoren werden als Skelettgehäuse (Abb. 19) durchgebildet, um die ein gerollter Blechmantel (Abb. 20) als Abdeckung gelegt wird. Das Skelett besteht aus zwei Flacheisenringen mit eingeschweißten Querstegen, die zum Halten der Ständerbleche dienen. Auf S. 11 ist die werkstattmäßig richtige, abfallose Herstellung solcher Ringe erwähnt. Zum

Abb. 22. Stahlmotor.

maßgerechten Verschweißen der Stege mit den Ringen verwendet man eine Schweißvorrichtung nach Abb. 21, die den äußeren Halt für das Gestell bildet, während es von innen vom Ständerblechpaket mit seinen zur Aufnahme der Stege vorhandenen

Nuten selbst gehalten wird. Ein fertiger „Stahlmotor“, der auch noch gepreßte Fußteile und Klemmkastendeckel besitzt, ist in Abb. 22 zu sehen; unter der Voraussetzung gleicher elektrischer Abmessungen wird er insgesamt etwa 15% leichter als der entsprechende Gußmotor.

C. Großmaschinen.

Der Bau von großen elektrischen Maschinen ist ein für den Stahlleichtbau besonders geeignetes Arbeitsgebiet, in dem er daher schon frühzeitig Anwendung fand. Abgesehen von einigen schon lange vor dem Weltkrieg ausgeführten genieteten

Abb. 23. Stahlgehäuse eines Drehstromgenerators.

Gehäusekonstruktionen hat er sich seit etwa 1920 in Amerika, seit 1925 in Deutschland systematisch entwickelt und ist auf diese Weise Schrittmacher des Stahlschweißbaues überhaupt geworden. Während er ursprünglich nur für Gehäuse und Grundplatten angewandt wurde, hat er heute für alle Teile Bedeutung erlangt, bei denen er irgendwie Vorteile bei der Fabrikation oder für das fertige Erzeugnis ergibt. Umlaufende Teile (Nabensterne, Polräder) konnten mit dem Fortschreiten der Schweißtechnik ebenfalls mit einbezogen werden.

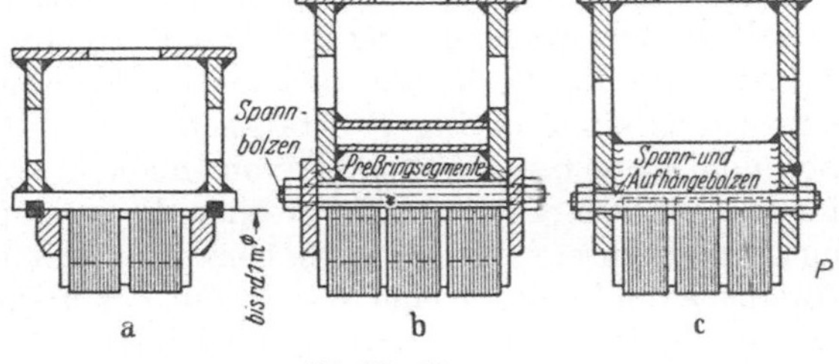

Abb. 24a bis c.

Die Abb. 30 veranschaulicht einen sehr modernen im Leichtstahlbau hergestellten Drehstrom-Schleifringmotor für 400 kW, 3000 Volt, 1470 U/min, bei dem nur die Klemmenkästen und wenige Kleinteile, wie Lagerdeckel und Handgriff, als Normteile aus Gußeisen ausgeführt sind.

Nachstehend werden einige wichtige Einzelteile von elektrischen Großmaschinen mit ihren Eigentümlichkeiten besprochen.

1. Gehäuse. Das Gehäuse einer Wechselstrommaschine, wie es etwa in Abb. 23 zu sehen ist, besteht im grundsätzlichen Aufbau aus mindestens zwei ringförmigen *Wangen* mit den Ansätzen für die Füße und aus dem am äußeren Umfange aufgeschweißten *Mantelblech*. Am inneren Umfange befinden sich die für das Einschichten der Ständerbleche notwendigen Stege, die glatt ausgedreht werden, wenn die Ständerbleche einteilige Kreisringe sind (bis etwa 1 m $\varnothing$), oder die angeschraubte, meist schwalbenschwanzförmige Leisten für das Befestigen von Blechsegmenten erhalten. Die beiden Wangen sind gegeneinander durch einige weitere Stege oder Rippen, häufig auch Rohre, um den Luftdurchgang nicht zu behindern, abgestützt.

Die Abb. 24a, b und c zeigt *drei typische Gehäusebauformen* schematisch im Querschnitt: a) für kleinere Maschinen mit einteiligen Ständerblechen und einteiligen Preßringen, die durch Sprengringe oder Stifte festgehalten sind; b) eine für alle Maschinengrößen geeignete Form mit Preßplattensegmenten zum Pressen der

Abb. 25. Drehstromkommutatormotor 350 kW.

gleichfalls segmentierten Ständerbleche, die auf Schwalbenschwanzleisten aufgehängt sind, und mit einer zusätzlichen Rohrabsteifung; c) schließlich ist eine vereinfachte und verbilligte Form von b, die sich gut für einteilige Gehäuse eignet. Die Ständerblechsegmente hängen hier auf den runden Spannbolzen, so daß die Schwalbenschwanzleisten eingespart sind. Die linke Gehäusewange ist gleichzeitig Preßplatte für die Bleche, während aus der rechten Wange durch einen kreisrunden Trennschnitt ein Preßring P herausgebrannt und vorübergehend entfernt wurde. Nach dem gemeinsamen Bohren von linker Wange und Preßring und nach dem Einschichten der Ständerbleche werden die Spannbolzen angezogen und der Preßring P an mehreren Stellen des Umfanges mit der rechten Gehäusewange verschweißt, so daß wieder eine Wange mit der ursprünglichen Höhe und Festigkeit entsteht. Es ist leicht einzusehen, daß diese Konstruktion außer einer Werkstoffersparnis auch ein wesentlich steiferes Gehäuse als bei b) ergibt, wenn der Außendurchmesser derselbe ist. Gehäuse dieser Form können bei gut arbeitender Schweißerei ohne Benutzung eines Drehwerkes hergestellt werden, so daß die Bearbeitung sich auf das Bohren der Bolzenlöcher und das Hobeln oder Fräsen der Füße beschränkt. Unrunde Stellen im Innendurchmesser der Ständerbleche werden durch Eintreiben von Keilen in die durch den Trennschnitt entstehende Fuge zwischen Wange und Preßring ausgeglichen.

Bei der Berechnung des *Trägheitsmomentes* solcher Gehäuse, das man zur Nachrechnung der Steifigkeit kennen muß, darf nicht der ganze Mantelquerschnitt mit eingesetzt werden. Wenn er an jeder Wange doppelseitig angeschweißt ist wie bei Abb. 24b und c, so kann er, vom Rande gerechnet, über jeder Wange etwa 60 bis 100 mm breit eingesetzt werden, bei a) mit nur einer Schweißnaht zweckmäßig gar nicht. Beträgt die axiale Breite des Ständerblechpaketes mehr als 350 bis 400 mm, so ist eine *Mittelwange* anzuordnen, bei größeren Breiten sind entsprechend mehr notwendig. Die Dicke der mittleren Wangenbleche kann viel kleiner als die der äußeren gewählt werden, weil von ihnen keine von der Pressung der Bleche herrührenden Kräfte aufzunehmen sind. Im übrigen richtet sich die notwendige Dicke nach der Größe des notwendigen Trägheitsmomentes. Das Mantelblech, das mit Rücksicht auf die Steifigkeit des Gehäuses sehr dünn gewählt werden könnte, soll wegen der Gefahr des Schwingens (Geräuschbildung) auch bei kleinen Gehäusen (1 bis 1½ m ⌀) möglichst nicht unter 5 mm sein, im Mittel wird es 10 mm stark ausreichend sein.

Die Abb. 25 ist ein Beispiel dafür, wie man durch *Wölben des Mantelbleches* am Gehäuse eines großen Drehstrom-Kommutatormotors von 350 kW an den Flanken, die aus konstruktiven Gründen eben sein könnten, die Schwingungsneigung so zu vermindern vermag, daß die Blechdicke auf fast die Hälfte herabgesetzt werden kann.

Abb. 26. Aufbau des Gehäuses eines 10000 kW-Synchronmotors in der Schweißerei.

Den Aufbau der Hälfte eines großen Gehäuses für einen Synchronmotor zum Antrieb einer Schiffsschraube, 10000 kW Leistung bei $n = 125$, zeigt die Abb. 26. Hier muß vor allem ein geringes Gewicht der Maschine für die Gestaltung maßgebend sein; es ist deshalb eine größere Anzahl verhältnismäßig dünner Wangen gewählt worden. Die dadurch erreichte starke Verrippung des (in der Abbildung noch fehlenden) Mantelbleches ermöglicht es, hierfür ebenfalls ein dünneres Blech als sonst üblich zu verwenden. Zu beachten ist, daß der Lohnanteil bei einem solchen dünnwandigen, stark verrippten Gehäuse stärker steigt als der Preis durch das Mindergewicht sinkt. Die im Bild sichtbaren zum Teil schräg eingesetzten Flacheisen zwischen den Wangen sind behelfsmäßig eingeschweißte Abstandsstücke, die nach dem Aufschweißen des Mantelbleches wieder entfernt werden.

Für die Aufstellung im Freien ist der in Abb. 27 gezeigte 8polige Drehstrommotor mit 400 kW-Leistung geeignet; er ist ganz gekapselt, besitzt Oberflächenkühlung und einen aufgebauten Rückkühler für einen inneren Luftumlauf. Alle Teile dieses Motors sind in Stahlbau ausgeführt und liefern ein Beispiel dafür, wie ganz außerordentlich hohe Modellkosten eingespart werden können und wie deshalb der Stahlbau auch bei Reihenherstellung von 10 bis 20 Stück wirtschaftlich hoch überlegen sein kann. Dasselbe gilt für den in Abb. 28 dargestellten druckfest gekapselten Motor, dessen Gehäuse einen inneren Überdruck von 10 atü aushalten muß und bei dem das geschweißte Gehäuse ein schwieriges und teures Stahlgußstück ersetzt.

Eine andere Bauart von ganz gekapselten Motoren neuester Entwicklung, bei der die innen umlaufende, erwärmte Kühlluft in einem um das ganze Gehäuse herum verteilt angeordneten Röhrenkühler zurückgekühlt wird, zeigt die Abb. 29. Die im Bild sichtbaren Rohre sind im Gegenstromprinzip von kalter Außenluft durchströmt, die ein Lüfterrad auf der Antriebsgegenseite fördert. Diese Konstruktion benutzt die Grundsätze des Stahlleichtbaues in hervorragendem Maße; dickwandige Teile sind überall vermieden und trotzdem besitzt das Gehäuse durch die vielen in die Stirnwand eingewalzten Rohre ein Maximum an Steifigkeit in jeder Richtung.

Schließlich ist in Abb. 30 ein Motorengehäuse aus Stahl mit ein-

Abb. 27. Drehstrommotor 400 kW, 8 polig, ganz gekapselt.

Abb. 28. Druckfest gekapselter Drehstrommotor.

Abb. 29. Röhrengekühlter Drehstrommotor mit durch eingewaltzte Kühlrohre besonders steifem Gehäuse.

geschweißtem gußeisernen Klemmenkastenrahmen zu sehen. Die Klemmenkästen sind bei den Motoren in bestimmten Größenabstufungen vereinheitlicht und würden ein verhältnismäßig teures Schweißstück, das nur mit großem Abfall hergestellt werden kann, ergeben. Hier ist die Vereinigung von Stahl und Gußeisen angebracht, zumal der eingeschweißte Gußrahmen keinen erheblichen mechanischen Beanspruchungen ausgesetzt wird.

Zur werkstattmäßigen Herstellung der Maschinengehäuse soll erwähnt werden, daß die Wangenringe, die ja oft viel größer als normale Blechtafeln sind, ohne weiteres beliebig *aus Stücken zusammengesetzt* werden können, wobei bis 15 mm Blechdicke eine V-Naht, darüber die X-Naht als Verbindung verwendet wird.

Ohne Rücksicht auf die Angaben in einem etwaigen Blechplan des Konstruktions-
büros können auf diese Weise auch Abfallstücke ohne Schaden verwertet werden.
Beim Biegen der Mantelbleche, die längliche Luftaustrittsöffnungen erhalten sollen

die in der Umfangsrichtung
verlaufenden Brennschnitte
der Öffnungen *vor* dem Biegen, die restlichen Schnitte
und damit die Entfernung
der herausgeschnittenen
Teile *nach* dem Biegen gemacht werden, damit keine
Verwerfungen und inneren
Spannungen entstehen.

2. Magnetgestelle. Das
Magnetgestell (Joch, Ständer) einer *Gleichstrommaschine* hat bekanntlich den
magnetischen Fluß von Pol
zu Pol zu führen und muß
daher einen der magneti-
schen Leitfähigkeit des
Werkstoffes entsprechen-
den Querschnitt besitzen.
Während beim Übergang
von Gußeisen auf Stahlguß
deshalb fast das halbe Gewicht eingespart werden
kann, muß Flußstahl den-
selben Querschnitt wie
Stahlguß besitzen, so daß
der Stahlbau dabei keine
Werkstoffersparnis bringt.
Die Entscheidung, ob in
Stahl oder Stahlguß gebaut
werden soll, ist daher nur
eine Preis- und Lieferzeit-
frage, die nicht einheitlich
zu beantworten ist.

Sofern, wie bei kleineren
Maschinen, der magnetische
Querschnitt gleichzeitig
eine genügende mecha-

Abb. 30. In Stahlgehäuse eingeschweißte gegossene Klemmenkästen für
Stromanschlüsse.

Abb. 31. Gleichstrommaschine mit Magnetgestell aus Stahlguß
und angeschweißten Füßen.

nische Festigkeit ergibt, wird der gebogene Flußstahlring mit Verschweißung an
der Stoßfuge und mit angeschweißten Füßen die beste Lösung sein. Muß das
Magnetgestell aber zur Erzielung einer ausreichenden Steifigkeit umlaufende Rippen
erhalten (U-förmiger Querschnitt), so kann ein in dieser Form mit Hilfe einer
billigen Schablone gegossener Stahlgußring billiger werden, an den die Füße und
gegebenenfalls die Teilfugenflanschen angeschweißt werden (Abb. 31). In einem
solchen Fall soll stets eine Vergleichskalkulation mit der ganz gegossenen Ausführung gemacht werden.

Die Ständer kleiner Gleichstrommaschinen bis etwa 600 mm ∅ sind bei genügenden Stückzahlen sehr wirtschaftlich aus Abschnitten von *gewalzten Rohren,* die mit der passenden Wandstärke handelsüblich erhältlich sind, herstellbar.

Abb. 32. Ganz geschlossener Synchrongenerator mit punktgeschweißten Schutzkappen.

3. Schutzkappen. Die Schutzkappen (Luftführungsschilder) geben der elektrischen Maschine das Aussehen, die architektonische Form. An ihnen muß der Stahlleichtbau daher beweisen, daß er auch gefällig bauen kann, zumal solche mechanisch fast nicht beanspruchten Teile für Leichtbau besonders geeignet erscheinen.

Die früher stets in abgerundeten Formen gegossenen Schutzkappen wurden in der ersten Zeit des Schweißbaues vielfach in Blech nachgeahmt, indem die Rundungen gekümpelt, gedrückt oder sonstwie handwerklich hergestellt wurden (Abb. 31). Dieses keineswegs nachahmenswerte Beispiel wird nur als Beleg dafür gebracht, daß durch die wesentlichen Werkstoffersparnisse (z. B. 2,5 mm Blech statt 10 mm Gußeisen) trotz der hohen Verarbeitungskosten ein niedrigerer Gesamtpreis erzielt werden konnte.

Abb. 33. Gestanzte und gedrückte Schutzkappen für offene Maschinen in kurzen Segmentstücken.

Heute haben sich allgemein die werkstoffgerechten kantigen Formen für diejenigen Schutzkappen und Schilde durchgesetzt, die eine vollständige Abdeckung des Maschineninnern bewirken (Abb. 32). Es ist in der Regel nicht wirtschaftlich, hierbei 4 bis 5 mm starke Bleche und das elektrische Lichtbogenschweißen zu verwenden, sondern man baut diese Schilder besser aus Winkeleisen mit durch *Punktschweißung oder Nietung* daran befestigten Deckblechen von 2 bis 3 mm Dicke auf. Für ein gutes Aussehen ist dabei allerdings sauberste Werkstattarbeit Bedingung.

Schutzkappen für offene Maschinen, die nur mechanischen Schutz für die Wicklung bei freiem Luftaustritt darstellen, können bei größeren Stückzahlen in Segmentteilen gestanzt und gedrückt werden, die in einer einzigen Form für jeden Gehäusedurchmesser verwendbar sind, wenn das Umfangsmaß eines Segmentes sehr klein gewählt wird. Eine gewisse polygone Abweichung vom genauen Kreisumfang fällt nicht auf (Abb. 33). Die nötige Steifigkeit wird durch das Hohldrücken der Stege erzielt.

Bei allen anderen Schutzkappenformen sind größere ebene Flächen durch eingeschweißte oder eingenietete Versteifungsrippen, von innen aufgeschweißte Profileisen und ähnliche Maßnahmen gegen Schwingungen (Flattern) zu sichern, die sowohl durch mechanische Erschütterungen als auch als Folge großer Kühlluftgeschwindigkeiten leicht entstehen können.

4. Umlaufende Teile. Der Stahlleichtbau ist für alle jene Arten von Läufern elektrischer Maschinen nicht geeignet, die entweder aus elektrischen Gründen (notwendiger Querschnitt für den magnetischen Kraftfluß) oder zur Aufnahme hoher Fliehkräfte ihren Rauminhalt ganz oder zum größten Teil mit Werkstoff ausfüllen. Das Gewicht solcher Läufer, wie z. B. das eines Turbogenerators, ist also durch besondere Bedingungen bestimmt und mit der Anwendung des Stahlblechbaues nicht beeinflußbar. Dagegen sind ihm mit großem Vorteil die meisten Läuferkonstruktionen von größeren, langsamer laufenden Maschinen zugänglich, ferner alle jene Fälle, in denen Läuferteile und Welle ohne besondere Verbindungsmittel zu unteilbaren Stücken verschweißt werden können.

Abb. 34. Aus Scheiben mit Stahlgußnaben geschweißte Nabenräder für Gleichstrommaschinen.

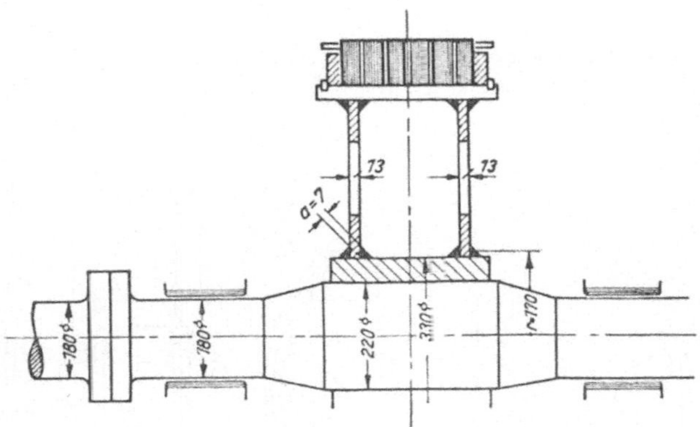

Abb. 35. Vereinfachte Darstellung der geschweißten Läuferkonstruktion eines Motors.

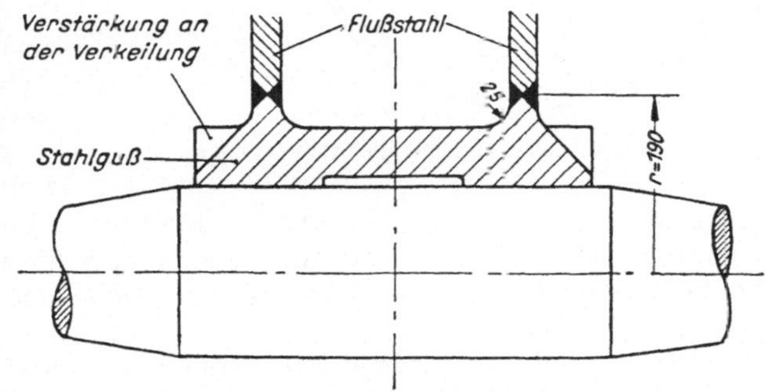

Abb. 36. Verbesserte Konstruktion der Motorennabe.

Die *Nabensterne* von Maschinen mit geblechten Läufern, also Gleichstrommaschinen und Asynchronmotoren, werden im Stahlbau je nach ihrer Größe verschieden gestaltet. Die von der Gußkonstruktion bekannte Ausführung mit mehreren Armen, die an einer Nabe sternförmig angeordnet sind, ist nur für sehr große Räder zweckmäßig. Etwa von 3 m Durchmesser abwärts ist unbedingt eine *Scheibenkonstruktion* vorzuziehen, die einen klareren Aufbau ergibt. In der Regel werden, wie in Abb. 34 dargestellt, zwei Scheiben verwendet, die aus handelsüblichen Blechtafeln unter bestmöglicher Werkstoffausnützung beliebig zusammengesetzt werden können. Am Außenumfang tragen diese Scheiben die angeschweißten Querbalken, die zum Befestigen des aus Segmenten geschichteten Blechkörpers notwendig sind. An der Nabe sind sie durch kreisförmig verlaufende Schweißnähte befestigt.

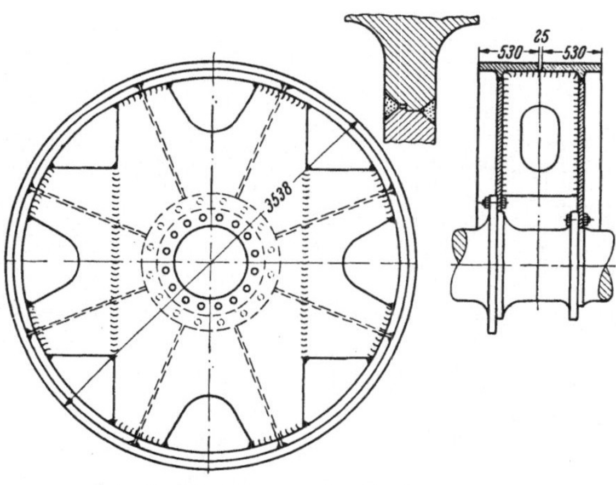

Abb. 37. Einscheibenläufer eines Asynchron-Kompressormotors mit Schwungrad.

Abb. 38. Polrad eines großen Synchronmotors.

Diese Schweißnähte sind die am höchsten beanspruchten Verbindungen des Maschinenteiles. Will man Stahlnaben verwenden, so wählt man zwei geschmiedete Ringe, die man durch Querrippen verbindet. Die Scheiben sind dann durch *Kehlnähte* mit ihnen verschweißt (Abb. 35). Sowohl festigkeitstechnisch als auch preislich günstiger ist die Lösung nach Abb. 36, wobei die Nabe aus Stahlguß angefertigt und mit umlaufenden Stegen in der Dicke der Scheiben versehen ist, die es gestatten, *X-Nähte oder doppelte V-Nähte* anzuwenden. Das Bild läßt erkennen, wie viel besser der mechanische Kraftfluß bei dieser Ausführung mit den abgerundeten Übergängen geführt ist; auch der Umstand, daß die Schweißnähte auf einem größeren Durchmesser liegen, ist in Verbindung mit der günstigeren Nahtform von großem Vorteil.

Bei Läufern mit aktiven Blechbreiten bis zu etwa 400 mm kann man ohne Nachteile *eine einzige Scheibe* verwenden. Die Abb. 37 zeigt einen derartigen Läufer eines Asynchron-Kompressormotors, bei dem diese Scheibe als Träger des elektrischen Teiles an der Nabe des dazugehörigen Schwungrades aus Gußeisen *angeflanscht* ist und so eine in jeder Hinsicht besonders glückliche Lösung der gestellten Aufgabe ergibt. Auch unmittelbar an die Welle können Ein- oder Zweischeibenräder angeflanscht werden (Abb. 38), wodurch das Nabengewicht erspart wird, die Verkeilung wegfällt und das Aufsetzen des Rades auf die Welle ohne hydraulische Presse vonstatten gehen kann. Im Bereich der Verflanschung muß eine der beiden Scheiben leicht nachgiebig sein, damit beide Flanschverbindungen mit Sicherheit kraftschlüssige Reibungsverbindungen darstellen. Die Verbindungsrippen zwischen beiden Scheiben dürfen daher nicht bis an den innersten Durchmesser reichen, sondern müssen wenigstens an einer Scheibe in gehörigem Abstand vom Bolzenkreisdurchmesser endigen. Auch einige radiale Einschnitte an der inneren Bohrung dieser Scheibe wirken günstig.

Die Abb. 38 stellt das *Polrad* eines Synchronmotors für Schiffsschraubenantrieb dar, bei dem Gewichtsbeschränkung wesentlich ist. Der Ersatz von Kehlnähten durch Doppel-V-Nähte ist hier auch an der Verbindung Scheibe-Polkranz vorgenommen; die Polkränze sind aus Stahlguß mit innerem ringförmigen Ansatz für den Scheibenanschluß gegossen.

Bei kleineren Maschinen kann man, anstatt einen Nabenstern auf die Welle aufzupressen, Arme, Rippen oder Stege *unmittelbar auf die Welle schweißen*. Die Durchbiegung der Welle während des Drehens der Läufer ergibt in den Schweißnähten unangenehme Dauerwechselbeanspruchungen, vor denen

Abb. 39a.

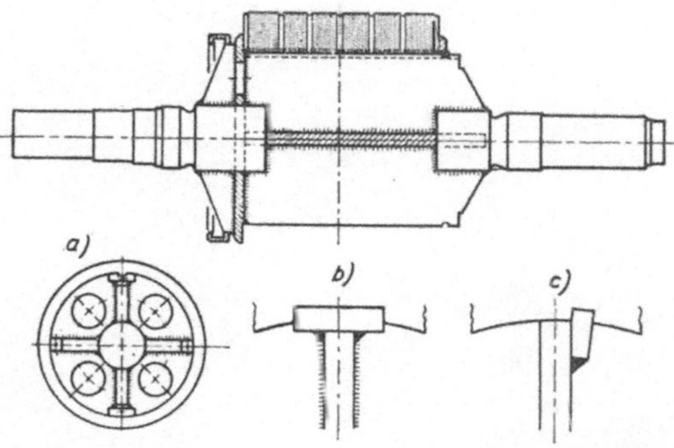

Abb. 39b. Läufer für Drehstrommotoren mit eingeschweißter Welle und Entlastungsrundkerben (Ansicht- und Schnittskizze).

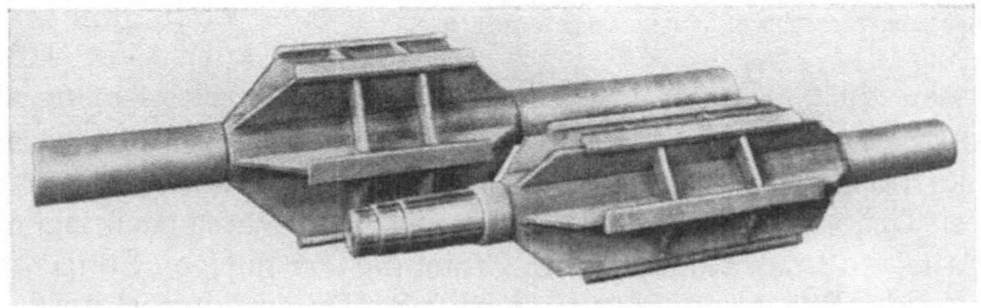

Abb. 39c. Wellen mit aufgeschweißten Längsrippen an Stelle von aufgesetzten Nabensternen.

man sich schützen kann, wenn man durch neben die Nähte eingedrehte *Entlastungskerben* die mechanischen Kraftlinien von den Schweißnähten fernhält. Die Abb. 39a-b zeigt ein solches Beispiel, das auch dadurch interessant ist, daß zur Einsparung von Werkstoff hier die Welle nicht durchgeführt, sondern durch zwei Stümpfe ersetzt ist, während die notwendige Biegungssteifigkeit zwischen den Stümpfen durch das Widerstandsmoment der kreuzförmig angeordneten Stege selbst erzielt wird.

In der Regel sind diese Läufer doch so hoch beansprucht, daß man die Welle durchgehen lassen muß, wie in Abb. 39c zu sehen ist. Die dabei erzielbare Ersparnis an Werkstoff und Lohn ist aber immer noch beträchtlich, weil man die Rippen unmittelbar auf den Wellenrohling aufschweißen und daher von einer viel dünneren Welle ausgehen kann, als wenn man einen getrennten Nabenstern auf einen gedrehten Sitz mit Passung aufzieht. Trotz dünnerer Welle sind aber das Widerstandsmoment des ganzen Läufers und damit seine kritische Drehzahl viel höher als früher, was zu verschiedenen Vorteilen bei der Gesamtbemessung der Maschine führt. Daß sich die Arbeiten in der Dreherei auf etwa $\frac{1}{3}$ vermindern, ergibt ohne weiteres der Augenschein.

Abb. 40. Wasserkraftgenerator für 42500 kVA, n = 214 + 85%, mit geschweißter Tragbrücke für 350 t Belastung, im Prüffeld.

Beim Schweißen solcher Teile können selbsttätige Schweißverfahren, wie z. B. ein Einlege-Schweißverfahren, mit Gewinn benutzt werden. Nach dem Schweißen wird das Stück im Ofen geglüht. Von den schon erwähnten Entlastungskerben an den Enden der aufgeschweißten Stege wird der vorsichtige Konstrukteur trotzdem auch hier Gebrauch machen.

5. Maschinen mit senkrechter Welle. Unter diesen Maschinen sind es besonders die großen *Wasserkraftgeneratoren*, die dem Stahlbauer eine Fülle von Aufgaben stellen, da die Welle dieser Maschinen in stern- oder brückenförmigen Konstruktionen gelagert werden muß, die außer den durch die Umdrehungen des Polrades bedingten seitlichen Kräften auch Vertikaldrücke aufnehmen müssen, die bei neueren Großmaschinen nicht selten mehr als 1000 t betragen. Ist das zur Aufnahme des Vertikaldruckes bestimmte Traglager auf der oberen Brücke angeordnet, so muß, da diese Brücke am Gehäuse aufruht, auch das Gehäuse diese Drücke zusätzlich zu den sonstigen Beanspruchungen aufnehmen. In diesem Falle muß das Gehäuse zur Erzielung der nötigen Steifigkeit unter den Auflagerstellen der Brücke säulenartig wirkende Träger eingeschweißt erhalten, die zweckmäßig auf ihrer ganzen Höhe mit dem Mantelblech in Verbindung stehen sollen. Im übrigen gelten für diese Gehäuse keine anderen Grundsätze als für solche von Horizontalmaschinen.

Die Abb. 41 zeigt eine im Prüffelde der Lieferfabrik aufgebaute senkrechte Maschine mit einer durch eine senkrechte Last von 350 t belasteten oberen Lagerbrücke. Diese Last wird im wesentlichen durch zwei kräftige, parallel geführte Träger aufgenommen, deren mittlere Querverbindung das Gehäuse des Traglagers und eines Führungslagers enthält. Zur Aufnahme der Querkräfte vom Führungslager sind an die hohen Parallelträger schwächere Querarme angesetzt, die bei kleineren Maschinen fortfallen können. In Abb. 41 ist das Mittelstück mit dem Lagergehäuse und den Parallelträgern als Schweißstück besonders zu sehen.

Die Anzahl der Schweißnähte und damit Verzug und innere Spannungen wird man in einem solchen Schweißstück schon beim Entwurf dadurch zu vermindern suchen, daß man nach Möglichkeit *fertig gewalzte* I-*Eisenprofile* benutzt. Schweißarbeiten mit solchen großen Profilen erfordern viel Erfahrung und Überlegungen besonders in der Richtung, daß sich die eingeschweißten, recht kräftigen Nähte möglichst zwanglos beim Erkalten zusammenziehen können, da sonst Risse — meist im Steg des I-Eisens selbst — auftreten können. Hat man ein sehr hohes I-Profil durch Verschweißen des Steges mit den Gurten selbst herzustellen, etwa weil die Profilhöhe ihrer Größe wegen gewalzt nicht erhältlich ist, so kann man dieser Forderung beispielsweise in folgender Weise Rechnung tragen: im Stadium des Heftens von Steg und Gurt werden diese Teile nicht schlüssig aufeinandergelegt, sondern mit einem Zwischenraum von etwa 1 mm. Der Abstand wird durch in Entfernungen von etwa 200 mm voneinander eingelegte Draht-

Abb. 41. Tragbrücke für Wasserkraftgenerator mit 350 t Vertikallast; 2 durchgehende Hauptträger mit Lagergehäuse verschweißt, Seitenarme angeschraubt.

Abb. 42. Geschweißte Tragbrücke in sternförmiger Durchbildung.

stückchen von 1 mm $\varnothing$ oder schmale Blechstreifen von derselben Dicke hergestellt, die mit eingeschweißt werden. Die starken Schrumpfkräfte beim Erkalten der Schweißnaht zerquetschen diese Abstandsstückchen und ziehen den Gurt soweit an den Steg heran, daß die Naht fast keine Querschrumpfspannungen mehr erhält. Von diesem Grundgedanken kann sehr oft in vielen Abwandlungen Gebrauch gemacht werden.

Die Abb. 42 zeigt eine andere Konstruktion solcher Lagerträger, bei der an ein Mittelteil einzelne Arme in radialer Richtung angesetzt sind. Je nach der Größe und den Versandverhältnissen werden die Arme angeschweißt oder angeschraubt oder teils angeschweißt, teils verschraubt. Die Verteilung der Auflagerkräfte wird bei dieser Ausführung etwas günstiger, Preis und Gewicht aber höher als bei der Brückenkonstruktion. In allen Fällen sind bei solchen Teilen die *Durchbiegung* und im Zusammenhang damit die *Eigenschwingungszahl* in senkrechter Richtung zu rechnen, um Resonanz mit der Drehzahl oder periodischen magnetischen Kräften zu vermeiden.

Weitere Schweißstücke an Maschinen mit senkrechter Welle sind die untere Lagerbrücke, die ganz ähnlich wie die beschriebene Tragbrücke zu gestalten ist, häufig die Lagerteile selbst und die dazugehörigen Ölfangschalen und Behälter für das Schmiersystem, deren Beschreibung in diesem Rahmen aber zu weit führen würde. Wichtig ist dabei die absolut öldichte Ausführung aller Schweißnähte, die vor dem Einbau der Teile durch Einfüllen von warmem Öl überprüft werden muß.

6. Zubehörteile zum Elektromaschinenbau. Von den wichtigsten Zubehörteilen zum Elektromaschinenbau, die zum Teil eine Sonderentwicklung durchgemacht haben, sollen hier Riemenscheiben, Grundrahmen und Spannschienen behandelt

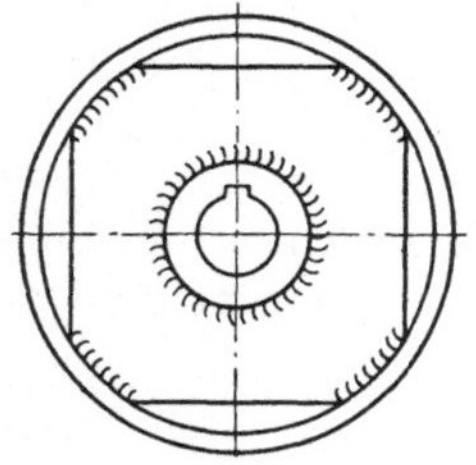

Abb. 43. Große Riemenscheibe in sparsamer Schweißkonstruktion.

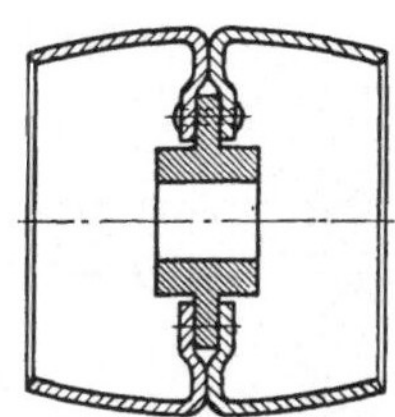

Abb. 44a u. b. Kleine Riemenscheibe aus gepreßten Stahlteilen.

werden. *Riemenscheiben* sind schon seit jeher zu einem Teile in „Schmiedeeisen" hergestellt worden, wobei man in der Regel in radial gerichtete Löcher einer gußeisernen Nabe Rundeisen oder Flacheisen als Arme eingesteckt hat, an die am äußeren Ende der Kranz aufgenietet wurde. Nach der Entwicklung des Schweißbaues mußte diese Bauart als veraltet angesprochen werden. Heute werden größere Riemenscheiben ähnlich wie Polräder aus ein oder zwei Scheiben aufgebaut, die am Innendurchmesser an eine Nabe oder unmittelbar an die Welle angeschweißt werden (vgl. Abb. 39). Neben den Schweißnähten erhält die Welle Entlastungsrillen als Kerben eingedreht. Eine besonders werkstoff- und schweißnahtsparende Ausführung zeigt die Abb. 43. Der Kranz wird bei einer Scheibe zweiseitig, bei zwei Scheiben nur an den Außenseiten angeschweißt.

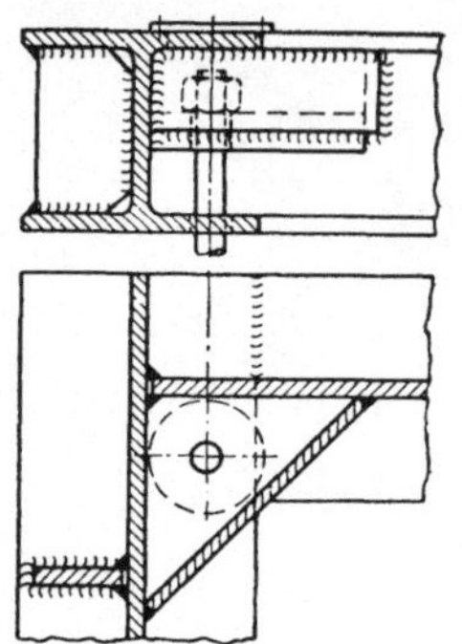

Abb. 45. Eckenausbildung eines Grundrahmens aus Breitflanschträgern.

Für kleine Riemenscheiben ist die in Abb. 44a und b dargestellte Bauart eine hinsichtlich des Gewichtes besonders erfolgreiche Lösung. Trotz Verwendung eines sehr dünnen Bleches ist die Festigkeit solcher Riemenscheiben unübertrefflich. Die Herstellung kann natürlich nur in großen Stückzahlen wirtschaftlich durchgeführt werden, da ziemlich teure Vorrichtungen erforderlich sind.

Grundrahmen in ihrer empfehlenswertesten Form sind in den Abb. 31, 32 und 33 zu sehen. In allen diesen Fällen sind normale Breitflanschträger, die auf Lager gehalten werden, durch Eckverbindungen zu Rahmen in der notwendigen Größe zusammengeschweißt. Bei solchen Rahmen ist angenommen, daß sie vollständig im Fundament versenkt und eingegossen werden. Die Eckverbindung, die gleichzeitig die Unterstützung für den versenkt angeordneten Fundamentanker enthält und eine gute Aussteifung des Winkels darstellt, wird zweckmäßig nach Abb. 45 gestaltet.

Wenn Grundrahmen nicht einbetoniert werden, sondern frei stehen sollen, werden sie des besseren Aussehens wegen meist aus zwei parallelen, mit der Hohlseite gegeneinander gestellten ⌶-Eisen ausgeführt, so daß sich nach außen ein geschlossenes Bild ergibt. Bei gleicher Höhe werden die so konstruierten Rahmen meist etwas leichter, aber weniger steif und teurer, da sie infolge der oben erforderlichen Deckplatte mehr Schneid- und Schweißarbeit erfordern. Auch auf der Unterseite müssen die beiden $\sqsubset$-Eisen in gewissen Abständen durch Querleisten miteinander verbunden werden. Bei dieser Konstruktion müssen auf der Oberseite stets Arbeitsflächen für die Bearbeitung vorgesehen werden, während bei Grundrahmen aus Breitflanschträgern bis etwa 3 m Länge ein Bearbeiten der ganzen oberen und gegebenenfalls auch unteren Flanschen möglich und billiger ist, da die Gurte der Breitflanschträger dick genug sind.

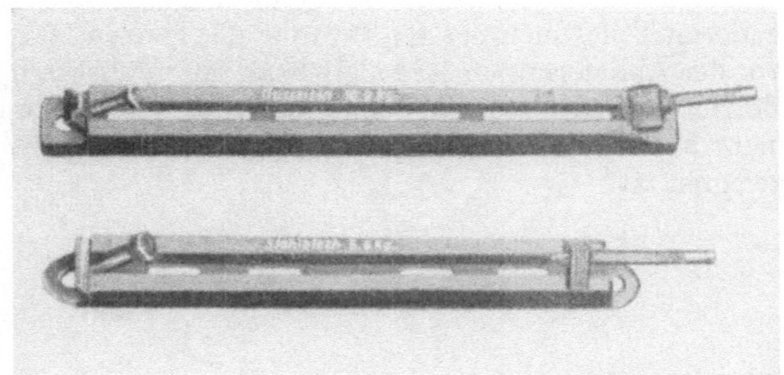

Abb. 46. Spannschiene aus Gußeisen und Stahlblech.

Spannschienen sind einzelne, im Fundament zu befestigende Träger als Unterlage für die Füße von Motoren, die Riemenscheiben besitzen und bei denen die Riemen auf einfache Weise durch Verschieben der Motoren nachgespannt werden soll. Aus verhältnismäßig dünnem Blech ausgeschnittene und abgekantete Profile ergeben sehr steife Schienen, die sich durch kleines Gewicht und geringen Herstellungspreis auszeichnen (Abb. 46).

Große Stückzahlen sind dabei natürlich wohl wirtschaftlicher, aber bei Vorhandensein einer Abkantmaschine nicht Bedingung für eine vorteilhafte Fabrikation. Durch Abkanten können natürlich auch kleinere Grundplatten oder Grundrahmen ohne Verwendung von Walzprofilen hergestellt werden.

7. Prüfung der Schweißnähte. Im allgemeinen ist eine Prüfung von Schweißnähten, die über eine äußere Besichtigung und über die indirekte Prüfung durch laufende Überwachung der Schweißer hinausgeht, im Elektromaschinenbau nicht notwen-

Abb. 47. Prüfen von Einbrand und Wurzel einer starken, an der Prüfstelle durchbohrten Kehlnaht mit Hilfe eines vergrößernden Bohrspiegelgerätes.

dig. Bei hochbeanspruchten, besonders dauernd wechselnd beanspruchten Nähten ist allerdings oft eine schärfere Prüfung erwünscht, um Fehlerstellen aufzufinden und zu beseitigen. Leider ist die bisher als einzig verläßlich anzusehende Röntgenprüfung bzw. Prüfung mit Isotopen selten anwendbar, weil die einzelnen Teile meist eine verwickelte Form mit vielen räumlichen Kanten besitzen, die viele Aufnahmen nach verschiedenen Richtungen erfordern und deshalb ein teures und umständliches und auch nicht mehr ganz eindeutiges Verfahren ergeben. Man behilft sich daher mit irgendeiner Stichprobenprüfung, die z. B. mit dem Anfräsen und Ätzen der Nähte an einzelnen besonders herausgesuchten Stellen oder bohrt die

Nähte so an, daß sie im Inneren der Bohrung und damit besonders an der Wurzel und an den Einbrandstellen mit Hilfe eines vergrößernden Rohrspiegelgerätes besichtigt werden können (Abb. 47). Eine solche Prüfung erhält ihren Wert besonders auch dadurch, daß die Schweißer sich kontrolliert fühlen und schon aus diesem Grunde sorgfältige Arbeit liefern.

Im übrigen werden alle Schweißteile einer elektrischen Maschine genau wie alle anderen Teile auch bei der Prüfung der ganzen Maschine, die ja stets im Prüffelde vor der Ablieferung unter möglichster oder vollständiger Nachahmung der späteren Betriebsverhältnisse vorgenommen wird, einer Gebrauchsprüfung unterzogen, die mehr als andere Prüfungsarten eine Gewähr für die Betriebstüchtigkeit zu geben geeignet ist.

III. Stahlschweißbau von Werkzeugmaschinen.

Von Dr.-Ing. A. Heiss, Frankfurt (Main).

A. Die Entwicklung des Stahlschweißbaues von Werkzeugmaschinen

Der Gestaltung von Gestellen für Werkzeugmaschinen wurde seit jeher besondere Aufmerksamkeit geschenkt. Die Gestelle nehmen ja die Kräfte auf, die zwischen dem Wirkpaar „Werkzeug und Werkstück" bei der Durchführung einer bestimmten Arbeitsaufgabe entstehen. Aufgabe einer Gestell-Lehre wird es sein, die Grundsätze für die Gestaltung zu sammeln und kritisch durchzuarbeiten, ganz gleich, ob es sich um Werkzeugmaschinen der spanlosen Formung zum Schmieden, Ziehen, Biegen und Schneiden von Blechteilen oder der spanabhebenden Bearbeitung zum Drehen, Fräsen, Bohren, Hobeln, Räumen und Schleifen handelt. Am gebräuchlichsten war es, für Gestelle von Werkzeugmaschinen Gußeisen zu verwenden. Der *Gußbau* ist auch heute ebenso vorherrschend. Es muß aber hervorgehoben werden, daß die von ihrem Urheber C. Krug [1—4] entwickelte Stahlbauweise sich immer mehr im Gestellbau eingeführt hat. Als Beweis mag erwähnt werden, daß auf der Technischen Messe in Hannover im Jahre 1951 auf rund 50 Ständen Gestelle im Stahlschweißbau zu beobachten waren (Kienzle [2]). In den zurückliegenden 20 Jahren wurden in zunehmendem Maße Erfahrungen bei der Herstellung und beim Betrieb stahlgeschweißter Werkzeugmaschinen gewonnen, so daß sich die Konstrukteure vom einfachen Kastenuntergestell bis zur kompliziert gestalteten und verrippten Bauweise mit Erfolg vorgewagt haben. Man kann somit feststellen, daß durch die Anwendung des Stahlschweißbaues sich eine Bereicherung in der Gestaltungsmöglichkeit von Gestellen für Werkzeugmaschinen ergeben hat. Gleichzeitig sind viele neue Probleme aufgetreten, die erst hemmend wirkten, aber nach deren Lösung weitere Anwendungsmöglichkeiten für diese Bauweise erschlossen. Es soll an dieser Stelle auf die Wirkung der Schweißspannungen hingewiesen werden, das Verhalten von geschweißten Bauteilen bei erzwungenen Schwingungen und die Forderung nach großer Steifigkeit erwähnt werden. Als wirkungsvolles Mittel zum Beseitigen der Eigenspannungen hat sich das Spannungsfreiglühen in vielen Fällen eingeführt, eine Behandlungsweise, die der Lagerung von Gußgestellen, möglichst im Freien über längere Zeiträume, mit dem oftmals wiederkehrenden Temperaturwechsel gegenüber gestellt werden kann. Das Schwingungsverhalten wurde durch eingehende Forschungen geklärt. Hierbei wurden insbesondere auf dem Gebiet des Dämpfungsverhaltens von geschweißten Verbindungen ganz neue Erkenntnisse gewonnen, die eine konstruktive Verwertung und Anwendung verdienen (Heiss [1], Kettner, Kienzle [1]). Schließlich vermitteln die Ergebnisse der neueren Elementeuntersuchungen zahlenmäßige Angaben über kennzeichnende Verrippungsarten für Träger und Kasten bei den grundlegenden Beanspruchungen auf Biegung oder Verdrehung (Heiss [1]). Die Schweißtechnik bestimmt eben in anderer Weise die Gestaltung der Gestelle für Werkzeugmaschinen wie die Gußtechnik. Besonders abgerundete Übergänge können in Fortfall kommen, an Stelle der offenen Querschnitte mit der für den Gußbau besonders kennzeichnenden Peters-Verrippung für Drehbankbetten finden in der Stahlbautechnik geschlossene Kastenformen mit verhältnismäßig dünnen Wandstärken Verwendung. Eine Frage scheint an dieser Stelle berechtigt zu sein: Welcher Gedanke führte vor Jahren zu der Erwägung, Werkzeugmaschinen-Gestelle aus Stahlblech herzustellen? Der größere Elastizitätsmodul des Stahles gegenüber Gußeisen verlockte den Konstrukteur zu dieser Anwendung. Vorausgesetzt wird hierbei, daß dieser Werkstoff-Kennwert für das elastische Verhalten ganzer Gestelle ebenso maßgebend ist, wie für die einfachen Stäbe und Proben, an denen er gemessen wird. Diese für das elastische Verhalten zutreffende Tatsache hat man leider auch für das Dämpfungsverhalten angenommen. Ganz kurz noch etwas über die Widerstandsfähigkeit gegenüber elastischen Formänderungen. Aus der genauen Kenntnis der Elastizitätsmoduli ist man mit Kenntnis der im Abschn. D., S. 47 behandelten Bemessungsforderung heute etwas vorsichtiger mit der Angabe des Verhältniswertes derselben geworden. Der Verhältniswert 5:8 scheint dem elastischen Verhalten besser gerecht zu werden als der bisher angenommene 1:2. Bedenkt man weiterhin, daß der Werkstoff Gußeisen nach den neuesten Veröffentlichungen entwicklungsfähiger zu sein scheint als Stahl, so ist es denkbar, daß dieser Verhältniswert nicht immer gelten muß. Ob in der nahen Zukunft für den praktischen Maschinenguß die neuen Erkenntnisse über das hochelastische Gußeisen „Ductalloy" mit kugeliger Graphitausbildung zum Tragen kommen, wird erst die Zukunft lehren (ATSCHERKAN, PIWOWARSKY, WOLLENHAUPT u. THUM u. PETRI [3]). Wie bereits erwähnt, gilt für das Dämpfungsverhalten nicht die gleiche Folgerung, weil in der fertigen Konstruktion noch andere Stellen an der Vernichtung von Schwingungsenergie maßgebend sind als der Werkstoff allein. Es ist einwandfrei nachgewiesen, daß das Dämpfungsverhalten auch bei den sehr kleinen Schwingweiten von einigen Mikron an geschweißten Gestellen 100mal größer sein kann wie an einfachen Stäben mit der reinen Stoffdämpfung.

Es erscheint also möglich, Gestelle aus Stahlblechen unter Anwendung der Schweißtechnik zu bauen, die durch die sinnvolle Werkstoffverteilung dem Gedanken nach „Leichtbau" eher gerecht werden können als Gußmaschinen. Die Überbemessung von einzelnen Teilen ist zu jeder Zeit als Verschwendung angesehen worden, noch mehr aber in Zeiten, in denen Knappheit besteht. Auch aus anderen Gründen wie Transport und Zoll sowie Aufstellung in Geschossen ist an Gewicht einzusparen. Diesem rein äußerlichen Anlaß wird der Konstrukteur um so bereitwilliger auf Gestaltung nach Leichtbau nachkommen, als auch vom inneren Aufbau der Konstruktionen ausgehend bei völlig gleichmäßiger Ausnutzung des Werkstoffes in allen Querschnittsteilen die gleiche Forderung besteht, wenn eine zulässige Grenze nicht überschritten werden darf. An Hand eines Beispieles auf einem anderen Gebiet mögen die Vorteile des Leichtbaues dargelegt werden. Die offenen Güterwagen der Bundesbahn hatten in der Konstruktion aus dem Jahre 1927 eine Tragfähigkeit von 20 t. Heute haben diese Wagen bei gleichem Waggongewicht und vergrößerter Ladefläche eine Tragfähigkeit von 26,5 t, d. i. eine um 30% größere Tragfähigkeit. Um die gleich große Gütermenge zu befördern, sind also weniger Wagen nötig, wodurch der Kohlenverbrauch kleiner wird.

Außer der Verwirklichung großer Steifigkeit der Gestelle hat der Stahlschweißbau zweifellos dazu beigetragen, die *äußere Form zu glätten*. Die Glättung der äußeren Form erhöht die *Formschönheit* der Werkzeugmaschinen und die Möglichkeit der Sauberhaltung. Für die Entwicklungsrichtung der *Auflösung der Spezialmaschinen in Aufbaueinheiten* war der Stahlschweißbau recht förderlich (GEORG, RAUPP, WOLLENHAUPT). Diese neueste Entwicklung wurde insbesondere in Europa sehr stark vorangetrieben. Längs einer Fertigungsstraße sind Bearbeitungsplätze angeordnet, die sich aus Aufbaueinheiten zusammensetzen. Aus solchen Aufbaueinheiten kann schnell und billig eine Sondermaschine zusammengestellt werden. Die hierfür nötigen geschweißten Gestelle erfordern keine Modellkosten; auch Änderungen in den Abmessungen können in einfacher Weise verwirklicht werden.

Aber der Stahlschweißbau findet nicht bloß Anwendung für den Gestellbau bei den Aufbaueinheiten und bei Sonder-Werkzeugmaschinen, auch bei den normalen Werkzeugmaschinen sind beachtliche Fortschritte erzielt worden. Im Abschn. H.2.b, S. 86 wird über eine Großreihenfertigung von 80 bis 100 Drehbänken im Monat mit Betten in Stahlschweißbau berichtet. Die Führungen bestanden aus Walzprofilen, die aufgeschweißt, nach dem Peddinghausverfahren mit Leuchtgas und Sauerstoff auf eine Tiefe von 0,8···1,0 mm gehärtet, und anschließend naß fertig geschliffen wurden. Des weiteren sind Großversuche mit rohrförmigen Querschnitten für Drehbankbetten durchgeführt worden, die zur Entwicklung der Stahlleichtbau-Drehbänke erheblich beigetragen haben. In dieser Bauweise wurden Drehbänke mit Spitzenhöhen von 165 mm und auch mit 370 mm ausgeführt. Im Abschn. H.2.a, S. 82 wird über die Konstruktion dieser Drehbänke ausführlich berichtet (MÖBIUS [1]). Bekannt und am meisten angewendet ist die Zellenbauweise für Schleifmaschinen (C. KRUG [1—4]). Durch sinnvolle Werkstoffverteilung wird der Werkstoff aufs beste ausgenutzt und auf diese Weise in fast vollkommener Art eine Gestaltung in Leichtbau erreicht. Nun umschließt „Leichtbau" selbstverständlich auch Gestelle in Gußbau, wenn die Gesichtspunkte zutreffen, die einleitend erwähnt wurden. Wissenschaftliche Untersuchungen beschäftigten sich mit verschiedenen Innenverrippungen für Kastenträger aus Guß (THUM u. PETRI). Hierbei wurden Gedankengänge verwirklicht angewendet, die der Stahlschweißbau auch angewendet hat. Die dadurch bedingte wechselseitige Befruchtung ist für den Fortschritt sehr willkommen. Die Schweißtechnik gestattet meistens in vollkommener Weise die Bestlösung zu erreichen. Die größere Gestaltungsfreiheit in der Formgebung wirkt sich hierbei sehr vorteilhaft aus. Sie bietet ferner eine weitere Möglichkeit, die Verbindung gegossener, gepreßter und gewalzter Einschweißteile. Dadurch kommt eine *Verbund*bauweise zustande. Im Werkzeugmaschinenbau hat man vielfach Verbundbauweisen geschaffen, indem Getriebekästen insbesondere in Gußbau ausgeführt wurden, die man an geschweißte Gestelle anschraubte. An Hand von Beispielen wird diese Richtung verdeutlicht werden. Da dieser Weg bei Umstellung von der einen auf die andere Bauweise angewendet worden ist, so ergaben sich meist für den Stahlschweißbau, hinsichtlich der Wahl der Außenabmessungen von Gestellen und Betten, recht einengende Bedingungen. Nicht vergessen werden darf die Wirtschaftlichkeit der Schweißtechnik im allgemeinen; denn gerade sie ist die Ursache für die starke Verbreitung derselben. Bei geringen Stückzahlen von Gestellen oder bei Erstausführungen greift man sehr gern auf diese Bauweise zurück, weil dadurch das Einsparen der Kosten für ein Modell möglich ist. Jedenfalls stellt eine bessere Ausbreitung besonders im Gestellbau für Werkzeugmaschinen an den Konstrukteur und den Fertigungsmann recht hohe Anforderungen, die in der eigenen Gestaltungs- und in der eigenen Fertigungsweise begründet sind. Wenn am Schluß des Abschnittes „Stahlleichtbau von Werkzeugmaschinen" in der ersten Auflage folgende rhetorische Frage gestellt worden ist: „Was tut not, um die Einführung der neuen Stahlbauweise zu fördern?" so wurde deren Beantwortung in den folgenden vier Punkten zusammengefaßt:

1. Erziehung der Konstrukteure zu neuem Denken in der Stahlbautechnik unter Abstreifung der bisherigen altgewohnten Formen der Gußeisentechnik und Schulung der Konstrukteure in der Schweißtechnik.

2. Schaffung von Schweißwerken, die mit Schweißmaschinen und Schweißgeräten, Vorrichtungen und Hilfsmaschinen (Schneidemaschinen, Scheren, Biegemaschinen, Abkantpressen und Schleifgeräten) ausgerüstet sind.

3. Ausbildung von Schweißern in vermehrtem Umfang als bisher.

4. Beachtung der Erkenntnisse und Lehren der Schwingungstechnik und Verwendung geeigneter Schwingungsmeßgeräte.

Zu Beginn der weiteren Ausführungen möge hervorgehoben werden, daß zur Erreichung obigen Zieles durch die Ergebnisse der Schwingungsuntersuchungen an den geschweißten Elementen und die mittels geeignete konstruktive Maßnahmen zu erreichenden hohen Bremswirkung von „Scheuerflächen" viel getan wurde. An Stelle gefühlsmäßiger Beurteilung sind zahlenmäßige Angaben getreten, die dem Gestalter von Werkzeugmaschinen in Stahlschweißbau seine Arbeit erleichtern.

B. Grundformen von Werkzeugmaschinen-Gestellen.

Betrachtet man die verschiedenen Werkzeugmaschinen in ihrem äußeren Aufbau, so kann man deren Gestelle nach einer Reihe ordnen, wie sie in Abb. 48 dargestellt ist. Diese Ordnung erleichtert das Verstehen der einzelnen Bezeichnungen

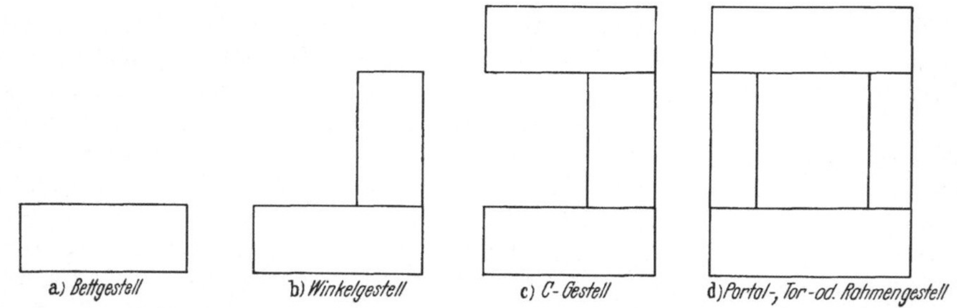

Abb. 48. Grundformen von Werkzeugmaschinengestellen. a Bettgestell; b Winkelgestell; c C-Gestell; d Portal-, Tor- oder Rahmengestell.

und läßt erkennen, daß je nach der verschiedenen Beanspruchung in der fertigen Maschine kennzeichnende Querschnitte und Verrippungen angewendet werden müssen. Abb. 48a zeigt ein Bettgestell, wie es vielfach für Feinbohrwerke, Schleifmaschinen, Sondermaschinen mit Aufbaueinheiten usw. angewendet wird. In der Draufsicht kann der Querschnitt rechteckig, winkelförmig oder kreuzförmig ausgebildet sein. Abb. 49a und b zeigen das Bettgestell einer Trommelrevolver-Drehbank in Stahlschweißbau sowie die fertige Werkzeugmaschine; es handelt sich um ein gerades Bettgestell. Die Abb. 50a und b zeigen das geschweißte Bett für eine Sondermaschine für die Bearbeitung von Lüfter-Getrieben sowie die fertige Maschine. In diesem Fall ist der Grundriß des Bettes kreuzförmig ausgebildet. An den Drehbänken wird der den Füh-

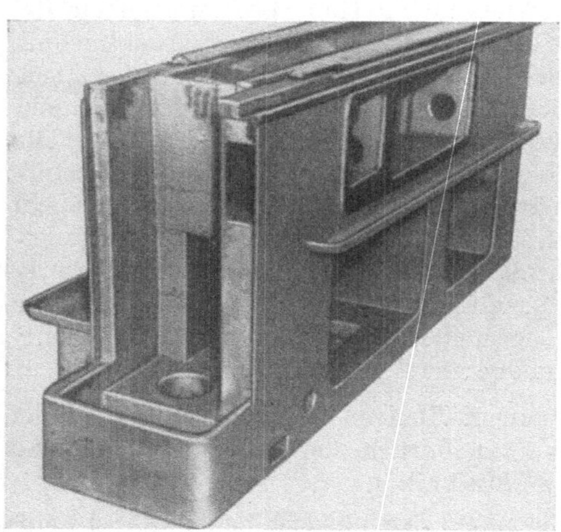

Abb. 49 a. Trommelrevolver-Drehbank in Stahlschweißbau.
Bettgestell *vor* dem Zusammenbau.

rungsteil tragende Teil ebenfalls Bett genannt. Dieses Bett kann bis zum Boden reichen oder auf den Spindelkasten- und Reitstockfuß aufgesetzt oder verschweißt sein. Winkelgestelle finden bei Waagrecht-Bohrwerken Anwendung

(s. Abb. 48b). Abb. 48c zeigt die Grundform des c-förmigen Gestelles. Diese Form ist nicht allein auf Pressen beschränkt, auch für Bohrmaschinen u. a. findet sie Anwendung. Abb. 51 zeigt ein tief ausladendes c-förmiges Gestell in ge-

Abb. 49 b. Trommelrevolver-Drehbank in Stahlschweißbau.
Fertige Werkzeugmaschine.

schweißter Plattenbauweise an einer Kurven- und Aushauschere[1]. Das C-Gestell besteht aus 2 SM-Stahlplatten, die mit Zwischenstücken elektrisch verschweißt sind. Es möge an dieser Stelle darauf hingewiesen werden, daß auf solchen Ma-

Abb. 50 a. Sondermaschine für die Bearbeitung von Lüfter-Getrieben
in Stahlschweißbau.
Bettgestell vor dem Zusammenbau mit kreuzförmigem Grundriß.

schinen Blechteile für Maschinengestelle in Stahlschweißbau zugeschnitten werden können. Man kann auch Innenformen ausschneiden, wenn an bestimmten Stellen des Gestelles Einbauteile angebracht werden müssen. Abb. 52 zeigt ein C-Gestell einer Einständerpresse, bei der die Ausladung bedeutend kleiner ist als bei der

---

[1] Herstellfirma: Fa. Trumpf & Co., Stuttgart.

Kurven- und Aushauschere. Gerade im Pressenbau hat sich der Stahlschweißbau besonders eingeführt, vor allem deshalb, weil abweichende Ständerausführungen ohne Schwierigkeiten, schnell und mit wenig Aufwand, verwirklicht werden können.

Abb. 50 b. Sondermaschine für die Bearbeitung von Lüfter-Getrieben in Stahlschweißbau.
Fertige Sonder-Werkzeugmaschine mit ähnlichem Bett.

Bei solchen Pressen kommt es sehr darauf an, eine geringe Aufbäumung zu erzielen, da sie außer zu den üblichen Arbeiten wie Bördeln, Prägen und Richten auch für das Drückräumen und Fügen von Preßpassungen verwendet werden kann. Besonders gut ist der Kraftfluß bei den Torgestellen verwirklicht. Hierbei können die elastischen Verformungen recht klein gehalten werden. Abb. 48 d zeigt den schematischen Aufbau einer solchen geschlossenen Rahmenbauart, die sich immer mehr im Werkzeugmaschinenbau einführt. Es gibt auch Übergangsformen, bei denen die C-Gestelle durch Stützen in eine geschlossene Bauweise umgeändert werden. Besonders gilt dies für Waagerecht-Fräsmaschinen. Vergleicht man nach den Formeln der Festigkeitslehre die Verformungen eines C-Gestelles mit einem Torgestell, so erhält man bei gleichen Abmessungen Durchbiegungen, die sich wie 64:1 verhalten.

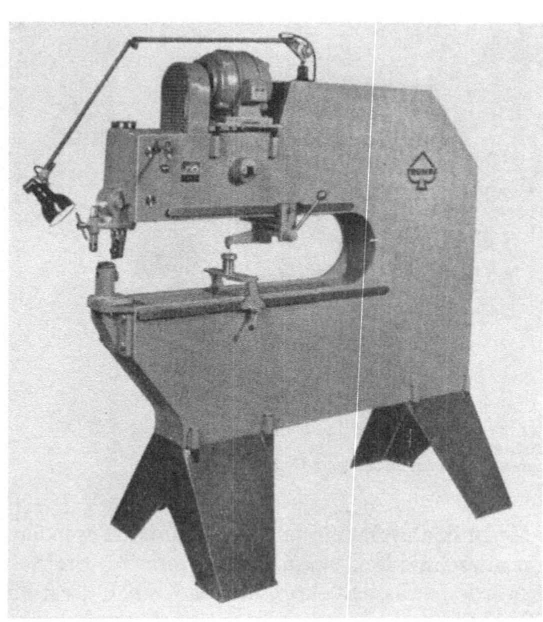

Abb. 51. Trumpf-Kurven- und Aushauschere, Type „TAS 4"
in Stahlschweißbau mit tiefausladendem C-Gestell und
glatter Außenform.

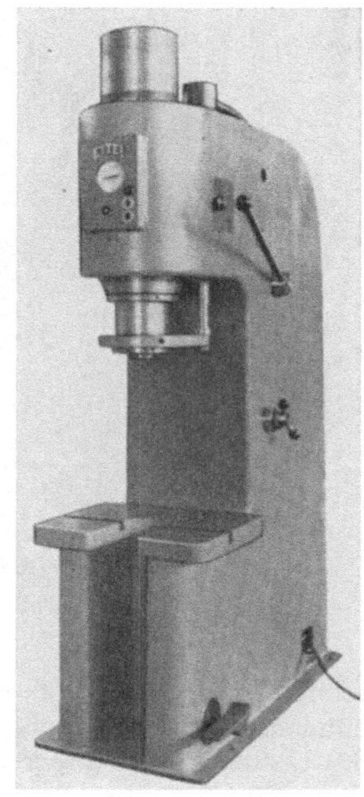

Abb. 52. Eitel-Einständerpresse EP 16
mit C-Gestell für 16 t Preßkraft
in Stahlschweißbau.

Die Winkelgestelle können wiederum aus 2 Teilen aufgebaut sein und zwar aus einer Grundplatte und einem Ständer. Beim C-Gestell kommt zu diesen beiden Elementen noch das Querhaupt oder der Ausleger hinzu. Das Torgestell besitzt zwei Ständereinheiten, die entweder fest miteinander verbunden sind, wie dies Abb. 53 zeigt oder durch ein in der Höhe verschiebbares Querhaupt (Abb. 54). Abb. 53 zeigt eine geschweißte einfach wirkende mechanische Presse der Fa. Clearing Machine Corporation, Chicago. Durch die Anwendung des Stahlschweißbaues wird die Durchfederung des Pressentisches auf mehr als die Hälfte verkleinert gegenüber einer Ausführung in Guß. Die Abb. 54a und 54b zeigen die Vorder- und Rückansicht einer Fräsmaschine in geschweißter Ausführung der Fa. Cooke & Ferguson Ltd., Manchester. Bei dieser Fräsmaschine kann das Querhaupt längs der Führungen der beiden Ständer in der Höhe je nach der Fräsarbeit verschoben werden. Einzelheiten über den konstruktiven Aufbau dieser Maschine werden im Abschnitt näher erläutert.

Abb. 53. Einfach wirkende mechanische Presse mit Tor- oder Rahmengestell in Stahlschweißbau.

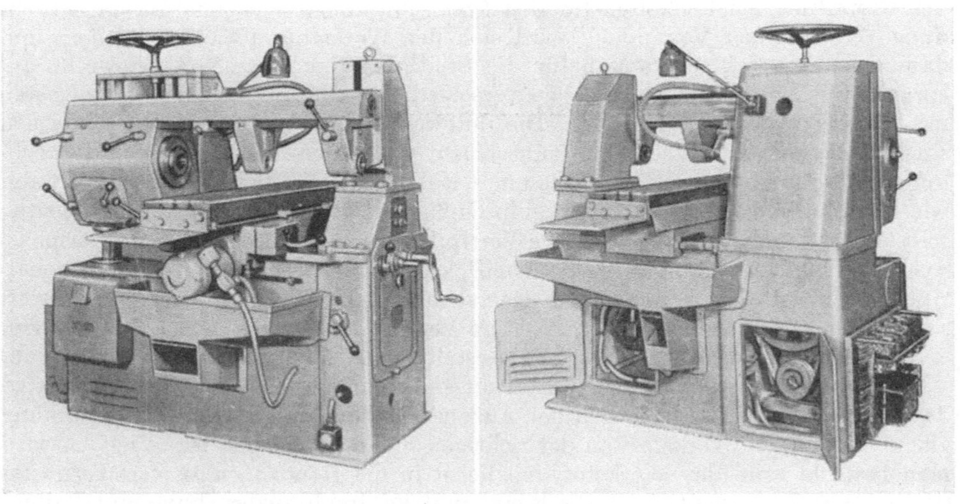

a   b

Abb. 54 a u. b. Produktions-Fräsmaschine in Stahlschweißbau. Vorderansicht und Rückenansicht.
Freundlicherweise von Herrn Dipl.-Ing. F. KOENIGSBERGER, Manchester (England) zur Verfügung gestellt.

C. Entwicklungsrichtungen für die Gestaltung von Werkzeugmaschinengestellen in Stahlschweißbau.

Mögen die folgenden Darlegungen noch so einfach erscheinen, so verdienen sie doch hervorgehoben zu werden, weil die beiden im folgenden aufgezeigten Wege in der Praxis vielfach angewendet werden. Man kann das Problem des Leichtbaues nach folgenden zwei Richtungen hin überlegen:

1. Behinderte Gestaltung in Stahlschweißbau. Bei einer Umstellung von Guß auf Stahl wird man meist bestrebt sein, die Außenabmessungen der Bauteile gleich zu halten. Der Konstrukteur wird hierbei bemüht sein, die Bauteile möglichst günstig zu verrippen. Auf diese Weise können vielfach einzelne Teile noch in Gußbau beibehalten werden wie z. B. Getriebekästen, Supporte usw. Durch die

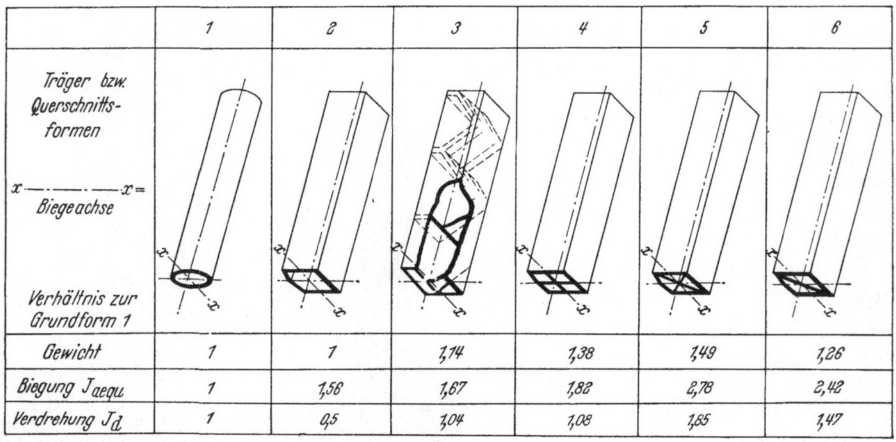

	1	2	3	4	5	6
Gewicht	1	1	1,14	1,38	1,49	1,26
Biegung J_{aequ}	1	1,56	1,67	1,82	2,78	2,42
Verdrehung J_d	1	0,5	1,04	1,08	1,85	1,47

Abb. 55. Steifigkeit für Biegen und Verdrehen verschiedener Kastenformen in Gußbau nach Thum und Petri.

Beibehaltung der Außenabmessungen ist eine starke Einschränkung hinsichtlich der Gestaltungsmöglichkeiten für den Stahlschweißbau gegeben. Durch Anwendung verschiedener Verrippung wird sich der Werkstoffaufwand verändern und damit die Federzahlen als Maß für die Steifigkeit bei Biege- und Verdrehbeanspruchung. Abb. 55 zeigt Beispiele verschiedener Verrippungsarten von Kasten mit gleichen Außenabmessungen. Die fünf verschieden verrippten Kastenformen sind auf Biegung und Verdrehung untersucht worden und zum Vergleich die rechnungsmäßig ermittelten Kennwerte eines Rohres mit gleichem Werkstoffaufwand wie Kasten 2 angegeben; sie wurden in Guß gefertigt. Die Verhältniswerte gelten selbstverständlich auch für derartige Verrippungen in Stahlschweißbau. Beispielsweise kann man die dreifache Verdrehsteifigkeit durch Einschweißen einer Diagonalrippe erreichen wie beim glatten Querschnitt nach Form 2, wobei der Stoffaufwand nur 26% mehr beträgt. Weitere Vergleiche sind aus Abb. 55 zu ersehen.

2. Vollkommene Ausnutzung der Gestaltungsmöglichkeit in Stahlschweißbau. Vollkommene Ausnutzung der Gestaltungsmöglichkeit in Stahlschweißbau wird dann erreicht, wenn hinsichtlich der Außenabmessungen keinerlei Einschränkung gilt und wenn der Werkstoff an der richtigen Stelle angeordnet ist. Vielfach wird man bestrebt sein, den Werkstoff möglichst in die Randzonen zu verlagern, um große Trägheitsmomente z. B. für Biege- und Verdrehbeanspruchung zu erhalten. Durch dünnwandige Bleche kann diese Forderung leicht im Stahlschweißbau verwirklicht werden. Abb. 56 soll das Grundsätzliche dieser Entwicklungsrichtung hervorheben. Gegeben sei eine bestimmte unveränderliche Werkstoffmenge, die durch die Querschnittsfläche F gegeben ist. Der Konstrukteur kann nun den Werkstoff in einem hohlen Rechteckquerschnitt anordnen, wobei die Wandstärke so bemessen sein mag, daß die Querschnittsflächen wieder F ergeben. Die Biegesteifig-

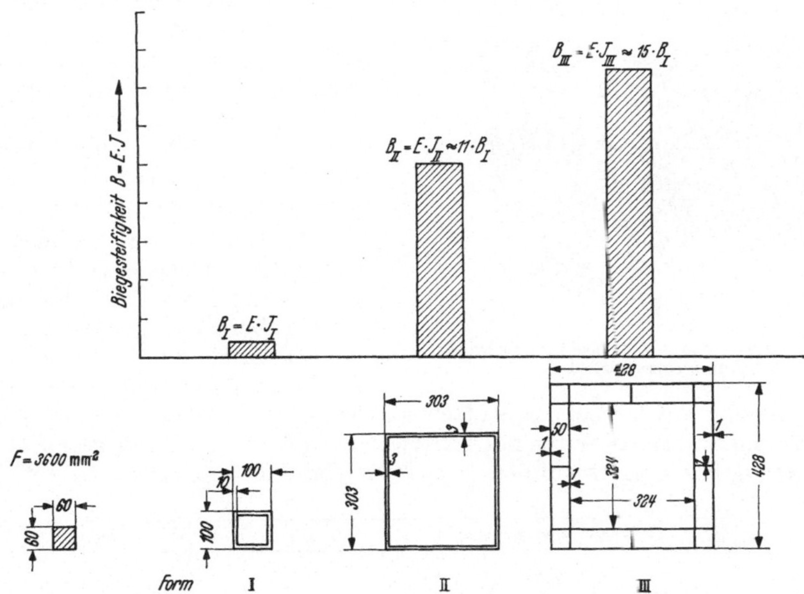

Abb. 56. Steifigkeit von Kastenformen mit gleichem Werkstoffaufwand aber verschiedener Wandstärke und Außenabmessungen.

keit $B = E.I$ wird dadurch bedeutend vergrößert (s. Kasten I). Durch Verkleinern der Wandstärke bis auf eine minimale Grenze kann ein günstigster Wert erreicht werden; er kann dadurch gegeben sein, daß das Ausbeulen des Bleches verhindert ist oder daß bei erzwungenen Schwingungen je nach der Längsausdehnung des Querschnittes keine übermäßig großen Schwingweiten, die mit Geräuschbildung verbunden sein können, auftreten. Dieser Zustand möge nach Abb. 56 bei einer Wandstärke von beispielsweise 3 mm erreicht sein (s. Kasten II). Diese Grenze kann im Stahlschweißbau überschritten werden, wenn man die „Wandstärke" selbst als Zellen ausführt, also doppelwandig macht, wobei die Wandstärke z. B. teilweise bis auf 1,0 mm verringert wurde. Die Außenabmessungen des Querschnittes,

Abb. 57. Spindelstockfuß in Zellenbau für eine Drehbank in Stahlschweißbau.

gemäß Kasten III, nach Abb. 56, können noch größer sein als bei der Form II. Durch Abstützung der Doppelwand untereinander werden Wandschwingungen vermieden und besonders steife Formen gebildet. Die unmittelbare Anwendung dieses Gedankens zeigen die folgenden beiden Abb. 57 und 58. Es handelt sich um den Spindelstock- und den Reitstockfuß einer Drehbank in Stahlschweißbau, deren

Bauweise im Abschn. H.2.b, S.86 noch näher erläutert wird[1]. Eine Annäherung an die im Flugzeugbau entwickelte und vielfach angewandte *Schalen*bauweise kann festgestellt werden. Für den Zellen- oder Schalenbau ist es wichtig, den *gesamten*

Abb. 58. Reitstockfuß in Zellenbau für eine Drehbank in Stahlschweißbau.

Werkstoff für die Steifigkeit der Werkzeugmaschine heranzuziehen. Diese Betrachtung erstreckt sich auf Querschnitte ohne Öffnungen. Wie wir später im Abschn. H. 4., S. 105 sehen werden, bedarf es sehr großer Sorgfalt in der Gestaltung, um den Steifigkeitsabfall bei konstruktiv bedingten Durchbrüchen wett zu machen.

Der Einfluß der Auflagerbedingungen auf die Federzahl ist für Belastung auf Biegen in Abb. 59 dargestellt. Bei gleicher Verrippung sinkt die Federzahl auf $1/16$ bei einseitiger Einspannung gegenüber der beidseitigen Lagerung auf bewegliche Stützen ab (Fall 4 gegen 1) und nimmt bei fester Einspannung an beiden Seiten auf den vierfachen Wert zu (Fall 3 gegen 1). Eine Verlängerung des Trägers auf den doppelten Wert läßt die Federzahl auf $1/8$ ab-

Fall	Zick-Zack-Petersverrippung	Federzahl kg/μ
1		c_1
2	$f_2 = 8 \cdot f_1$	$c_2 = \frac{1}{8} \cdot c_1$
3	$f_3 = \frac{1}{4} \cdot f_1$	$c_3 = 4 \cdot c_1$
4	$f_4 = 16 \cdot f_1$	$c_4 = \frac{1}{16} \cdot c_1$
5	$f_5 = 128 \cdot f_1$	$c_5 = \frac{1}{128} \cdot c_1$

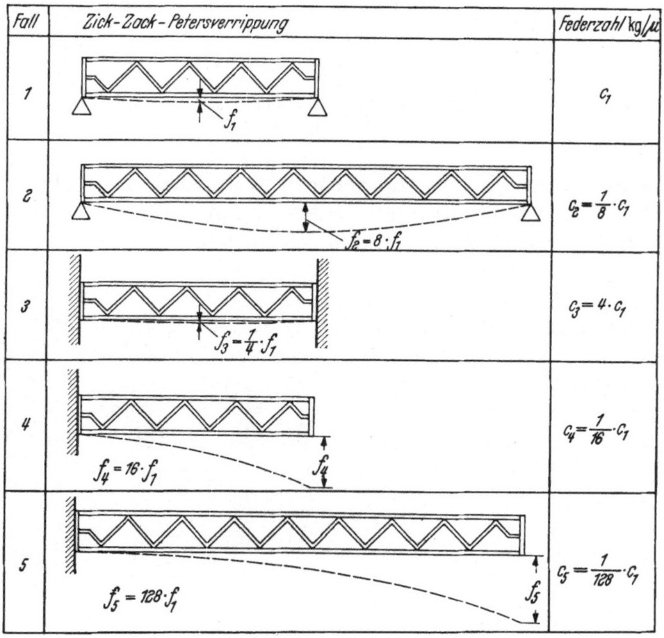

Abb. 59. Umrechnung von Federzahlen c für verschiedene Auflagerbedingungen bei gleicher Verrippung (Trägerform V s. Zahlentafel 2).

sinken. Auf dieser Darstellung ersieht man, daß auf die Auflagerbedingungen bzw. Einspannung der einzelnen Gestellteile insbesondere auch auf die Aufstellung von Werkzeugmaschinen besonders geachtet werden muß.

---

[1] Die Abb. 57 u. 58 wurden von Herrn Obering. I. ROLOFF, Karlsruhe, freundlicherweise zur Verfügung gestellt

D. Bemessungsforderungen im Werkzeugmaschinenbau.

Die richtige Gestaltung von Werkzeugmaschinen hängt von der Erkenntnis der Bemessungsforderung in hohem Maße ab. Die Forderungen, nach denen die Bemessung der Bauteile vorgenommen werden, können verschieden sein. In der allgemeinen Festigkeitslehre darf die Beanspruchung eine bestimmte, genau bekannte Grenze nicht überschreiten. Es genügt, die höchst beanspruchten Stellen nachzurechnen, weil diese am gefährdetsten sind. Im Werkzeugmaschinenbau kommt es auf *hohe Arbeitsgenauigkeit* an. Diese muß noch nicht gewährleistet sein, wenn die im Prüfbuch von Prof. SCHLESINGER zusammengestellten rein geometrischen Genauigkeitsbedingungen erfüllt sind. Bei der Bearbeitung der Werkstücke und durch die Übertragung der Kräfte und Momente vom Motor oder Antrieb treten Kräfte auf, die in den Gestellen *elastische* Formänderungen von gleichbleibender oder schwingender Art und Größe hervorrufen. Die Formänderungen sind außerordentlich klein; sie werden in Tausendstel Millimeter, das ist in Mikron, gemessen und angegeben. Die auftauchenden Probleme konnten wissenschaftlich nur schrittweise geklärt werden. Erstmals hat KIEKEBUSCH Forschungen an einer Drehbank durchgeführt und die Ergebnisse unter dem Titel „Die Werkzeugmaschine unter Last" veröffentlicht. Eingehend wurden die Formänderungen eines Drehbankbettes unter der schräg im Raum verlaufenden Schnittkraft untersucht und besonders auf den großen Anteil der *Verdrehung* bei der Gesamtverformung hingewiesen. Somit ergab sich in der Zukunft die Aufgabe, Betten für Drehbänke mit großer Verdrehsteifigkeit zu gestalten; dies führte zu geschlossenen Kastenquerschnitten wie sie in der Bauweise des Stahlschweißbaues leicht verwirklicht werden konnten. Mit der Lösung statischer Probleme hat sich die wissenschaftliche Forschung jedoch nicht zufriedengegeben. Es folgten die viel schwieriger zu erfassenden und zu deutenden Schwingungsprobleme, über die im Abschnitt F ausführlich berichtet werden soll. Diese wurden unter Leitung von Herrn Prof. Dr.-Ing. KIENZLE zuerst von KETTNER und anschließend vom Verfasser dieses Abschnittes durchgeführt [1]. Das Schwingungsmeßgerät und sein Meßgrundsatz sollen erläutert werden, das Wesentliche der vergleichenden Messungen zwischen Guß- und Stahlbauweise sowie die für den Konstrukteur wesentlichsten Ergebnisse der Elemente-Untersuchungen beschrieben werden (s. Abschn. F., S. 62).

1. Bemessung nach gutem statischem Verhalten. Es sind also die Beanspruchungen an Werkzeugmaschinen nicht so wichtig wie die Formänderungen, die nur im elastischen Bereich und in zulässigen Grenzen bleiben sollen, damit genaue Werkstücke ohne Rattermarken hergestellt werden. Es lag nahe, folgende vier Arten der Formänderung, nämlich Zug-, Druck-, Biege- und Verdrehverformungen an den geschweißten Gestellen zu unterscheiden. Mißt man die elastischen Formänderungen an den gefährlichsten Stellen der Gestelle in Abhängigkeit von statisch wirkenden Kräften, so kann man daraus die Federzahlen errechnen, die somit ein Maß für die Steifigkeit liefern. Um nicht in Widerspruch mit den Grundbegriffen der Mechanik zu kommen, erscheint es zweckmäßig und richtig, den vielfach im Schrifttum verwendeten Ausdruck „*Starrheit*" zu vermeiden, weil ein starrer Körper eine Federzahl $c = \infty$ besitzt. Wären die Werkzeugmaschinen wirklich starr, so gäbe es keine Probleme darum! In der Denkweise des Werkzeugmaschinen-Konstrukteurs biegt sich eine noch so dicke Stahlplatte elastisch durch, wenn sich eine Fliege darauf setzt. Es ist nur eine Frage der Vergrößerung, mittels geeigneter Meßmittel, um diese überaus kleinen Formänderungen sichtbar zu machen.

Man kann nun Zug und Druck gemeinsam betrachten und erhält

für Biegung

und für Verdrehung

$$\left.\begin{array}{l} \text{die } \textit{Dehnsteifigkeit}\colon A = F \cdot E, \\[1em] \text{die } \textit{Biegesteifigkeit}\colon B = I_{aeq} \cdot E \\[1em] \text{die } \textit{Verdrehsteifigkeit}\colon C = I_d \cdot G. \end{array}\right\} \tag{1}$$

Diese drei Ausdrücke enthalten für Zug den Querschnitt F, für Biegung das äquatoriale und für Verdrehung das polare Trägheitsmoment bzw. für Verdrehung bei beliebigem Querschnitt den Ausdruck $I_d = 2 \iint F \cdot dx \cdot dy$ und die Stoffwerte E und G, nämlich den Elastizitätsmodul E und den Schubmodul G des verwendeten Werkstoffes. Damit ist bewiesen, daß durch Ausnutzung des größeren Elastizitätsmodul der Stahlbleche im Vergleich zum Gußeisen kleinere Formänderungen bei gleichem Stoffaufwand oder bei gleich großen Verformungen beider Bauarten bedeutend an Werkstoff eingespart werden kann. Es wäre nunmehr sehr einfach, wenn Ausdrücke für die Steifigkeit ohne viel Mühe zu errechnen wären; dem ist aber wegen der verwickelten Gestelle nicht so. An Stelle von umfangreichen verwickelten Berechnungen treten zweckmäßigerweise Versuche über die elastischen Formänderungen gegenüber bestimmten Kräften, die aus dem Arbeitsverfahren her bekannt sind; denn der Konstrukteur von Werkzeugmaschinen hat vielfach mit ganz anderen Schwierigkeiten zu kämpfen, die im Arbeitsverfahren und Ablauf begründet sein mögen oder in der Getriebetechnik zu überwinden sind. So können ihm die Ergebnisse von Versuchen über das elastische Verhalten von ausgeführten Gestellen Anhalt für Neukonstruktionen bieten. An Stelle der aus der Mechanik her gebräuchlichen Steifigkeitswerte treten in einfacher Weise die aus Versuchen errechneten *Federzahlen*. Im Gegensatz zu den Steifigkeitswerten bedürfen die Federzahlen zusätzlicher Angaben und zwar über die Länge des beanspruchten Bauteiles, über Art, Angriffspunkt und Richtung der Kraft. Die Steifigkeitsausdrücke gelten für die Querschnittsvergleiche; man kann für Gestelle mit gleichbleibendem Querschnitt die versuchsmäßig ermittelten Federzahlen von den zusätzlichen Angaben freimachen und erhält dadurch die entsprechenden Steifigkeitswerte. Die Federzahl für Zug lautet

$$c_z = \frac{P}{f} \; (\text{kg}/\mu) \tag{2}$$

es ist:

$$\frac{f \cdot 10^{-3}}{l} = \frac{\varDelta l}{l} = \varepsilon_z .$$

Somit wird:

$$c_z = \frac{P}{l \cdot \varepsilon_z \cdot 10^3} .$$

Da weiter:

$$\varepsilon_z = \frac{\sigma}{E} = \frac{P}{F \cdot E}$$

ist, so erhält man für die Federzahl

$$c_z = \frac{F \cdot E}{l \cdot 10^3} \, (\text{kg}/\mu) .$$

Unter Berücksichtigung des Ausdrucks $A = F \cdot E$ für die Dehnsteifigkeit erhält man die Formel für die gegenseitige Umrechnung; sie lautet:

$$c_z = \frac{A}{l \cdot 10^3} . \tag{3}$$

Setzt man wegen der außerordentlich kleinen Verformungen, wie sie an geschweißten Werkzeugmaschinen-Gestellen auftreten, einen neuen Ausdruck $A' = A \cdot 10^{-6}$ fest, so bedeutet das gewissermaßen, daß A' diejenige Kraft darstellt, welche ein auf Zug beanspruchtes Gestell um 1 Millionstel seiner Länge verlängert; das ist eine Verlängerung eines Pressenständers von 1000 mm Länge von 1 Mikron! Für Verdrehung gilt in ähnlicher Weise folgender Ausdruck:

$$c_V = \frac{C}{l \cdot 10^3} = \frac{C' \cdot 10^3}{l} \left(\frac{\text{mkg}}{\mu/\text{m}}\right). \tag{4}$$

Wegen der kleinen Verdrehwinkel bei geschweißten Werkzeugmaschinen-Gestellen ist als Einheit hierfür der 10^{-6}-te Teil der in der Festigkeitslehre üblichen Einheit gewählt; dies entspricht einer Verdrehung von 1 Mikron im Halbmesser von 1 000 mm gemessen!

Für die Biegung ist die Angabe der Umrechnungsformel nicht ohne weiteres möglich, es sei denn für den Fall, daß ein konstantes Biegemoment wirkt.

Durch diese Größen kann das elastische Verhalten von Werkzeugmaschinen-Gestellen beurteilt werden. Die Bemessung nach Steifigkeit gegenüber statisch wirkenden Kräften ist weniger geläufig für den Konstrukteur. Die Werkstoff-festigkeit wird hierbei nur zu einem Bruchteil ausgenutzt. Die Bemessungsforderung nach Dehnsteifigkeit führt zur Verwendung von großen Querschnitten wie man sie in der *Plattenbauweise* antrifft. Ihr gegenüber ist die *Zellenbauweise* zu nennen; sie verwendet bei der Bemessung nach Biege- und Verdrehsteifigkeit die Hohlträger- und Kastenquerschnitte. Anwendungsbeispiele sind im Abschn. H., S. 80 zusammengestellt und kritisch beurteilt.

Ausnahme von dieser näher erläuterten Bemessungsforderung nach großer Steifigkeit bilden die Pressen für die verschiedensten Verwendungszwecke; sie werden auf Festigkeit berechnet. Meist bleibt außerdem die Forderung nach kleinen elastischen Verformungen bestehen. Es sei an dieser Stelle nur an die Räumpressen erinnert, bei denen jede unnötige große elastische Formänderung sich nachteilig auf den Werkzeugverschleiß auswirken kann. Dasselbe gilt für Schnitte und Stanzen. Diese Bemessungsforderung führt in jedem der drei Fälle zur Verwendung dickerer Querschnitte wie sie für die Plattenbauweise kennzeichnend ist.

2. Bemessung nach gutem Schwingungsverhalten. Zum vollen Verständnis der für die richtige Gestaltung von geschweißten Werkzeugmaschinen-Gestellen maßgebenden Bemessungsforderungen erscheint es nötig, in kurzen Zügen einige wichtige Tatsachen aus der technischen Schwingungslehre klarzulegen. Der Konstrukteur wird dadurch die Forderung nach gutem Dämpfungsverhalten bei erzwungenen Schwingungen richtig verstehen und von den sich bietenden konstruktiven Möglichkeiten zur Vergrößerung derselben Gebrauch machen. Die neuen Erkenntnisse über die hohe Bremswirkung satt aufeinanderliegender Flächen bei erzwungenen Schwingungen bieten ungeahnte Möglichkeiten für die Gestaltung von geschweißten Gestellen mit großer *kinetischer* Steifigkeit. Die Wirkung ist geradezu verblüffend! Eine Führungsbahn an einer geschweißten Werkzeugmaschine mit eingeschweißter „Scheuerleiste" gibt beim Anschlagen mit einem Hammer einen dumpfen Klang, als ob man Blei anschlüge. Bevor die theoretischen Überlegungen, die zur *Beherrschung* der Schwingungserscheinungen an geschweißten Werkzeugmaschinen-Gestellen nötig sind besprochen werden, gilt es, sich über die Arten der Schwingungserscheinungen Klarheit zu verschaffen. Die Beschränkung auf die Werkzeugmaschinen für die spanabhebende Bearbeitung soll deutlich ausgesprochen werden, weil nur bei diesen all die vielen schwingungsverursachenden Kräfte wirksam sind, die vom Werkzeug als Quelle der Zerspanung sowie von den umlaufenden Wellen und den hin- und hergehenden Massen ausgehen. Drei große Gruppen von Schwingungserscheinungen wirken sich nachteilig auf die Genauigkeit im Betrieb von Werkzeugmaschinen aus.

Bei der ersten Gruppe sind unabhängig von der Bewegung eine oder mehrere periodische (insbesondere harmonische) veränderliche Kräfte wirksam, welche mit der gleichen Frequenz in den Gestellen oder Teilen hiervon Schwingungen hervorrufen; in der Schwingungstechnik nennt man sie *erzwungene Schwingung*. Bei der zweiten Gruppe muß eine konstante Energiequelle vorhanden sein. Antriebskräfte für die Schwingungen werden durch die Bewegungen selber hervorgerufen; sie finden im Takte einer *Eigenschwingung* statt, die von der Sinusform etwas abweicht. Man nennt sie *angefachte Schwingungen*. Diese angefachten Schwingungen kommen durch die Wirkung der Reibung zustande. Die sog. trockene Reibung zwischen festen Körpern, z.B. zwischen der zu bearbeitenden Welle und dem Drehmeißel, ist in den meisten Fällen abhängig von der Geschwindigkeit und zwar in dem Sinne, daß sie bei größerer Geschwindigkeit kleiner wird. Auf diese Weise kann dem Schwinger Energie zugeführt werden. Das wesentlichste Kennzeichen für angefachte Schwingungen ist darin zu finden, daß die eintretende Schwingung angenähert die Frequenz einer Eigenschwingung hat. Sie findet also gerade an der Stelle der später genauer beschriebenen Zustandskurve statt, wo die kinetische Federzahl für übliche Dämpfungswerte einen Kleinstwert aufweist. Will man diesem Problem von der konstruktiven Seite nahe kommen, so kann dies nur durch große Dämpfung erreicht werden.

Zur dritten Gruppe sind die freien gedämpften Schwingungen zu zählen, bei denen einmalig in verhältnismäßig kurzer Zeit Energie an das Werkzeugmaschinen-Gestell abgegeben, und dieses dann sich selbst überlassen wird. Die Größe der Anfangsenergie z. B. bei jeder Hubumkehr eines hin- und hergehenden Stößels bestimmt den Anfangsausschlag, die Eigenschwingzahl des Gestelles bestimmt den kinetischen Ablauf und die Dämpfung die Zeit, die bis zur völligen Vernichtung der beim Beginn des Vorganges hineingesteckten Energie vergeht.

Von diesen drei Arten von Schwingungen sind die erzwungenen Schwingungen für das Verständnis der Bedingungen beim Leichtbau von Werkzeugmaschinen-Gestellen, wie sie im Stahlschweißbau besonders günstig gestaltet werden können ausschlaggebend. Durch den Lauf der Getriebe und den Zerspanungsvorgang wirken meist eine Vielzahl von periodischen Kräften auf die Werkzeugmaschinen-Gestelle. Bei manchen Maschinen kommt nur *eine* erregende Kraft zur Wirkung, wie z. B. bei einfachen Schleifblöcken, bei denen kleine Unwuchten der Schleifscheibe Schwingungen des Gestelles verursachen. Die erzwungenen Schwingweiten in der Größenordnung von einigen Mikron können sich ungünstig auf die erzeugte Oberflächengüte auswirken. In einfacher Weise soll in den folgenden Darlegungen die Herleitung der Bedingungen für den Leichtbau von Werkzeugmaschinen-Gestellen, insbesondere im Stahlschweißbau erfolgen; hierzu ist das Verständnis des Begriffes „kinetische Federzahl" und der „Ortskurven" nötig. Daran anschließend werden im Abschnitt 6 das Steifigkeits- und Schwingungsverhalten *einzelner* Elemente behandelt. Der Konstrukteur erhält dadurch für die Bemessung solcher Bauteile zahlenmäßige Unterlagen.

a) Kinetische Federzahlen und deren Herleitung[1]. Die nachfolgenden theoretischen Überlegungen ermöglichen eine Beurteilung des Leicht- und Schwerbaues von Werkzeugmaschinen. Für die Beurteilung des statischen Verhaltens

---

[1] Nach K. KLOTTER: Einführung in die Technische Schwingungslehre, I. Band. Berlin/Göttingen/Heidelberg: Springer 1951.

von Werkzeugmaschinen-Gestellen sind die Federzahlen geeignet; sie stellen das Verhältnis von statisch einwirkender Kraft zur elastischen Verformung dar, bzw. geben diejenige Kraft an, die ein Mikron elastische Verformung hervorruft. Bei erzwungenen Schwingungen zieht man zweckmäßigerweise das Verhältnis von Erregerkraft zu erzwungenem Ausschlag zur Beurteilung heran. Dieser Verhältnis-wert wird „kinetische Federzahl" genannt. Der Ausdruck stammt aus der Mechanik. Die Schwingungen gehören bekanntlich als Bewegungs-vorgänge in die Kinematik und in die Kinetik, und zwar behandelt die Kinetik die Schwingungen im Zu-sammenhang mit den Kräften und die Kinematik dieselben hinsichtlich ihres Ablaufes in Raum und Zeit. Betrachtet man das Verhalten von Werkzeugmaschinen-Gestellen auch bei statisch wirkenden Kräften, so ist es richtig, vom dynamischen Verhalten zu sprechen. Die Aufgabe besteht somit darin, die kinetische Federzahl formelmäßig darzustellen. Zu diesem Zweck ist es nötig, näher auf die Darstellung erzwungener

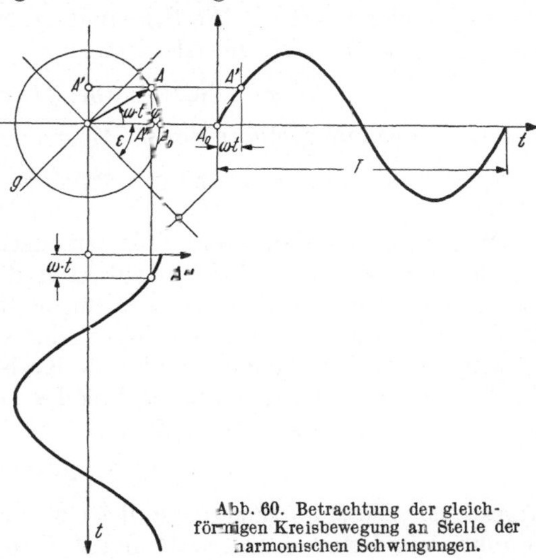

Abb. 60. Betrachtung der gleich-förmigen Kreisbewegung an Stelle der harmonischen Schwingungen.

Schwingungsvorgänge durch umlaufende Diagrammvektoren einzugehen. Diese Betrachtungsweise gestattet die folgerichtige Herleitung derjenigen Kennzahlen, die bei kollinearen Vorgängen einfach zu bilden sind. Es ist bekannt, daß bei er-zwungenen Schwingungen dies nicht der Fall ist, sondern ein veränderlicher Phasenwinkel zwischen erregender Kraft und erzwungenem Ausschlag vorhanden ist. Denkt man sich eine in der Zeit harmonisch ablaufende Schwingung durch Projektion eines gleichförmig wandernden Kreispunktes auf eine Gerade entstanden und einen gleichförmig vorbeigeführten Papierstreifen aufgezeichnet — wie dies in Abb. 60 dargestellt ist — so genügt es, diesen anschaulichen Vorgang des wandern-den Kreispunktes in A Formeln zu fassen, um die Zusammenhänge bei den er-zwungenen Schwingungen zu studieren. Die Bewegung des Punktes A' auf der y-Achse läßt sich durch eine Sinusfunktion

$$y = a \sin \Omega\, t$$

und diejenige des Punktes A'' auf der x-Achse durch eine Cosinusfunktion

$$x = a \cos \Omega \cdot t$$

darstellen. Beide Bewegungen kann man sich in der Form zusammengesetzt denken, daß die durch eine einzige komplexe Zahl ausgedrückt werden. Die kom-plexe Zahl lautet:

$$\mathfrak{a} = x + i\,y = a\,(\cos \Omega\, t + i \sin \Omega\, t) = a \cdot e^{it\Omega}\,. \tag{5}$$

Der Faktor i des zweiten Teiles hat dabei keine andere Bedeutung als anzuzeigen, daß y-Koordinate der zweiten Richtung ist. In der Gleichung (5) wird die kom-plexe Zahl in den beiden bekannten Formen dargestellt, und zwar einmal zerlegt in den reellen und den imaginären Bestandteil, und zum anderen Male in Betrag und Richtungsfaktor. Man nennt in der Schwingungstechnik die komplexen

Zahlen, welche den wandernden Kreispunkt beschreiben, „*Diagrammvektoren*".
Die Gl. (5) beschreibt das Wandern des Kreispunktes A (s. Abb. 60) oder
das Drehen des Vektors $\mathfrak{a}$, also die erzeugende Kreisbewegung. Durch Projektion
des Vektors $\mathfrak{a}$ auf eine Gerade entsteht eine Schwingung. Die Bildung des reellen
oder imaginären Bestandteiles der komplexen Zahl $\mathfrak{a}$ entspricht dem Projizieren
auf die x- oder y-Achse. Die Schwingung des Bildes 60, die in der x-t-Ebene dargestellt ist, wird durch die Gleichung

$$x = \Re e\,(\mathfrak{a}) = \Re e\,(\mathfrak{A} \cdot e^{it\Omega}) = a \cos \Omega\, t \tag{6}$$

und die Schwingung, die in der y-t-Ebene dargestellt ist, durch die Gleichung

$$y = \Im m\,(\mathfrak{a}) = \Im m\,(\mathfrak{A} \cdot e^{it\Omega}) = a \sin \omega\, t \tag{7}$$

erfaßt.

Die komplexe Schreibweise faßt den anschaulichen Vorgang der Kreisbewegung
und der Projektion in Gleichungen. Für die nachfolgende Herleitung der kinetischen Federzahl ist diese Betrachtungsweise unumgänglich nötig, weil die Vorgänge nicht kollinear, d. h. in Phase oder Gegenphase verlaufen. Wenn der die
Schwingung beschreibende, wandernde Kreispunkt zur Zeit $t=0$ die Lage A_1 ein-
nimmt, welche durch den Phasenwinkel α bestimmt ist, so wird die Lage von A
zur Zeit t durch die komplexe Zahl

$$\mathfrak{a} = a \cdot e^{i\,(\alpha + \Omega t)}\; a \cdot e^{i\alpha} \cdot e^{i\Omega t} = \mathfrak{A} \cdot e^{i\Omega t} \tag{8}$$

dargestellt. Dieser allgemeine Fall ist aus Abb. 61 zu ersehen. Zerlegt man die
e-Funktion in das Produkt aus $e^{i\alpha}$ und $e^{i\Omega t}$ und bezeichnet ferner die komplexe Zahl
$a \cdot e^{i\alpha}$ mit $\mathfrak{A}$, — komplexe Amplitude genannt — so gibt sie die Lage des Vektors $\mathfrak{a}$ zur Zeit $t=0$ an und wird daher in der Schwingungstechnik als *Null-Vektor*
benannt. Der absolute Betrag der komplexen Amplitude $\mathfrak{A}$ ist die Schwingweite a.
Selbstverständlich gibt die komplexe Amplitude darüber hinaus die „Phasenlage"
der Schwingung an.

Wenden wir uns nunmehr den Kräften zu, die die Schwingungen bestimmen,
so erhält man in ähnlicher Weise für schwingende Systeme mit *einem* Freiheitsgrad
die bekannte Kraftgleichung

$$m\,\ddot{q} + b\,\dot{q} + c\,q = P \sin\,(\alpha + \Omega\, t). \tag{9}$$

In dieser Gleichung bedeutet $m\ddot{q}$ die Trägheitskraft, $b\dot{q}$ die Dämpfungs-, cq die
Feder- und $P \sin\,(\alpha + \Omega\, t)$ die Erregerkraft. Die Dämpfungskraft ist hierbei proportional der Geschwindigkeit angenommen. In der Vektorform lautet die Gleichung

$$m\,\ddot{\mathfrak{q}} + b\,\dot{\mathfrak{q}} + c\,\mathfrak{q} = \mathfrak{P} \cdot e^{i\Omega t}. \tag{10}$$

Sie entsteht in derselben Weise wie Gleichung (5). Die Beschreibung der Schwingung erfolgt einmal durch Projektion der wandernden Kreispunkte auf die reelle
Achse und zum anderen Male auf die imaginäre Achse. Jeweils der reelle oder der
imaginäre Teil ist für die Beschreibung allein maßgebend. Benutzt man für die
Lösung der Differentialgleichung den auf systematischem Weg gefundenen Ansatz

$$\mathfrak{q} = \mathfrak{Q} \cdot e^{i\Omega t} \tag{11}$$

so folgt durch Einsetzen desselben in die Differentialgleichung:

$$\mathfrak{Q}\,(- m\,\Omega^2 + b\,\Omega\,i + c) = \mathfrak{P}. \tag{12}$$

Jeder Summand stellt einen umlaufenden Diagrammvektor dar. Das Büschel der
komplexen Amplituden, welches umlaufend und projiziert den zeitlichen Verlauf
der Erregerkraft $\mathfrak{P}$ und der drei dem Ausschlag $\mathfrak{Q}$ proportionalen Kräfte angibt,

ist für unterkritische Erregerfrequenzen $\Omega < \omega$ und für überkritische Erregerfrequenzen $\Omega > \omega$ in Abb. 62 dargestellt. Schreibt man weiter für $(-\mathfrak{O} \cdot a \cdot \Omega^2)$ $= \mathfrak{P}_m$, für $\mathfrak{O} \cdot b \cdot \Omega\, i = \mathfrak{P}_b$ und für $\mathfrak{O} \cdot c = \mathfrak{P}_i$, so erhält man:

$$\mathfrak{P}_a + \mathfrak{P}_b + \mathfrak{P}_c = \mathfrak{P}\,. \tag{13}$$

Bildet man die drei Quotienten

$$\mathfrak{y}_1 = \frac{\mathfrak{P}_m}{\mathfrak{P}} = \frac{-\,m\,\Omega^2}{-\,m\,\Omega^2 + b\,\Omega\,i + c} = \frac{-\,\eta^2}{(1-\eta^2) + 2\,\delta\,\eta\,i} \tag{14a}$$

$$\mathfrak{y}_2 = \frac{\mathfrak{P}_b}{\mathfrak{P}} = \frac{b\,\Omega\,i}{-\,m\,\Omega^2 + b\,\Omega\,i + c} = \frac{2\,\delta\eta\,i}{(1-\eta^2) + 2\,\delta\eta\,i} \tag{14b}$$

$$\mathfrak{y}_3 = \frac{\mathfrak{P}_c}{\mathfrak{P}} = \frac{c}{-\,m\,\Omega^2 + b\,\Omega\,i + c} = \frac{1}{(1-\eta^2) + \delta\,\eta\,i} \tag{14c}$$

so geht die Gleichung in die Form über:

$$\mathfrak{y}_1 + \mathfrak{y}_2 + \mathfrak{y}_3 = 1\,. \tag{15}$$

Die Summe der drei komplexen, dimensionslosen Größen ist gleich 1.

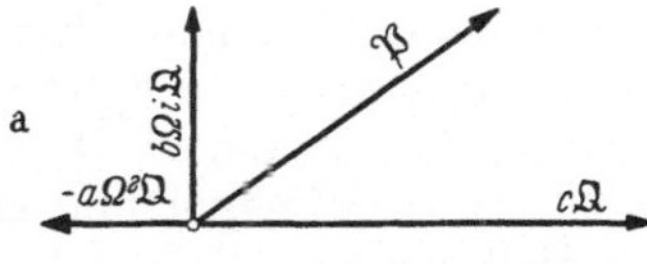

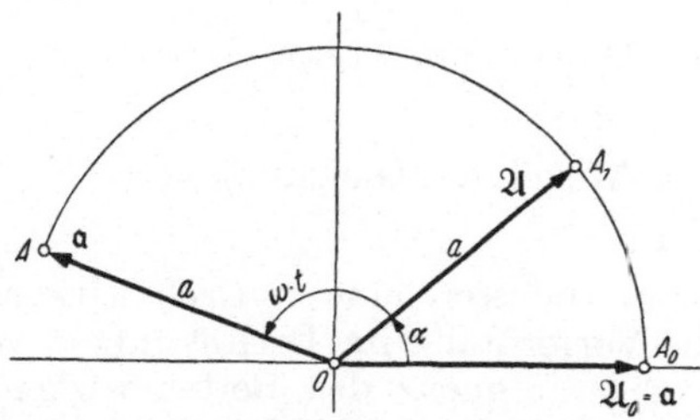

Abb. 61. Lage des Nullvektors zur Zeit $t = 0$ und Phasenlage der Schwingung.

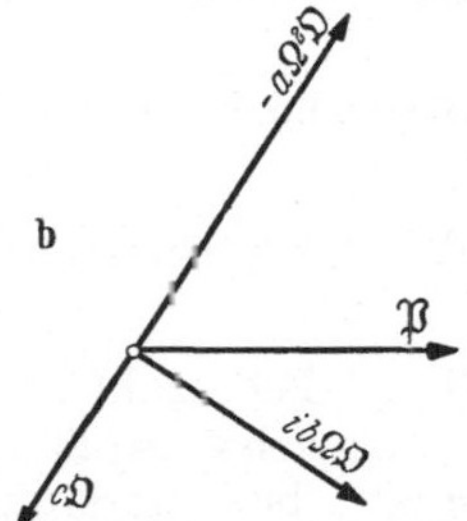

Abb. 62 a u. b. Umlaufende Diagrammvektoren der vier Kräfte am einfachen Schwinger. a für unterkritische Erregerfrequenzen $\Omega < w$ und b für überkritische Erregerfrequenzen $\Omega > w$.

Federkrafterregung: Erregerkräfte fester Amplitude, wie sie bei Zwangsbewegungen des Federfußpunktes wirken, führen auf die komplexe Einflußzahl $\mathfrak{y}_3$. Der Zusammenhang zwischen Erregerkraft $\mathfrak{P}$ und erzwungenem Ausschlag $\mathfrak{O}$ lautet:

$$\mathfrak{O} = \frac{\mathfrak{P}_c}{c} = \frac{1}{c} \cdot \mathfrak{P} \cdot \mathfrak{y}_3 \tag{16}$$

und

$$\frac{\mathfrak{P}}{\mathfrak{O}} = \frac{c}{\mathfrak{y}_3} = c \cdot \mathfrak{z}_3 = \mathfrak{c}\,. \tag{17}$$

Die dimensionslose komplexe Zahl $\mathfrak{z}_3$ ist der Kehrwert von $\mathfrak{y}_3$ und heißt *reduzierte kinetische Federzahl*. Multipliziert man sie mit der statischen Federzahl c, so erhält man die kinetische Federzahl $\mathfrak{c}$, die angibt, wie groß die Kraft sein muß, die einen vorgegebenen Ausschlag bei den verschiedenen Erregerfrequenzen erzwingt. Die Erörterung des Verlaufs von $\mathfrak{z}_3$ gibt somit über den zu untersuchenden Zusammenhang zwischen Erregerkraft $\mathfrak{P}$ und erzwungenem Ausschlag $\mathfrak{O}$ restlos Auskunft.

Aus den Gleichungen (14a, 14b und 14c) und (17) erhält man für die reduzierte kinetische Federzahl $\mathfrak{z}_3$ folgende zwei Ausdrücke:

$$\mathfrak{z}_3 = \frac{1}{\mathfrak{y}_3} = [(1-\eta^2) + 2\,\delta\,\eta\,i] \tag{18a}$$

$$\mathfrak{z}_3 = \frac{1}{\mathfrak{y}_3} = \left[\left(1 - \frac{m}{c}\,\Omega^2\right) + \frac{b}{c}\,\Omega\,i\right]\,. \tag{18b}$$

Diese beiden Gleichungen enthalten die vier Bestimmungsgrößen m, b, c und Ω bzw. η. Bleiben für einen einfachen Schwinger mit gerader Kennlinie die Masse m, der Dämpfungsfaktor b und die Federzahl c unverändert und ist nur die Erregerfrequenz Ω veränderlich, so erhält man die Zustandskurve des einfachen Schwingers. Mit Ω verändert sich auch das Frequenzverhältnis $\eta = \Omega/\omega$. Aus der Beziehung zwischen $x = (1 - \eta^2)$ und $y = 2\delta\eta$ erhält man nach Eliminierung von η für die Kurven:

$$y^2 + 4\,\delta^2\,(x - 1) = 0 \,. \tag{19}$$

Diese Kurven sind Parabeln. Abb. 63a enthält eine Schar von Parabeln, die sich nur durch die zugehörigen Werte δ für die Dämpfungszahl unterscheiden. Ist die Dämpfungszahl $\delta_1 > \delta$, so liegt die Parabel höher und im umgekehrten Fall flacher. Dadurch werden bei gleicher Erregung die reduzierten kinetischen Federzahlen $\mathfrak{z}_3$ kleiner und für den Fall größerer Dämpfung größer.

Bevor die theoretischen Überlegungen weiter verfolgt werden, sollen zwei Beispiele die Anwendung der kinetischen Federzahl zeigen.

Beispiel 1: An einem Drehbankbett wurde durch Versuche eine statische Federzahl von $c = 22\,\mathrm{kg}/\mu$ und eine Dämpfungszahl $\delta = 0{,}8 \cdot 10^{-3}$ gemessen. Wie groß ist die kinetische Federzahl bei Erregung mit einem Frequenzverhältnis von $\eta = 1$?

Die kinetische Federzahl beträgt nach den Gl. (17) und (18a):

$$\mathfrak{c} = c\,[(1 - \eta^2) + 2\,\delta\eta\,i]$$

Für den Fall der Resonanz mit $\eta = 1$ vereinfacht sich die Gleichung zu:

$$|\mathfrak{c}| = |c \cdot 2\,\delta\,|$$

Die kinetische Federzahl beträgt $c_k = 35{,}2\,g/\mu$. Indessen eine statisch wirkende Kraft von beispielsweise 22 kg eine elastische Verformung im Drehbankbett von $1\,\mu$ hervorruft, bewirkt eine im Takte der Eigenfrequenz des Bettes wirkende Erregerkraft von der gleichen Größe bereits Ausschläge von $625{,}0\,\mu$.

Beispiel 2: Durch konstruktive Anordnung von „Scheuerflächen" wurde die Dämpfung auf $\delta = 0{,}05$ vergrößert. Wie hat sich gegenüber Beispiel 1 die kinetische Federzahl für die Resonanzstelle verändert? Die kinetische Federzahl beträgt $2{,}2\,\mathrm{kg}/\mu$. Das bedeutet gegenüber Beispiel 1 eine bedeutende Vergrößerung; trotzdem sinkt die Steifigkeit des Bettes auf $^1/_{10}$ des statischen Wertes.

Diese beiden Beispiele zeigen deutlich den Einfluß der Dämpfung δ. Am stärksten tritt er in der Resonanz in Erscheinung, aber bei jedem anderen Frequenzverhältnis sei es unter- oder überkritisch kommt er zur Wirkung.

Massenkrafterregung: Erfolgt die Erregung durch eine Massenkraft, so übersieht man die Verhältnisse am einfachsten durch Einführung der komplexen Zahl $- \mathfrak{z}_1$. Da $\mathfrak{z}_1 = \dfrac{1}{\mathfrak{y}_1}$ ist, so lauten gemäß Gl. (14a) die beiden Ausdrücke hierfür — je nachdem, ob das Frequenzverhältnis μ und δ die Dämpfungszahl oder die Größen m, b, c und Ω eingeführt werden:

$$- \mathfrak{z}_1 = - \frac{1}{\mathfrak{y}_1} = \left[\left(\frac{1}{\mathfrak{y}_2} - 1\right) + \frac{2\,\delta}{\eta}\,i\right] \tag{20a}$$

$$- \mathfrak{z}_1 = \frac{1}{\mathfrak{y}_1} = \left[\left(\frac{c}{m\,\Omega^2} - 1\right) + \frac{b}{m\,\Omega}\,i\right]. \tag{20b}$$

Aus der Beziehung $x = (1/\mu^2 - 1)$ und $y = 2\,\delta/\mu$ erhält man in gleicher Weise wie im Fall der Federkrafterregung nach Eliminierung von μ die Gleichung für die Zustandskurve. Sie lautet:

$$y^2 - 4\,\delta^2\,(x + 1) = 0 \tag{21}$$

Es sind Parabeln, die beim Abzissenpunkt $x = -1$ beginnen. Abb. 63a enthält eine Schar von Parabeln, die sich nur durch die zugehörigen Werte für die Dämpfungszahl δ unterscheiden. Der Punkt P_2' kennzeichnet einen Schwingungszustand im überkritischen Bereich. Die kinetische Zahl $-\mathfrak{z}_1$ wird größer, wenn die Erregung Ω mit höherer Frequenz erfolgt, und im umgekehrten Fall kleiner. Parabeln mit einer größeren Dämpfungszahl $\delta_1 > \delta$ liegen höher und mit kleiner Dämpfungszahl $\delta_2 < \delta$ flacher.

b) Ortskurven für $\mathfrak{z}_3$ und $-\mathfrak{z}_1$. Die Abb. 63 und 64 enthalten die vier Scharen von Ortskurven als geometrischen Ort der Endpunkte der kinetischen Zahlen $\mathfrak{z}_3$ und $-\mathfrak{z}_1$. In Abb. 63a besitzt das schwingende Werkzeugmaschinen-Gestell feste Werte für die Federzahl c, Masse m und Dämpfungsfaktor b, hingegen handelt es sich um Kräfte, die am Fußpunkt eines elastischen Teiles an-

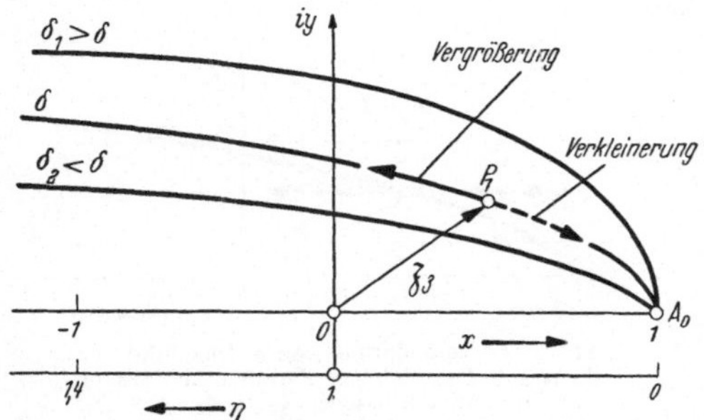

Abb. 63 a. Veränderung von η. Real- und Imaginärteil ändern sich. Es entstehen Parabeln mit A_0 als Scheitelpunkte (unterkritischer Zustand).

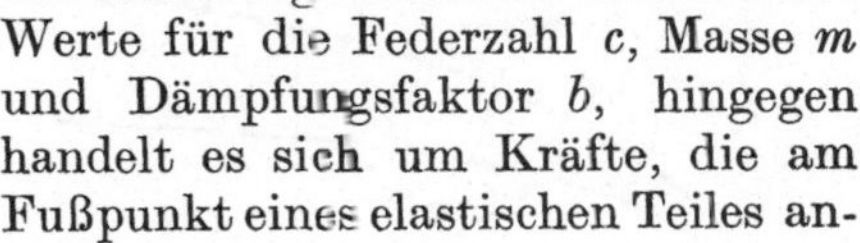

Abb. 63 b. Veränderung von a. Imaginärteil ist konstant. Es entstehen Parallele zur x-Achse (unterkritischer Zustand).

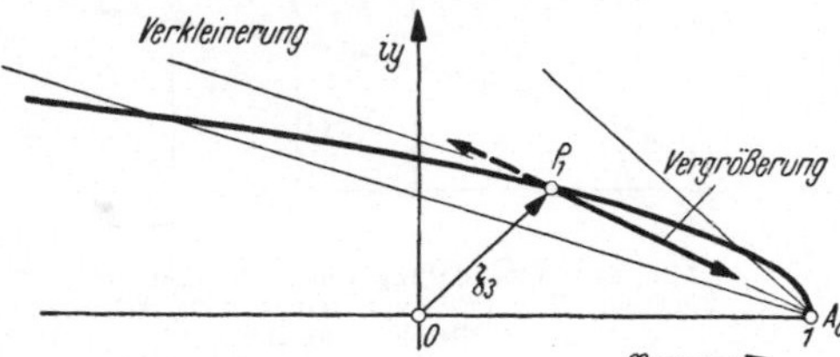

Abb. 63 c. Veränderung von c. Real- und Imaginärteil ändern sich. Es entsteht ein Geradenbüschel durch A_0. (unterkritischer Zustand).

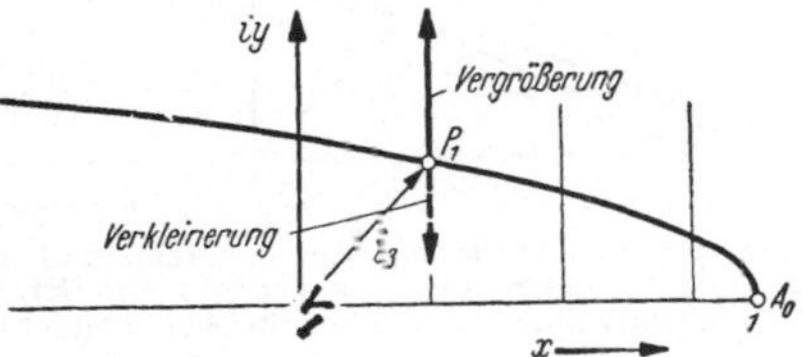

Abb. 63 d. Veränderung von δ. Realteil ist konstant. Es entstehen Parallele zur y-Achse (unterkritischer Zustand).

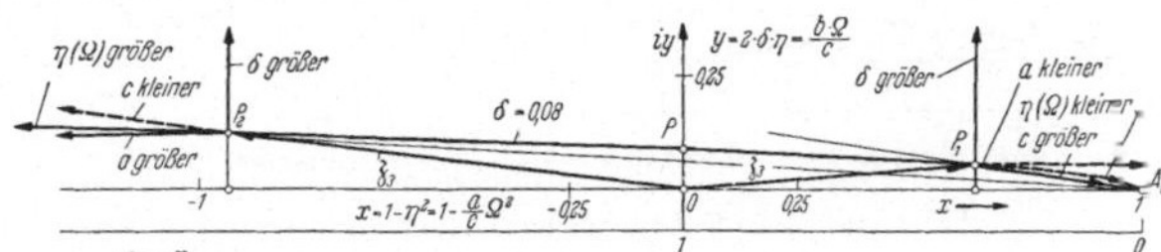

Abb. 63e. Mittel zur Vergrößerung von $\mathfrak{z}_3$.

Abb. 63a bis e. Vier Scharen von Ortskurven als geometrischen Ort der Endpunkte der reduzierten kinetischen Federzahlen $\mathfrak{z}_3$ für Erregung durch Federkräfte und Mittel zur Vergrößerung von $\mathfrak{z}_3$.

greifen und mit veränderlicher Erregerfrequenz Ω wirksam sind. Die Parabeln mit den zugeordneten Werten für die Dämpfungszahl δ enthalten sämtliche Zustände des Schwingungssystems. A_0 entspricht dem statischen Zustand und der Wert $x = 0$ der Resonanzstelle. Für einen unterkritischen Zustand im Punkt P_1 ist die reduzierte kinetische Federzahl $\mathfrak{z}_3$ eingezeichnet. Sie wird bei Annäherung an den statischen Zustand größer und bei Annäherung an die Resonanz kleiner. In der gleichen Weise sind in Abb. 63b die Ortskurven bei Veränderung der Masse m des Schwingungsgestelles eingezeichnet, wie es beispielsweise durch Ausgießen der Hohlräume mit Beton oder durch Auffüllen mit Getriebeöl verwirklicht wird. Veränderungen der Masse erfolgen auf parallelen Linien zur x-Achse.

In Abb. 63c ist die Veränderung der Federzahl erfaßt. Dieser Fall kann für den Vergleich zweier Konstruktionen von Bedeutung sein, die bei gleichem Gewicht verschiedene Verrippungen aufweisen, so daß die Federzahlen verschieden groß sind. Die Veränderungen erfolgen in diesem Fall auf Geraden durch den Punkt A_0 und dem jeweiligen Zustand. Eine Gerade ist beispielsweise im unterkritischen Bereich für den Punkt P_1 eingezeichnet.

In Abb. 63d sind schließlich die Ortskurven für Veränderungen der Dämpfungszahl δ dargestellt. Die Kurven sind Parallel zur y-Achse. Größere Dämpfungszahlen ergeben größere kinetische Federzahlen und kleine Dämpfungszahlen kleinere Werte.

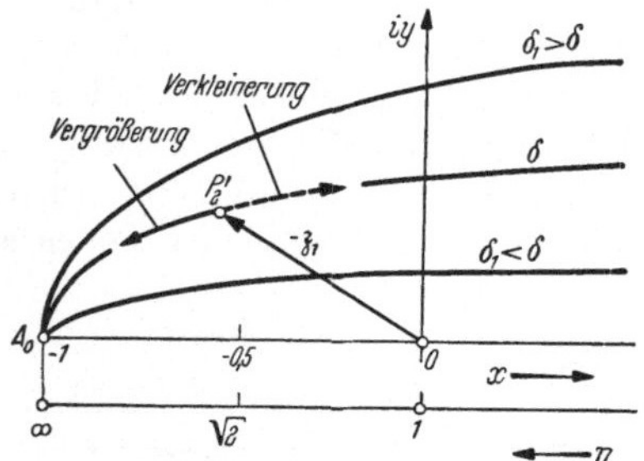

Abb. 64 a. Veränderung von η. Real- und Imaginärteil ändern sich. Es entsteht eine Parabelschar (überkritischer Zustand.)

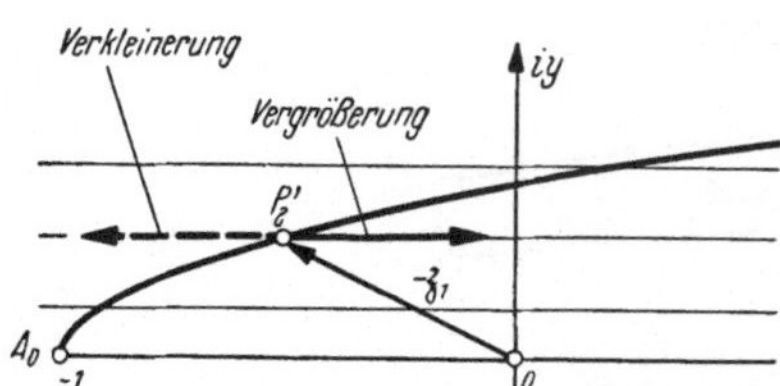

Abb. 64 b. Veränderung von c. Imaginärteil ist konstant. Es entstehen Parallele zur x-Achse (überkritischer Zustand).

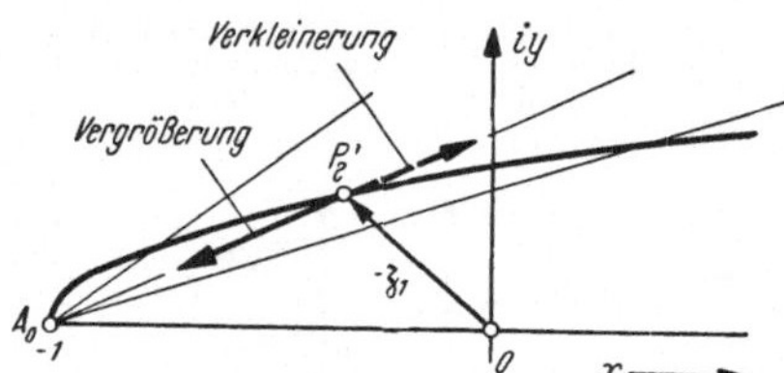

Abb. 64c. Veränderung von a. Real- und Imaginärteil ändern sich. Es entsteht ein Geradenbüschel durch A_0. (Überkritischer Zustand).

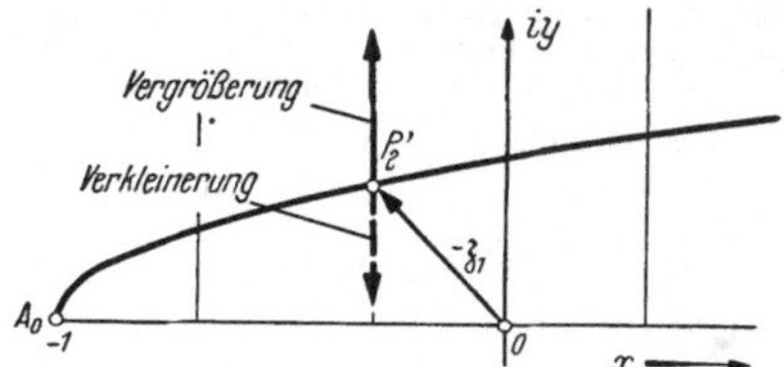

Abb. 64d. Veränderung von δ. Realteil ist konstant. Es entstehen Parallele zur y-Achse (überkritischer Zustand).

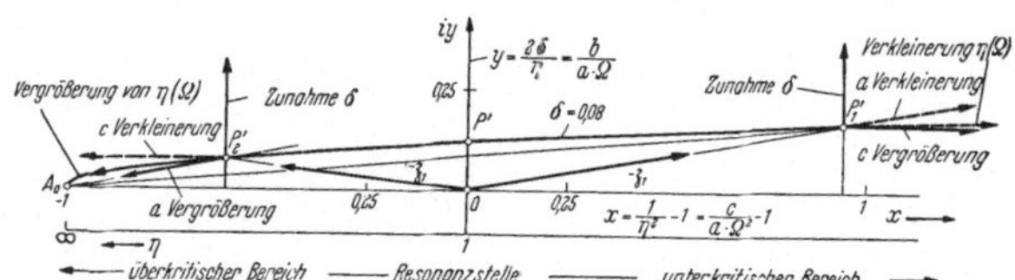

Abb. 64e. Mittel zur Vergrößerung von $-\delta_1$.

Abb. 64a bis e. Vier Scharen von Ortskurven als geometrischer Ort der Endpunkte der kinetischen Zahl $-\delta_1$ für Erregung durch Massenkräfte und Mittel zur Vergrößerung von $-\delta_1$.

Abb. 63e enthält die Mittel zur Vergrößerung von δ_3. Hierauf soll im Abschn. D. 2. c näher eingegangen werden.

Werden die Schwingungen durch Unwuchten umlaufender Wellen erzeugt, so gibt die kinetische Zahl $-\delta_1$ Aufschluß über das Schwingungsverhalten von Gestellen. Die Abb. 64a—d enthalten die Ortskurven, wie sie sich bei jeweils *einer* Veränderlichen und festen Werten der drei anderen Kenngrößen ergeben. Ein Zustand im überkritischen Bereich entspricht dem Punkt P_2'. Für diesen Zustand sind die Ortskurven für die Veränderungen der einzelnen Kenngrößen eingezeichnet. Die Maßstäbe sind im Einzelfall herzuleiten. Abb. 64e enthält die Mittel zur Vergrößerung von $-\delta_1$; hierauf soll ebenfalls näher im folgenden Abschn. D. 2. c eingegangen werden.

c) **Begriff des Leichtbaues bei Werkzeugmaschinen.** Die Abb. 63e und 64e enthalten je eine Zustandsparabel für eine Dämpfungszahl $\delta = 0{,}08$ (dieser Wert kann im Gestellbau erreicht werden!). Die nachfolgenden Betrachtungen beziehen sich auf Dämpfungszahlen dieser Größenordnung. Die Punkte P_1 und P_1' stellen unterkritische Zustände dar, die Punkte P_2 und P_2' überkritische Zustände und P und P' Resonanz. Betrachtet man nun der Reihe nach die drei Bereiche und die Veränderungen, die zu einer Vergrößerung von $\mathfrak{z}_3$ bzw. $-\mathfrak{z}_1$ führen, so können daraus Folgerungen für die Bauweise und die Gestaltung gezogen werden.

Im unterkritischen Bereich (siehe Punkte P_1 und P_1') erhält man eine Vergrößerung von $\mathfrak{z}_3$ bzw. $-\mathfrak{z}_1$ durch folgende vier Maßnahmen:

1. Tiefe Erregerfrequenz Ω, d.h. kleine Werte für das Frequenzverhältnis. Dies könnte dadurch erreicht werden, daß beispielsweise bei Massenerregung die Drehzahlen von Werkzeugmaschinen klein gewählt werden. Leider ist die Bedingung in dieser Form nicht zu erfüllen, weil z.B. die Hartmetall-Werkzeuge hohe Drehzahlen verlangen. Es muß somit die Eigenfrequenz hoch gelegt werden. Das führt darauf, daß

2. große Federzahl c und

3. kleine Massenzahl m

für die Werkzeugmaschinen-Gestelle anzustreben sind. In der 4. Forderung ist der Einfluß der Dämpfung berücksichtigt. Konstruktiv ist

4. große Dämpfungszahl im Werkzeugmaschinenbau anzustreben.

Bei Gestaltung nach diesen Gesichtspunkten spricht man vom steifen Leichtbau.

Im überkritischen Bereich (siehe Punkte P_2 und P_2') erhält man eine Vergrößerung der beiden Zahlen $\mathfrak{z}_3$ und $-\mathfrak{z}_1$ durch folgende Maßnahmen:

1. große Erregerfrequenz Ω

2. kleine Federzahl c

3. große Masse m und

4. große Dämpfungszahl δ.

Bei Gestaltung nach diesen vier Gesichtspunkten spricht man vom weichen Schwerbau.

Infolge der gegenteiligen Anforderungen, die mit Ausnahme der Dämpfung an die Konstruktion gestellt werden, muß besonders zwischen unter- und überkritischen Schwingungszuständen unterschieden werden. Das Kennzeichen des *steifen Leichtbaues* ist darin zu sehen, daß sämtliche Erregerfrequenzen unterhalb der tiefsten Eigenschwingungszahlen liegen. In der *Resonanz* führen Veränderungen der Federzahl, der Masse oder der Erregerfrequenz zu einer Verstimmung. Nur die Veränderung der Dämpfungszahl bewirkt keine Verstimmung! Durch Vergrößerung derselben werden die kinetischen Zahlen ebenfalls größer (vgl. Beispiel auf S. 58). Die Forderung nach gutem Dämpfungsverhalten ist die *einzige*, die für sämtliche Zustände gilt, d.h. für die Resonanzstelle, für unter- und überkritische Zustände. Es erhebt sich somit die Forderung in zunehmendem Maße im Werkzeugmaschinenbau die Vorteile höherer Dämpfung auszunützen. Im unterkritischen Bereich wird die Gestaltung von Werkzeugmaschinen-Gestellen nach den Grundsätzen des *steifen Leichtbaues* — wie er seit Jahren von seinem Begründer KRUG verwirklicht wird, wonach Gestelle mit geringstem Gewichtsaufwand, günstigster Verrippung und hochgelegter Eigenfrequenz geschaffen werden — durchgeführt. Hierzu kommt die Forderung nach guter Dämpfungswirkung, damit die Schwingungsweiten klein gehalten werden. Der Leichtbau von Werkzeug-

maschinen-Gestellen in Gestalt des Stahlschweißbaues verwendet nur Stahlbleche
als Ausgangswerkstoff. In der gleichen Weise gelten die für den steifen Leichtbau
gewonnenen Bedingungen auch für Gußleichtbau.

Beispiel: Eine zahlenmäßige Anwendung der Ortskurven auf das Schwingungsverhalten von Werkzeugmaschinen-Gestellen zeigt Abb. 65. Bei einer Drehbank
wirkt über den Support eine harmonische Schnittkraft auf das Gestell. Das Frequenzverhältnis beträgt $\eta = 0,7$; es liegt unterkritisch. Die Konstruktion in Guß
weist eine Dämpfungszahl von $\delta = 0,03$ auf. In Stahlschweißbau wurde das Gewicht der Maschine auf die Hälfte verringert und die statische Federzahl für Biegung auf 0,75 des Wertes beim Gußbett verkleinert. Technisch könnte man bei

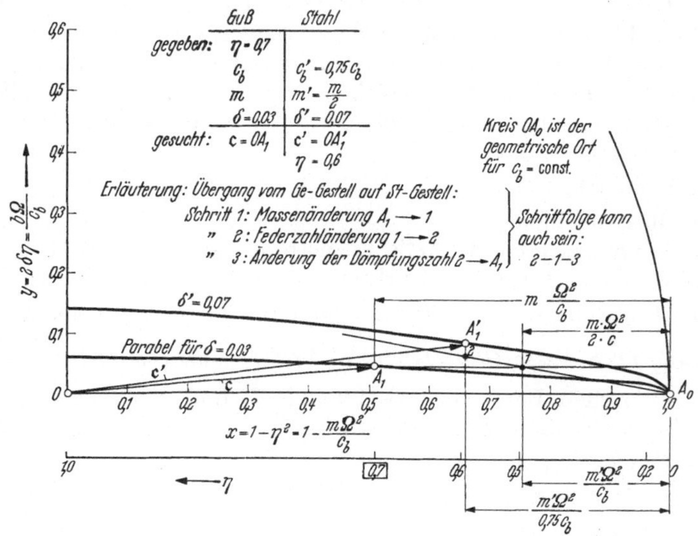

Abb. 65. Anwendung der Ortskurven auf das Schwingungsverhalten von Gestellen.

Anwendung einer besseren Verrippung einen höheren Wert erreichen. Der Vorteil
der Konstruktion in Stahlschweißbau liegt bei einer größeren Dämpfung von
$\delta = 0,07$. Wie groß sind die kinetischen Federzahlen der beiden Betten?

Der Betrag der reduzierten kinetischen Federzahl $\mathfrak{z}_3$, Guß ist für den vorliegenden Schwingungszustand durch die Strecke OA_1 gegeben, damit errechnet sich die
kinetische Federzahl zu $0,52 \cdot c_b$. Die Veränderungen des Gewichtes, der Federzahl
und der Dämpfung des Stahlbettes gegenüber dem Gußbett werden auf den in
Abb. 63 und 64 angegebenen Ortskurven unter Berücksichtigung der jeweiligen
Maßstäbe eingetragen. Man geht hierbei schrittweise vor, wobei beim Schritt 1
die Gewichtsänderung berücksichtigt wird. Diese führt vom Punkt A_1 auf den
Punkt 1. Die Verringerung der Federzahl wird auf der gesamten Strecke AO_1
eingetragen. Bei Verkleinerung der Federzahl wird auch die reduzierte kinetische
Federzahl $\mathfrak{z}_{3,St}$ kleiner. Dies kommt dadurch zum Ausdruck, daß der Endpunkt 2
näher zur Resonanzstelle liegt. Die Veränderung der Dämpfung erfolgt von einer
Parallelen zur y-Achse, und zwar entspricht der Dämpfungszunahme der Punkt
A_1'. Hierbei ist zu beachten, daß die Dämpfungszahl δ verändert wird und nicht
der Dämpfungsfaktor b. Die Strecke O mit dem Endpunkt A_1' gibt die Größe der
reduzierten kinetischen Federzahl $\mathfrak{z}_{3,St}$ an. Die kinetische Federzahl des Stahlbettes beträgt $0,67 \cdot c_b$; sie ist um fast 30% größer als diejenige des Gußbettes.

E. Das Schwingungsmeßprinzip nach KETTNER.

Im Vergleich zu den üblicherweise verwendeten Schwingungsmeßgeräten wurde für die im folgenden Abschnitt F. beschriebenen Versuche mit Kondensator-Meßdosen nach dem Prinzip der halben Resonanzkurve gearbeitet. Eine genaue Beschreibung des Gerätes ist in der Arbeit von KETTNER zu finden. Die Wirkungsweise des Gerätes ist an Abb. 66 zu ersehen. Ein konstanter Sender auf 500 kHz gibt

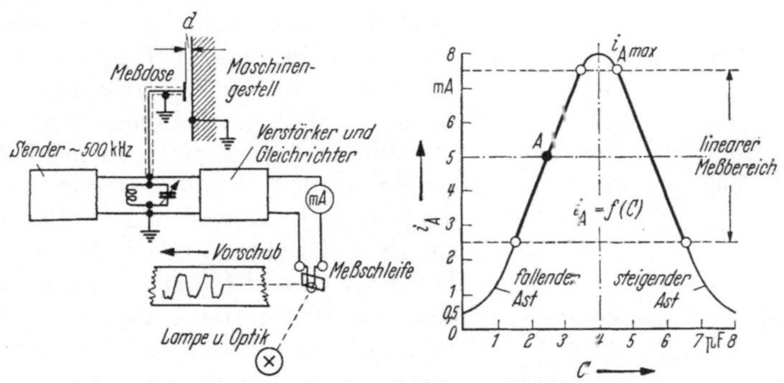

Abb. 66. Schaltung des kapazitiven Schwingungsmeßgerätes von KETTNER.

Hochfrequenzenergie über einen veränderlichen Kopplungskondensator auf den verlustarmen Schwingkreis ab. Die kapazitiven Meßdosen liegen parallel zum Resonanzkondensator und verändern bei Verformungen statischer oder schwingender Art des Maschinengestelles durch Veränderung des Abstandes d im linearen Meßbereich die Einstellung auf den Arbeitspunkt A an der Schwingkreisflanke. Entsprechend den kapazitiven Änderungen an der Meßstelle wird die Spannung des Senders amplitudenmoduliert. Das Gleichrichterrohr wandelt die amplitudenmodulierte Spannung in Anodenstromschwankungen um, die mittels Oszillographenschleife auf lichtempfindliches Papier aufgezeichnet werden. Abb. 67 zeigt die ganze Anordnung. Um die zu untersuchende Werk

Abb. 67. Anbau von Kondensator-Meßdosen an Drehbank. Versuchsaufbau für Drehbankuntersuchung.

zeugmaschine wird ein passiv entstörtes Meßsystem herumgebaut. Die Frequenzen, dieses auf weichem Gummi gelagerten Systems betragen etwa 6—7 Hz. Die waagerecht verlaufenden Schwingungen liegen bei Aufbauten größerer Höhe bedeutend niedriger. An dieses Meßsystem sind die Meßdosen angebaut. Bei der vorliegenden Einrichtung können bis zu 10 Meßdosen in waagerechter, senkrechter oder auch in schräger Richtung angebaut werden. Diese Unabhängigkeit der Meßdosen von der Lage erleichtert das Messen räumlich verlaufender Schwingungen. Die Meßdose besteht, wie aus Abb. 68 zu ersehen ist, aus zwei sich gegenüberliegenden parallelen Flächen, von denen eine am Werkzeugmaschinengestell b und die andere an dem Meßsystem a angebracht ist. Der Abstand der beiden parallelen Flächen kann mittels Feinmeßschraube c eingestellt werden, wodurch die Vergrößerung für die Abstandsänderung der beiden Platten gegeben ist. Die Vergrößerung kann sehr hoch getrieben werden; die 1000fache Vergrößerung reicht für übliche Untersuchungen aus, jedoch für sehr ruhig laufende Werkzeugmaschinen muß sie auf das 20000fache und sogar noch auf höhere Werte erhöht werden. Die oberste Grenze, die durch die praktische Einstellung der Dosen bestimmt ist, liegt bei einer 50000fachen Vergrößerung. Die Abb. 69 und 70 zeigen den gesamten Aufbau, wie er für die Untersuchung einer Karussell-Drehbank verwendet wurde. Die Meßdosen am Ständer befinden sich in einer Höhe von 2400 mm über Flur. Bei solchen Untersuchungen an betriebsfertigen Maschinen

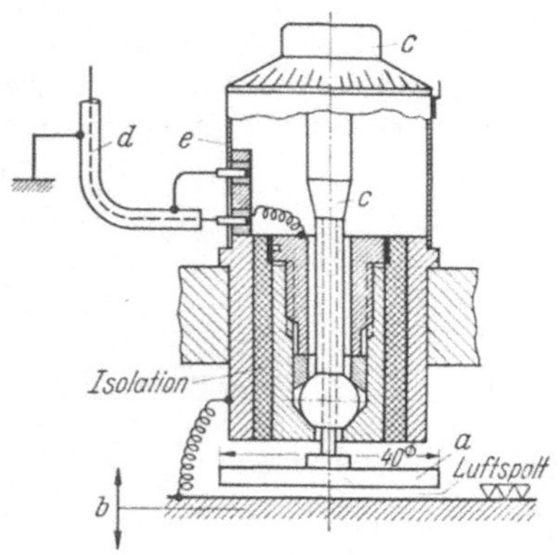

Abb. 68. Aufbau der Kapazitäts-Meßdose. a Obere Kondensatorplatte (parallel und in der Höhe einstellbar); b Werkzeugmaschinen-Gestell. Untere Kondensatorplatte; c Feinmeßschraube für Luftspalteinstellung; d Abgeschirmtes Zuleitungskabel; e Schutzkappe.

schaltet man die einzelnen Getriebeelemente in stufenweiser Folge an, so daß das Leerlaufsverhalten erkannt wird. Daran anschließend kann durch Ausführung einzelner Arbeitsgänge das Schwingungsverhalten im Betrieb ermittelt werden. Abb. 71 zeigt den Anbau von drei Meßdosen an den Ausleger einer Zahnflanken-Schleifmaschine. Unter Verwendung von zwei Schwingungsgeräten können zwei zueinander senkrecht verlaufende Schwingungsvorgänge gleichzeitig mittels Oszillographen auf Papierstreifen aufgezeichnet werden. Durch Wiederholung unter zyklischer Vertauschung der Meßdosen kann die räumliche Schwingung eines frei ausragenden Auflegers gemessen werden. Es ist denkbar, daß durch die Verwendung von drei Geräten der Vorgang auf einmal festgehalten werden kann.

Abb. 72 zeigt die Eigenart der angewendeten Meßmethode an Hand des Versuchsaufbaues an einer Rundschleifmaschine. Bearbeitet wird ein zylindrisches Werkstück mit einem

Abb. 69. Versuchsanordnung für Schwingungsuntersuchung an einer Karussell-Drehbank in Stahlschweißbau (Vorderansicht).

Bund, der sich an der Spindelstockseite befindet. Das Verhalten beim Leerlauf und Schleifen kann an der Meßstelle *1* gemessen werden. Zu diesem Zweck ist ein Meßlineal im Abstand *d* so gegenüber dem hin- und hergehenden Schleifschlitten angebracht, daß beim Längsschleifen der Abstand *d* eingehalten wird. Das Schwingungsverhalten bei der Hubumkehr kann mit der Meßdose *2* gemessen werden. Die Meßstelle *3* gestattet eine Überprüfung des tatsächlichen Vorganges bei Einschwenken des

Abb. 70. Versuchsanordnung für Schwingungsuntersuchung an einer Karussell-Drehbank in Stahlschweißbau (Rückansicht).

Abb. 71. Anbau von drei Kondensator-Meßdosen an Ausleger einer Zahnflankenschleifmaschine.

Schleifschlittens in die Arbeitsstellung. Mit ihrer Hilfe stellt man fest, ob das Erreichen dieser Arbeitsstellung ohne Schwingung oder mit Beteiligung von

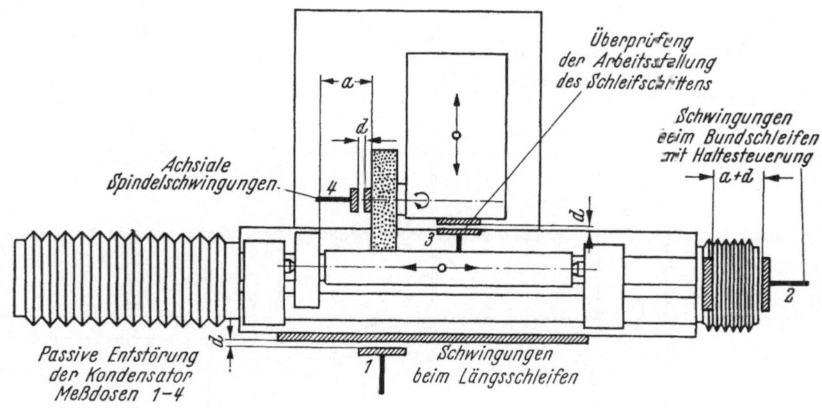

Abb. 72. Weitere Meßmöglichkeiten mit Kondensator-Meßdosen.

Schwingungen erfolgt. Setzt man eine Kondensatormeßdose *4* gegenüber der Spindelachse an, so können damit die achsialen Schwingungen, die durch Kugellager und Schleifkräfte hervorgerufen werden, gemessen werden.

F. Elementegestaltung in Stahlschweißbau.

Von den Elementen werden die Träger- und Kastenformen eingehend behandelt.

1. Feder- und Eigenschwingzahlen von Trägern, Kasten und einem Feinbohrgestell. Die Gestaltung der einzelnen Träger ist aus Abb. 73 zu ersehen. Mit Ausnahme der Form *IV* handelt es sich hierbei um offene Querschnittformen, von denen einige bereits im Werkzeugmaschinen-Gestellbau angewandt werden. Bei der Form *IV* bildet der Steg eine X-Form und zwar dadurch, daß zwei rechtwinklig gebogene Bleche mit einem geraden Stegblech verschweißt sind. Die Verschweißung der Gurte erfolgt hierbei mehr am Rande, wodurch ein zweifach geschlossener Querschnitt entsteht.

Die wirtschaftliche Herstellung hängt u. a. auch von der Länge der Schweißnähte ab, die nötig sind, um den Träger herzustellen. Die Schweißnahtlänge schwankt bei den vorliegenden Trägern von der etwas mehr als 1fachen Trägerlänge bei der Zick-Zack-PETERS-Verrippung beim Träger *V*, bis zu mehr als der 8fachen Trägerlänge beim

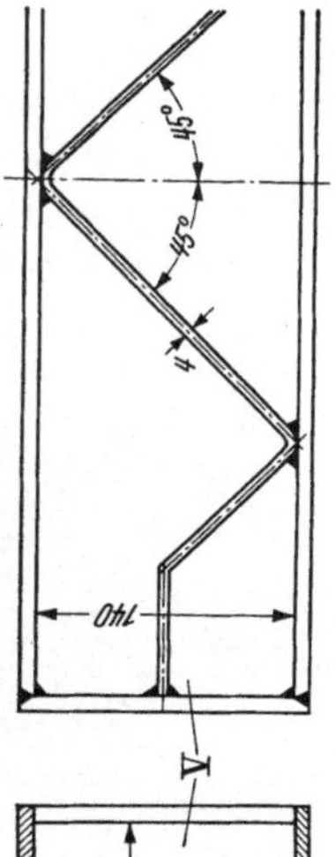

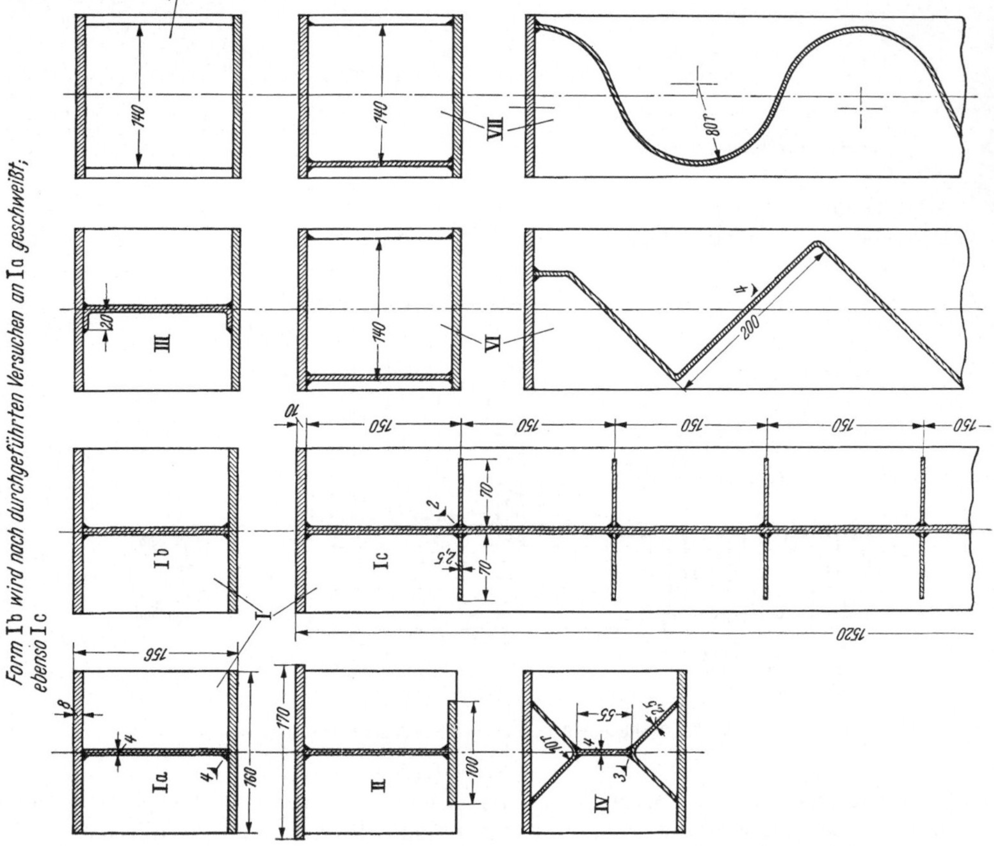

Abb. 73. Gestaltung der geschweißten, verrippten Träger für die dynamischen Untersuchungen.

Träger *IV*, wenn man von dem Aufwand für die Verschweißung der Abschlußplatten absieht. Die Ergebnisse der Untersuchungen lehren, daß unnütze Schweißarbeiten überhaupt vermieden werden können, wie z. B. das Anschweißen der
2,5 mm starken senkrechten Zwischenbleche bei der Form *Ic* gegenüber *Ib*, weil
sie keine Vergrößerung der statischen Federzahlen bewirken. Nötig sind sie nur
bei solchen Gestellen, bei denen Punktlasten am Rande der Trägergurte bei außer-
mittiger Belastung auftreten. Die stufenweise Verschweißung der Trägerform *I*
kann in der grundsätzlichen Anwendung als ein Hauptmerkmal geschweißter
Werkzeugmaschinen-Gestelle angesehen werden, indem der Konstrukteur sich zu
Beginn überlegt, welche Versteifungen noch nachträglich gegebenenfalls angeschweißt werden können.

Die Federzahlen für Biegen und Verdrehen, die Eigenschwing- und Dämpfungszahlen für beide Beanspruchungsrichtungen sind in der Zahlentafel 1 zusammengestellt. Die Verwendbarkeit von offenen Trägerformen bei Biegebeanspruchung
ist deutlich zu erkennen, wobei der
Mehraufwand des Zick-Zack- oder des
gewellten Steges keine bedeutende Vergrößerung der Biegefederzahl um die
Achse *Y—Y* ergibt. Die günstige Wirkung ist bei der Federzahl für Verdrehen
zu suchen. Recht ungünstig verhält sich
der Träger *V* mit der PETERS-Verrippung bei Biegung um die Achse *X—X*.
Bei Verdrehbeanspruchung ist aber

Abb. 74. Geschweißte Kastengestelle.

gerade diese Form weitaus am günstigsten. Sie wird bekanntlich im Gußbau für
Drehbankbetten, unter dem Namen „PETERSverrippung", wegen der günstigen
Verdrehsteifigkeit sehr viel angewendet. Die Späne können bei dieser Drehbank-
verrippung nach unten durchfallen. Bekanntlich entfällt bei Drehbankbetten,
nach KIEKEBUSCH, der größte Anteil der Verformung auf die Verdrehung. Nur
halb so gut ist der Träger *IV*. Der Mehraufwand bei den Trägern *VI* und *VII*
lohnt sich, wenn man bedenkt, daß dadurch die Federzahlen bei Verdrehen gegenüber den einfachen Trägern bedeutend vergrößert werden. Ist die vorherrschende
Beanspruchung die Verdrehbeanspruchung, so wird man konstruktiv die Kastenformen bevorzugen.

Die gemessenen Eigenschwingzahlen der sieben Träger sind wegen der etwa
gleichen Gewichte, wie erwartet, verhältnisgleich der Quadratwurzel aus der statischen Federzahl.

Abb. 74 zeigt die untersuchten Kastengestelle. Sie unterscheiden sich in der
Anordnung der Schweißnähte und der Ausbildung der Querschnittsformen. Die
gesamte Schweißnahtlänge schwankt von der 2- bis 6fachen Kastenhöhe ohne
Berücksichtigung der Verschweißung der beiden Abschlußplatten. Die wesentlichen Unterschiede der Querschnittsformen sind aus den Skizzen nach Abb. 75
zu erkennen. Vier Kastenformen bestehen aus vier Blechen und vier aus 2 u-förmig
gebogenen Blechen. Dieser Aufbau bedingt die Anordnung der Schweißnähte
jeweils in den Ecken oder in der Mitte der Breit- oder der Schmalseite der
Kastenformen. Die Kennwerte für die Beurteilung des statischen Verhaltens
und des Schwingungsverhaltens sind in der Zahlentafel 2 zusammengestellt.
Bei Biegung ist die Anordnung von Eckstumpfnähten beim Kasten *1* recht
ungünstig, weil sich die Bleche nur in den Schweißnähten abstützen. Große
Abrundungen erweisen sich bei Biegebeanspruchungen ungünstig, hingegen beim
Verdrehen wegen der guten Annäherung an die ideale Kreisform als günstig.

Zahlentafel 1.

Statische

Biegung

um die Achse

$X \dashv\text{I}\vdash X \quad Y \dashv\vdash Y$

Träger-form Nr.	Skizzen der Trägerformen	Angaben über die Art der Verschweißung	Gewicht kg	c_B kg/μ	c_B kg/μ
I a		Träger mit einseitig verschweißtem Steg	42	3,2	1,6
I b		Träger mit beiderseitig verschweißtem Steg	43	3,65	1,6
I c		und mit 9 Paar Zwischenrippen	47	3,65	1,6
II		Träger mit verschieden breiten Gurten, 4 Kehlnähte	38	3,0	n. g.
III		Träger mit schmaler Scheuerfläche, 4 Nähte	46	3,6	1,75
IV		Träger mit X-Form-Steg, 4-V-Nähte und 4 Kehlnähte	49	3,6	1,95
V		Petersverrippung in geschweißter Form	44	1,6	1,75
VI		Träger mit Zickzack-Steg, 4 Kehlnähte	44	3,1	1,85
VII		Träger mit gewelltem Steg, 4 Kehlnähte	45	2,95	1,8
—		Leichtbauträger, Steg nach Insektenflügelbauart und punktgeschweißte Gurte	10,5	0,85	0,04
—		Vollträger mit gleichen Biegefederzahlen	14,4	0,85	0,048

Vergleichswerte

Zusammenstellung der Trägerwerte.

Federzahlen Verdrehung	Eigenschwingzahlen Biegung		Verdrehung	Dämpfungszahlen Biegung		Verdrehung $M_d = 1$ mgk
c_v	f_B		f_v	δ_B		δ_v
10^{-3} mkg$\left/\dfrac{\mu}{m}\right.$	Hz	Hz	Hz	10^{-3}	10^{-3}	10^{-3}
1,0	195	135	50,5	1,12	0,58	1,38
1,6	209	135	54,5	0,74	0,31	0,56
1,6	190	128	53,5	0,73	0,47	1,07
1,0	196	n.g.	50,5	0,81	n.g.	n.g.
1,75	194	132,5	58	0,86	0,345	0,595
11,6	187	137,6	129,5	0,75	0,23	0,285
22,3	118	134	183	0,79	0,25	1,26
2,9	181	134,5	70	0,63	0,24	0,89
3,7	178	136	78,5	0,65	0,275	0,335
0,25	200	44	44	n.g.	n.g.	$M_d = 0,25$ mkg 3,0
	Nach RAYLEIGH errechnet!					
errechnet!	173	41		—	—	—
	Nach RAYLEIGH errechnet!					

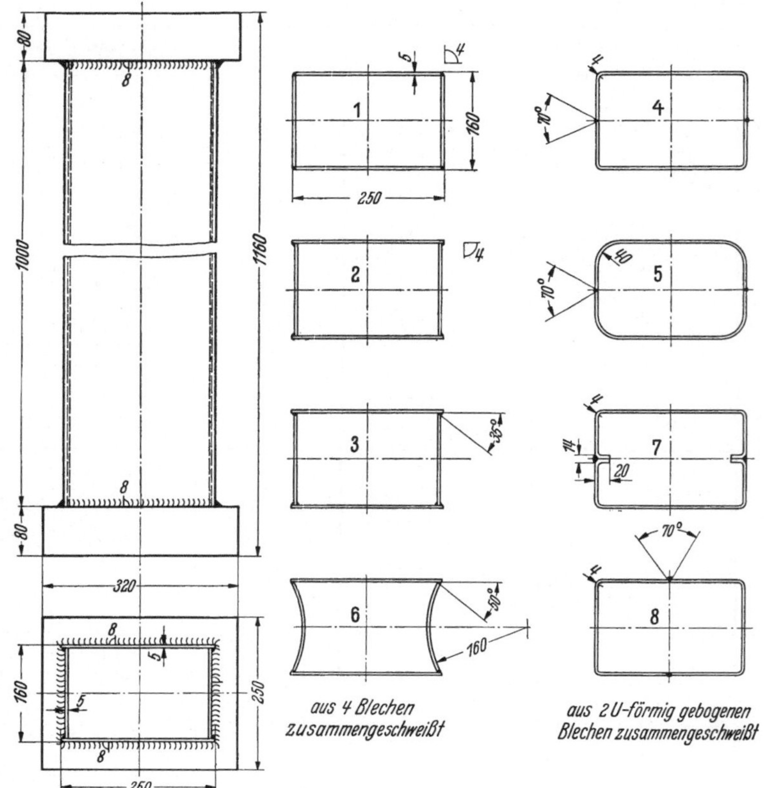

Abb. 75. Gestaltung der untersuchten Kastengestelle.

Zahlentafel 2. *Zusammenstellung der Kastenwerte.*

Nr.	Biegung, stehend um die Achse X c_B kg/μ	Biegung, stehend um die Achse Y c_B kg/μ	Verdrehung, stehend c_D $\frac{\text{mkg}}{\mu/\text{m}}$	f Hz	δ*) 10^{-3}
1	0,62	0,92	0,3	290	0,7
2	0,74	1,35	0,31	286	0,77
3	0,72	1,40	0,3	283	0,65
4	0,79	1,42	0,32	296	0,6
5	0,67	1,13	0,33	312	0,61
6	0,72	1,14	0,22	259	2,6
7	0,7	1,45	0,32	300	0,9
8	0,81	1,13	0,32	300	0,67

*) Vergleich für $M_d = 100$ m kg

Bei Werkzeugmaschinen-Gestellen wird man größere Abrundungen wegen der sanfteren Übergänge bevorzugen. Die größte Federzahl bei Biegebeanspruchung erreichen die Kasten *4* und *8*, die aus 2 u-förmig gebogenen Blechen derart zusammengeschweißt sind, daß einmal die Schweißnähte in der Mitte der Breit- und zum anderen in der Mitte der Schmalseite angeordnet sind.

In der Zahlentafel 2 sind nur die an den Kasten gemessenen Verdreheigenschwingzahlen angegeben. Die Frequenzen liegen trotz der verhältnismäßig großen Masse der Abschlußplatte recht hoch. Die größte gemessene Eigenschwingzahl von 312 Hz weist Kastenform *5* und die kleinste von 259 Hz Kasten *6* auf. Aus der Annäherung bzw. Abweichung von der idealen Kreisform können diese Ergebnisse erklärt werden. Die Verdreh-Eigenschwingungszahlen der anderen 6 Kastenquerschnitte liegen zwischen diesen beiden Grenzwerten. An den Kastenformen *4*, *7* und *8*, welche die gleiche Verdrehfederzahl aufweisen, wurden fast die gleich großen Eigenschwingzahlen von 296 Hz und 300 Hz gemesen.

Die Eigenschwingzahlen der Kasten liegen so hoch, daß für übliche Drehzahlen bis 6000 U/min, das sind 100 Hz, keinerlei Resonanzgefahr besteht.

Einen weiteren Beitrag für die Elementegestaltung bringt die Untersuchung eines geschweißten Feinbohrgestelles. Für den Spindelstock einer Feinbohreinheit der Firma E. Krause & Co., Wien, wurde teilweise aus sehr dünnen Blechen von 2,5 mm Stärke ein Gestell zusammengeschweißt, um ein *Modellgestell* an einer einfachen, aber sehr empfindlichen Maschine zu versuchen. Vor der Ermittlung des Betriebsverhaltens des Feinbohrgestelles wurden dynamische Untersuchungen, d.h. sowohl statische, als auch kinetische Untersuchungen durchgeführt.

Abb. 76. Feinbohrgestell in Stahlschweißbau in der 1. Baustufe (offene Form).

Feinbohrversuche geben Aufschluß über das Betriebsverhalten des Gestelles. Die gesamte Untersuchung wurde in zwei Stufen derart durchgeführt, daß der ursprünglich vorgesehene I-förmige Träger durch Einschweißen verschiedener Verstärkungen zu einem Kasten geschlossen wurde. Diese stufenweise Verstärkung vermittelt genaue Kenntnisse über die Veränderung dynamischen Verhaltens des Gestelles. Den Zustand *I* des Gestelles zeigt Abb. 76. Für die zu bearbeitenden Werkstücke ist eine starke Aufspannplatte vorgesehen, welche eine Größe von 650 × 650 mm aufweist. Der Steg des I-förmigen Querschnittes ist 5 mm. Die Gurtbleche sind 2,5 mm stark. An der 5 mm starken Mittelwand ist die *Feinbohreinheit* an zwei waagerechten Führungsstücken in T-Nuten mittels vier Schrauben befestigt. Auf der Rückseite sind in der Höhe dieser Spannuten waagerechte Zwischenrippen angeordnet, welche nach beiden Seiten hin durch Versteifungsbleche gegen die Seitenwand abgestützt sind, wie aus Abb. 76 zu ersehen ist. In der zweiten Baustufe wurden die beiden Zwischenbleche und die Rückwand eingeschweißt, so daß eine gegen Verdrehung viel günstigere geschlossene Form entstand, welche unten eine Öffnung für die Durchführung des Antriebriemens besitzt. Die statischen Untersuchungen erstreckten sich auf die Ermittlung der Federzahlen für Biegen um die beiden Hauptachsen X—X und Y—Y und für Verdrehen. Da für solche Feinstbearbeitungsmaschinen der von einer Unwucht herrührende Leerlaufeinfluß sich am stärksten bemerkbar machen dürfte, so wurde das Gestell durch eine

Unwuchtmaschine zum Schwingen erregt. Dieser Schwinger ist in Abb. 77 dargestellt. Er besteht aus einer Grundplatte, einer darüber gesetzten Brücke für die Aufnahme des oberen Lagers und aus einer waagerecht angeordneten Schwungscheibe, welche in Kugellagern gelagert ist. In der Schwungscheibe sind Schlitze für die Befestigung von zwei um 180° versetzte Gewichte vorgesehen. Durch Verstellen der Gewichte läßt sich die Größe der Unwucht und damit die Größe der Erregerkraft sehr fein stufen. Der Schwinger wird stufenlos durch einen Elektromotor mittels Riemen angetrieben. Mit einer dreistufigen Riemenscheibe konnte ein Drehzahlbereich von 500—5000 U/min stufenlos überstrichen werden. Dieser Schwinger wurde an Stelle eines Werkstückes fest auf den Spanntisch verschraubt.

Abb. 77. Schwinger für Erregung des Feinbohrgestelles durch Massenkräfte veränderlicher Frequenz.

Diese Art künstlicher Erregung von geschweißten Werkzeugmaschinengestellen mittels Schwinger mit Unwucht kennzeichnet eine Prüfmethode von Werkzeugmaschinen-Gestellen, welche vorwiegend durch Massenkräfte in erzwungene Schwingungen versetzt werden. Unter diese Gruppe von Werkzeugmaschinen fallen die Feinbohreinheiten, da bei ihnen die Schnittkräfte klein sind. Für die Schwingungsuntersuchung wurde die bereits in Abschnitt E. beschriebene Meßeinrichtung verwendet. Die Kondensatormeßdosen wurden so angeordnet, daß aus den Aufnahmen ein räumliches Schwingungsbild der Maschine ermittelt werden konnte. Zahlentafel 3 enthält eine Zusammenstellung sämtlicher gemessener Feder-, Eigenschwing- und Dämpfungszahlen. Aufschlußreich ist die Vergrößerung der Federzahlen nach Einschweißen der Zwischenrippen und der Rückwand. Die Gestaltung ist durch den Zustand *II* gekennzeichnet. Insbesondere hat die Verdrehfederzahl sehr von $0,15 \frac{\text{mkg}}{\mu/\text{m}}$ auf $0,23 \frac{\text{mkg}}{\mu/\text{m}}$ zugenommen. Die Resonanzstellen bildeten sich nach der Versteifung des Gestelles erst bei höherer Frequenz aus. Das Schwingungsverhalten näherte sich dadurch dem angestrebten Zustand, daß die höchste Betriebsdrehzahl unterhalb der tiefsten Resonanzstelle liegt. Die Dreheigenschwingzahl wird beim verstärkten Gestell überhaupt nicht mehr erreicht, da sie oberhalb der höchsten Prüfdrehzahl lag.

In der Baustufe *II* konnten beim Feinbohren bessere Ergebnisse hinsichtlich der Oberflächengüte erzielt werden als bei der Baustufe *I*. Beim Feinbohren von Magnesiumlegierung unterschied sich das Schwingungsverhalten des Gestelles jedoch nicht gegenüber dem Leerlauf. Die Baustufe *II* stellte noch nicht die endgültige Form dar. Der nächste Schritt sollte in einer weiteren Versteifung bestehen und der übernächste in einer Neugestaltung unter Verwendung der bisher gewonnenen Erkenntnisse. Nach dieser Methode können durch stufenweise Verstärkung Gestelle gestaltet werden, die mit geringstem Stoffaufwand beste Ergebnisse ergeben.

2. Dämpfung und Vergrößerung derselben durch Scheuerflächen. In den Formeln für die kinetische Federzahl $\mathfrak{z}_3$, (Gl. (18a) und (18b)) sind die Dämpfungszahl δ bzw. der Dämpfungsfaktor b enthalten. Für die Beurteilung von geschweißten Gestellen ist die Kenntnis des Dämpfungsverhaltens nötig. Diese Konstruktionsdämpfung kann nur durch Schwingungsuntersuchungen erworben werden. Einer Vorausberechnung sind die Dämpfungswerte nicht zugänglich. So hat man sehr früh mit der Erforschung der Dämpfung von geschweißten Werkzeug-maschinen-Gestellen begonnen. KETTNER hat zwischen Werkstoff- und Form-dämpfung unterschieden und auf den Anteil hingewiesen, der durch kleine Relativ-bewegungen von sich berührenden Flächen verursacht wird. An genieteten Ver-

Zahlentafel 3. *Dynamische Kenngrößen des Feinbohrgestelles.*

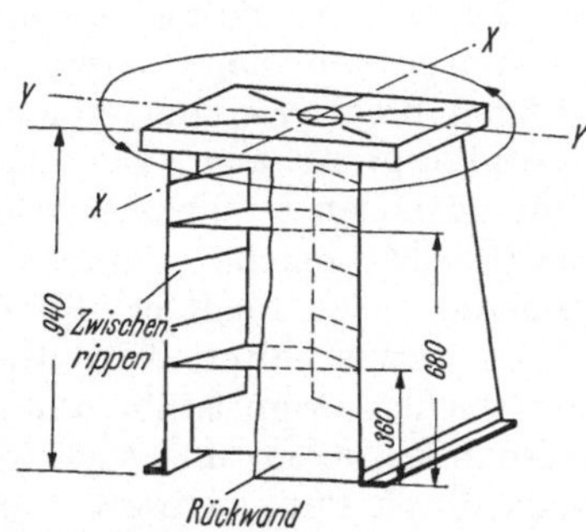

Baustufe I
Anfänglich vorhandener Zustand des Gestells

Baustufe II
Durch Rückwand und Zwischenrippen verstärktes
Gestell

Beanspruchung	Statisches Verhalten				Schwingungsverhalten		
	Federzahlen				Eigenschwingzahlen		Dämpfungs-zahlen
	I		II		I	II	II
	c		c		f	f	δ
	kg/μ	vH	kg/μ	vH	Hz	Hz	1
Biegung um die Achse $Y-Y$							sehr un-regelmäßig
Gestell	1,43	100	2,0	140	47,4	61	n.g.
Mittelwand	0,56	100	1,3	232	—	—	—
Biegung um die Achse $X-X$	1,76	100	2,1	120	38,3	44,3	0,01
	$\dfrac{\text{mkg}}{\mu/\text{m}}$	—	$\dfrac{\text{mkg}}{\mu/\text{m}}$	—	—	—	—
Verdrehung	0,15	100	0,23	153	74,3	~92 errechnet!	n.g.

bindungen erscheint die erstere Art einleuchtend, jedoch können auch Schweiß-verbindungen, je nach Form kleine Relativbewegungen an „Scheuerflächen" aus-führen. Solche Scheuerflächen können zum Zwecke einer guten Dämpfungs-wirkung besonders an Konstruktionen vorgesehen werden. — Nachfolgend wird kurz über Beobachtungen des Dämpfungsverhaltens und Messung von Dämpfungs-zahlen an geschweißten Elementen und Werkzeugmaschinen-Gestellen berichtet.

Diese Darlegungen lassen erkennen, daß der Nachweis einer starken Vergröße-rung der Dämpfung erst einige Jahre später gelang, daß aber der genaue Mechanis-mus des Vorganges der Bremswirkung bei erzwungenen Schwingungen noch nicht geklärt ist. Die ersten Beobachtungen wurden an zwei geschweißten Trägern ge-macht, deren Dämpfungszahlen höher lagen als diejenigen eines Trägers aus Gußeisen mit den gleichen Abmessungen. Abb. 78 zeigt die Querschnitte dieser drei untersuchten Träger. Die freie Länge zwischen den beiden Auflagern betrug 3000 mm und die Schwingweite nur rund 30 μ. Die Dämpfungszahl des geschweißten Trägers *3*, bei dem der Steg in Nuten der Gurte eingreift, lag am höchsten.

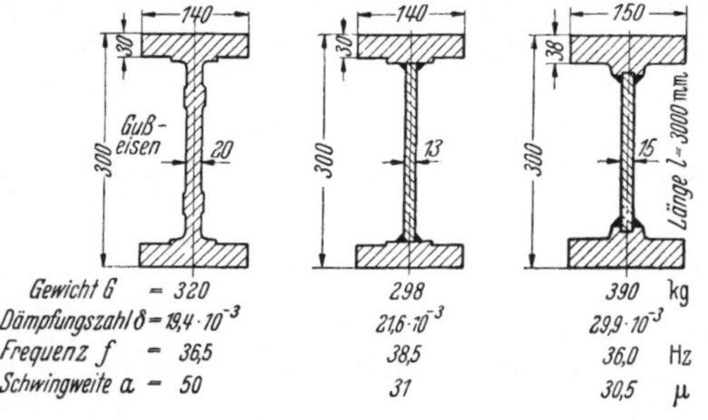

Abb. 78. Erhöhung der Dämpfung durch Scheuerflächen. Trägerversuche.

Ihr Wert ist um 50% größer als beim Träger aus Gußeisen. Ähnlich liegen die Ergebnisse an zwei Vergleichsbetten für Drehbänke aus Gußeisen und Stahl.

Diese an Formelementen und Betten gewonnenen Dämpfungszahlen gingen nicht von der reinen Werkstoffdämpfung aus. Es erschien somit nötig, an einfachsten Elementen Vergleichsversuche durchzuführen, um die vielen nicht erfaßbaren Einflüsse auszuschalten. Eine Reihe von Einzelstäben aus Gußeisen und aus Stahl, desgleichen Doppelstäbe aus gleichen oder verschiedenen Werkstoffen, die lose aneinander lagen, und viele Stabverbindungen, die teils durch Verschraubung, teils durch Punktschweißen und teils durch verschiedenste Schweißnahtformen verbunden wurden, bildeten die *erste* Elementegruppe. Den Aufbau für diese Stabversuche zeigt Abb. 79. Die Ergebnisse sind eingehend von A. HEISS im VDI-Forschungsheft 429 behandelt, so daß darauf verwiesen werden kann [1]. Nur einige Ergebnisse sind in Abb. 80 zusammengestellt. Unter dynamischen Kenngrößen werden die statische Federzahl c, die Eigenfrequenz ω und die Dämpfungszahl δ bei sehr kleinen Schwingweiten verstanden. Beim verschweißten Stabpaar ohne Berühren in der Fuge, darunter versteht man in diesem Fall die gesamte Fläche zwischen Einspannung und Schweißnaht am Ende des Stabes, liegt die gemessene Dämpfungszahl bei einer

Abb. 79. Aufbau für Untersuchungen an Stäben und Stabverbindungen.

Schwingweite von 50 μ gleich groß wie beim Einzelstab. Beim punktgeschweißten Stabpaar ist die Dämpfungszahl auf den dreifachen Wert angestiegen! Die Verschweißung erfolgte hierbei durch acht Schweißpunkte, wobei die beiden Stäbe vor dem Punktschweißen durch Zangen zusammengeschraubt wurden, so daß wenigstens teilweise sattes Anliegen erreicht wurde. Besonders groß ist die Vergrößerung der Dämpfungszahl an dem verschweißten Stabpaar, bei dem eine innige Berührung *unter Vorspannung* in der Fuge erreicht wurde. Die Dämpfungszahl steigt je nach Schwingweite bis auf das Hundertfache der reinen Werkstoffdämpfung an. Durch diese Versuche wurde die Scheuerwirkung nachgewiesen! Damit finden die bei anderen Versuchen gewonnenen Ergebnisse mit geringer Dämpfungszunahme ihre volle Bestätigung. Setzt man die statische Federzahl verschweißter Stäbe mit derjenigen des Einzelstabes ins Verhältnis, so erhält man eine Angabe über die Güte der *Verbundwirkung*. Erwähnenswert ist ferner, daß auch verschraubte Stäbe eine starke Dämpfungszunahme aufweisen, die aber nicht so stark ist, wie sie beim verschweißten Stabpaar mit Scheuerfläche unter Vorspannung erreicht wurde, was mit Verformungen in der Fuge beim Zusammenschrauben zusammenhängen dürfte.

Über das Dämpfungsverhalten an den sieben Trägern gibt Abb. 81 Aufschluß. Die Verdreh-Ausschwingversuche wurden in stehender Anordnung bei einseitiger Einspannung durchgeführt. Die gemessenen Federzahlen schwanken von $\delta_D = 0{,}28 \cdot 10^{-3}$ bis $3{,}0 \cdot 10^{-3}$. Die Unterschiede finden eine Erklärung im Vorhandensein von Scheuerwirkungen. Der Träger *Ia* mit schlechter Verbindung in Form der einseitigen Schweißnähte dämpft gut, hingegen weist der beiderseits verschweißte Träger *Ib* eine geringere Dämpfung auf, und schließlich wirkt das Vorhandensein von vielen Schweißnähten, nach dem Einschweißen der 2,5 mm starken rechteckigen neun Zwischenrippenpaare mit einer Schweißnahtdicke von 2 mm, gemäß Träger *Ic*, dämpfungsvergrößernd. Geschweißte Bauteile mit vielen Schweißnähten können eine Vergrößerung der Dämpfungszahl bewirken!

Abb. 81 enthält außerdem den Dämpfungsverlauf für einen Leichtbauträger, an dem eine sprungweise Erhöhung der Dämpfung bei einer Schwingweite von etwa $40\,\mu$ beobachtet wurde. Eine ähnliche Beobachtung liegt an später beschriebenen Nietpressen-Ständern vor, wobei diese Wirkung darauf zurückzuführen ist, daß bei einer bestimmten Schwingweite zwei gegenüber.

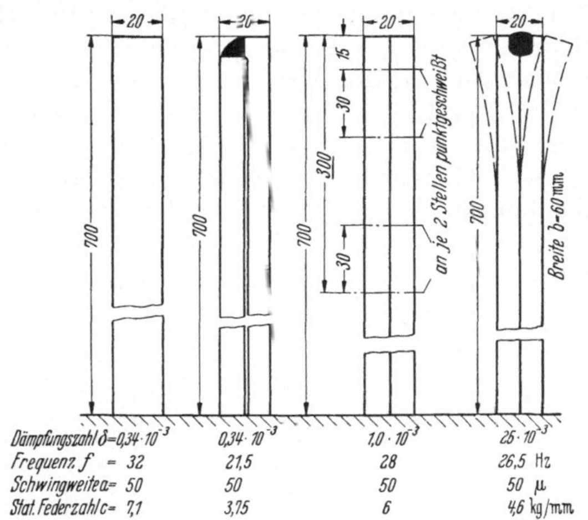

Abb. 80. Dynamische Kenngrößen am Einzelstab und in verschweißten Stäben.

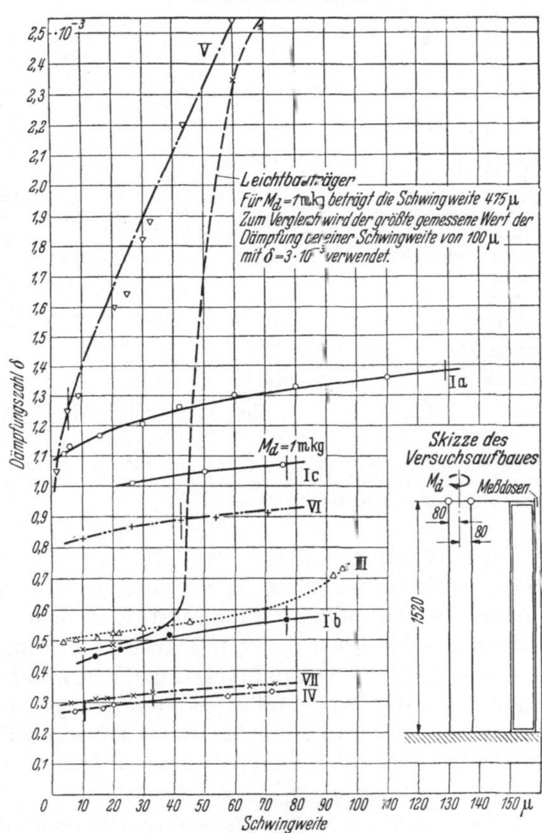

Abb. 81. Dämpfungszahlen der Träger für Verdrehen in stehender Anordnung (Bezeichnung der Trägerform wie in Abb. 73).

liegende Bleche an der Einspannung gegeneinander schlagen. Die Gestaltung dieses punktgeschweißten Leichtbauträgers ist aus Abb. 82 zu ersehen (HEISS [1]. Zwei Bleche mit kraterförmigen Vertiefungen (Buckel) bilden den Steg des Trägers. Dadurch wird der Werkstoff möglichst in den Randzonen angeordnet. Diese Buckel sind an den Berührungsstellen der beiden Bleche punktgeschweißt. Die beiden Steg-Bleche sind u-förmig ausgebildet, so daß die Enden je einen Teil der Gurte bilden, mit denen sie ebenfalls durch Punktschweißung verbunden sind.

Abb. 83 enthält die Dämpfungszahlen an den acht Kastenformen (s. Abb. 75) ebenfalls in Abhängigkeit von der Schwingweite. Die gemessenen Dämpfungs-

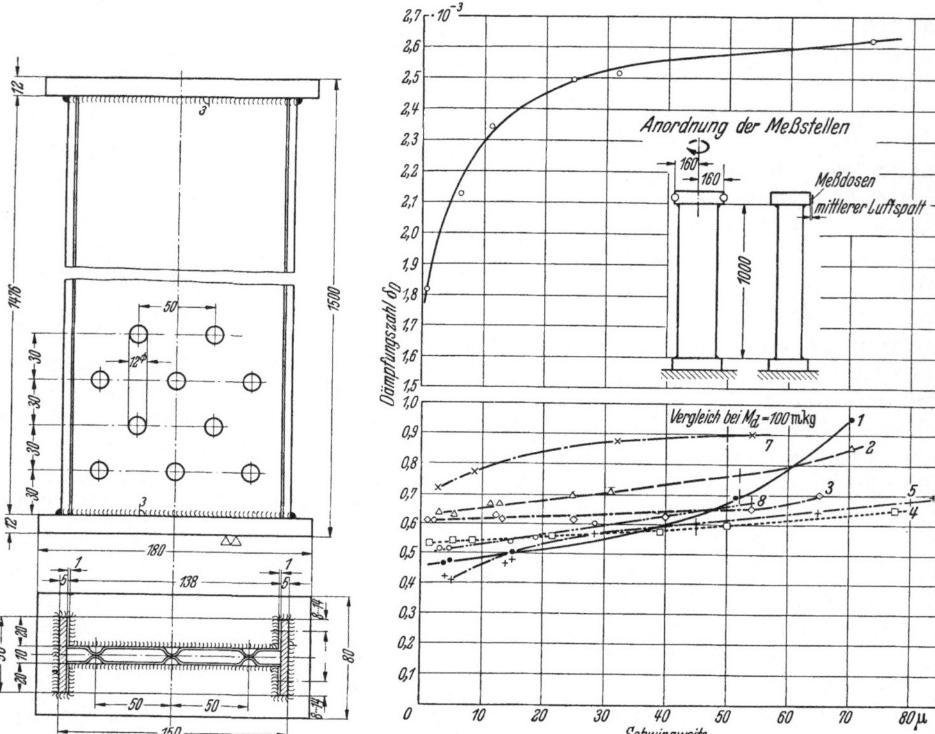

Abb. 82. Gestaltung des punktgeschweißten Trägers in Leichtbauweise. Gurtbleche und Stegbleche nur punktgeschweißt.

Abb. 83. Dämpfungszahlen der Kasten für Verdrehen in stehender Anordnung (Bezeichnung der Kasten wie in Abb. 75).

zahlen schwanken von $\delta_D = 0{,}4 \cdot 10^{-3}$ bis $2{,}6 \cdot 10^{-3}$. Die Unterschiede im Dämpfungsverhalten finden im Vorhandensein von Scheuerwirkungen ihre Erklärung. Die größte Dämpfungszahl besitzt Kasten 6. Die beiden nach innen ragenden Lappen des Kastens 7, deren Flächen allerdings *ohne* Vorspannung aufeinanderliegen, erwirken bereits eine geringe Vergrößerung der Dämpfung. In der Reihe folgen dann Kasten 2 und 1. Bei den übrigen Kastenformen kann durch die Ausbildung der Schweißnähte bestimmt keine zusätzliche Scheuerwirkung auftreten; die Dämpfungszahlen sind mit einer Streuung von 10% gleich groß und sind am tiefsten von allen.

Zum Abschluß werden die Beobachtungen und Messungen der Dämpfungszahlen an einem genieteten und einem geschweißten Ständer für Nietpressen wiedergegeben. Abb. 84 ermittelt die Ergebnisse dieses aufschlußreichen Vergleiches.

Abb. 84a zeigt den Querschnitt des genieteten Kastens und Abb. 84b denjenigen des geschweißten Kastens. Beide Ständer bestehen aus Blech von 2,5 mm Stärke; das Gewicht des genieteten Ständers beträgt 45,1 kg und das des geschweißten Ständers 42,5 kg. Die Dämpfungszahl am genieteten Ständer — Kurve a — ist fast dreimal so groß als am geschweißten Ständer. Indessen der Verlauf der Dämpfung am genieteten Ständer stetig ist und zwar zunehmend mit größerer Schwingweite, wies er beim geschweißten Ständer — Kurve b — bei einer Schwingweite von $270\,\mu$ eine Unstetigkeit auf. Bei Schwingweiten zwischen 270 und $290\,\mu$

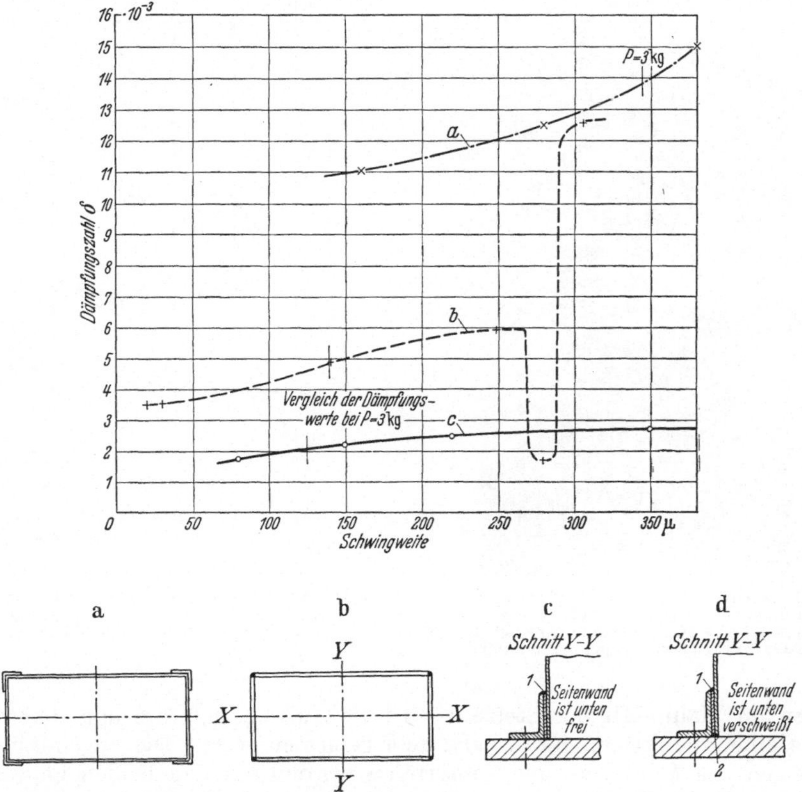

Abb. 84a bis d. Dämpfungszahlen eines genieteten und eines geschweißten Ständers für Nietpressen.

wurde eine viel kleinere Dämpfung wirksam als bei größeren und auch bei kleineren Schwingweiten. Bei größeren Schwingweiten wird nahezu der Wert wie beim genieteten Ständer erreicht. Die Ursache lag in der Ausbildung der Verbindung des Ständers mit der Grundplatte. Die Seitenwände sind, wie aus Abb. 84c zu ersehen — unten an der Innenseite des Kastens nicht verschweißt. Die Verschweißung erfolgt nur durch die Schweißnähte 1 zwischen den Seitenwänden und den Winkelstücken an der Außenseite. Bei Biegen des Ständers um die Achse X—X schlagen die Seitenwände, bei genügend großer Schwingweite, abwechselnd gegen die beiden Winkelstücke. An der unsteten Stelle scheint sich der Ständer um die Schweißnaht 1 zu drehen, und bei kleinerer Schwingweite dürften beide gemeinsam schwingen und durch die Wirkung der Fugen in der Einspannung einen größeren Energieverzehr zur Folge haben. Bestätigt wurde diese Annahme durch einen weiteren Versuch, bei dem, gemäß Abb. 84d, die Seitenwände innen mit den beiden Winkelstücken zusätzlich durch die Schweißnähte *2* verschweißt worden sind. Die Dämpfungszahlen lagen bedeutend tiefer, weil in der Fuge zwischen den Seitenwänden und den Winkelstücken keine Bremswirkung mehr zustande kam.

Abb. 85 zeigt den geschweißten Ständer und zwar den Versuchsaufbau für statische Messungen zur Bestimmung der Verfor-

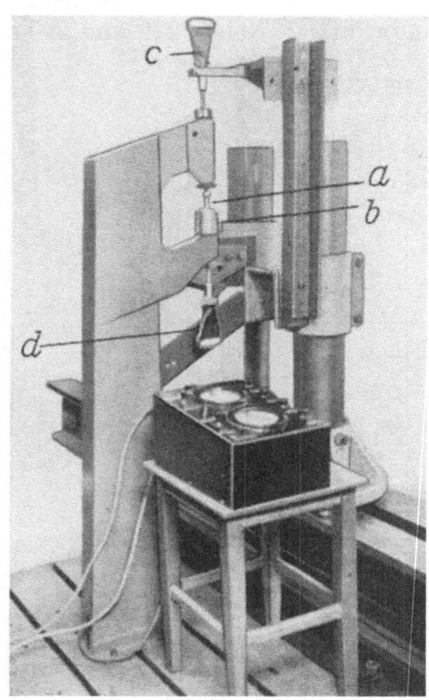

Abb. 85. Geschweißter Ständer für Nietpresse. Versuchsaufbau für statische Verformungsmessungen. *a* Stelze zum Aufbringen der Kräfte; *b* Induktive Kraftmeßdose; *c* und *d* Feintaster.

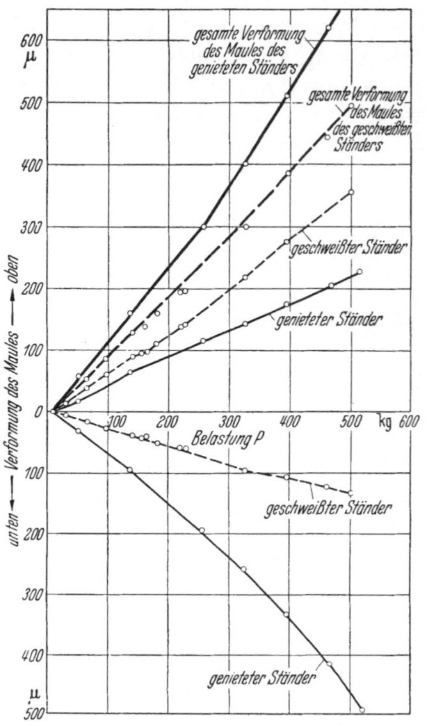

Abb. 86. Verformungen des Maules infolge der Aufweitkraft *P* und Federzahlen des genieteten und des geschweißten Ständers.

mungen im Maul. Mit der Stelze *a* wird die Aufweitkraft erzeugt, deren Größe mittels einer induktiven Kraftmeßdose *b* gemessen wird. Die zugehörigen Verformungen des Maulober- und -unterteiles wurden mit den beiden Feintastern *c* und *d* bestimmt. Die Ergebnisse dieser statischen Verformungsmessung enthält Abb. 86. Danach beträgt die Federzahl des genieteten Ständers $c_B = 0{,}85\ \mathrm{kg}/\mu$ und diejenige des geschweißten Ständers $c'_B = 1{,}04\ \mathrm{kg}/\mu$. Die Teilverformungen unten und oben sind ungleich, und zwar weist der genietete Ständer unten eine größere Nachgiebigkeit auf als der geschweißte, und oben ist es umgekehrt. Zusammenfassend kann festgestellt werden, daß der geschweißte Ständer eine größere Federzahl, aber der genietete Ständer besseres Dämpfungsverhalten aufweist.

Nachfolgend wird über die *erste* Anwendung der günstigen Beeinflussung der Dämpfung durch Scheuerflächen berichtet:

Für die Führungsbahnen von Drehbankbetten in Stahlschweißbau wurden Walzprofile verwendet, die nach unten zwei Ansätze aufwiesen, an die die Bleche für den Bettquerschnitt angeschweißt wurden. Dazwischen liegt unterhalb der vorderen und hinteren Führung je eine u-förmige Aussparung. In diese Aussparungen wurden Scheuerleisten angebracht. Den Querschnitt einer Führungsbahn mit u-förmiger Aussparung und eingeschweißter Scheuerleiste zeigt Abb. 87.

Nach den Erkenntnissen über recht günstige Vergrößerung der Dämpfungszahl muß sattes Anliegen der beiden Flächen bewirkt werden. Zu diesem Zweck ist Versteifungsblech in gewölbter Form, auf die Länge der Führungsbahn bezogen, hergestellt worden; auch der u-förmige Querschnitt wurde etwas größer gewählt, um beim Einlegen und Zusammenschrauben mittels Paßstücken sattes Anliegen zu erreichen. Die Verschweißung erfolgte durch weit unterbrochene Schweißnähte und durch Verschweißen an den Stirnseiten. Der Erfolg war verblüffend. Indessen das Drehbankbett ohne angeschweißte Scheuerleisten beim Anschlagen hell klang, hörte es sich beim Bett mit ange-schweißter Scheuerleiste so an, als ob man Blei anschlüge, so stark wurden die Schwingungen abge-bremst und die einmalig hineinge-steckte Energie so schnell vernichtet. Dämpfungszahlen über diese Ver-suche liegen nicht vor. Es kann nur festgestellt werden, daß die Dämp-fungszahl größer sein muß als die-

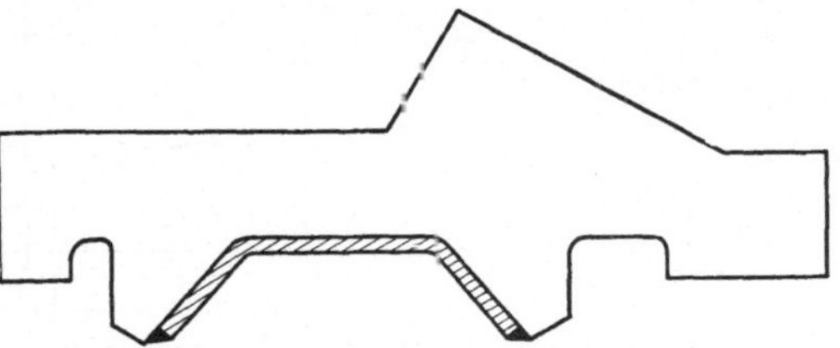

Abb. 87. Führungsbahn für Drehbankbett mit eingeschweißter Scheuerleiste. Vorspannung für sattes Aufliegen.

jenige an einem ähnlich geschweißten Bett — jedoch ohne Scheuerleiste — von $\delta = 0{,}046$. Über die Konstruktion dieser geschweißten Drehbankbetten wird im Abschn. H. 2. b, S. 86) eingehend berichtet.

Zusammenfassend kann festgestellt werden, daß eine wesentliche Erhöhung der Dämpfung bei den im Werkzeugmaschinenbau vorherrschenden kleinen Schwingweiten unter $100\,\mu$ durch konstruktive Anordnung von Scheuerflächen möglich ist. Alle beschriebenen Versuche und Beobachtungen deuten darauf hin, daß die kleinsten Relativbewegungen Energieverzehr zur Folge haben. Unter sonstigen gleichen Verhältnissen werden bei besserer Dämpfungswirkung bekanntlich die erzwungenen Schwingweiten kleiner. *Drei* Einflüsse hat der Konstrukteur bei der Anwendung zu beachten:

1. *Dichte Fugen.* Die sich berührenden Flächen müssen unter Vorspannung aufeinanderliegen.

2. *Größe der Fläche.* Die Vergrößerung der Dämpfung hängt von der Größe der unter Vorspannung stehenden sich berührenden Flächen ab. Es ist denkbar, daß durch Parallelschaltung von Blechen die Wirkung vervielfacht wird.

3. *Größe der Pressung.* Bisher ist nur bekannt, daß die sich berührenden Flächen unter Vorspannung stehen sollen.

Den Hartog beschreibt in der deutschen Ausgabe des Buches, ,,Mechanische Schwingungen‘‘, 1952, Seite 123/24, eine Vorrichtung im Getriebe von elektrischen Straßenbahnwagen zur Dämpfung des glockenartig tönenden Lärms der Zahnräder. Die Vorrichtung besteht aus zwei Ringen aus Stahl oder Gußeisen, die auf der Innenseite der Zahnradfelgen eingeschrumpft sind. Bei einer gewissen mittleren Fugenpressung ist die Dämpfung erstaunlich gut wirksam, hingegen ist sie klein bei zu kleiner und bei zu großer Fugenpressung. Diese eingeschrumpften Ringe wirken etwa wie ein federloser Dämpfer mit trockener Reibung. Zweifellos dürften schon die sehr schwachen Gleitbewegungen für den Verzehr von Schwingungs-energie genügen.

In diesem Zusammenhang kann auf eine weitere Möglichkeit der Dämpfungs-vergrößerung hingewiesen werden, die sich bei der Entdröhnung von Fahrzeugen ergeben hat. Das Dröhnen entsteht durch Abstrahlung des vom Motor, von den

Luftströmungen und bei Schienenfahrzeugen auch von der Fahrbahn auf die Blechwandungen übertragenen Körperschalles. Die Abstrahlung wird durch Aufkleben von Blechen herabgesetzt. Viel wirksamer sind jedoch die Entdröhnungsmittel, die auf die schwingenden Bleche aufgespritzt werden.

Erstaunlich groß ist die Dämpfungszunahme bei Einhaltung bestimmter Bedingungen für das Aufspritzen des schwingungsdämpfenden Kunststoffes. Die Dämpfungszahlen liegen um mehr als zwei Zehnerpotenzen höher als an den unbehandelten Proben und erreichten damit die Wirkung wie sie an geschweißten Bauteilen mit Scheuerflächen, die unter Vorspannung stehen, erzielt wird. Abb. 88 zeigt die Frequenzabhängigkeit der Dämpfungszahl von Blechen mit Dämpfungsbelag „Schallschluck 163/91"[1]. Die Dämpfungszahlen sind innerhalb des untersuchten großen Frequenzbereiches von 50—1000 Hz ziemlich unabhängig davon. Die Dämpfungszahl beträgt beispielsweise bei 200 Hz und 19% Belagmasse im Verhältnis zur Blechmasse 0,13 und bei einem Verhältnis von 34% sogar 0,26. Der Belag selbst weist bei 200 Hz eine Dämpfungszahl von 0,4 auf. Die Ergebnisse beziehen sich auf den Bereich sehr kleiner Schwingweiten, in dem die Spannung linear von der Verformung abhängt.

Über Untersuchungen verschiedener Arten des Entdröhnungsmittels „Schallschluck" liegen umfassende Berichte der Physikalisch-Technischen-Bundesanstalt vor, mit deren Genehmigung Abb. 88 in dieser Arbeit veröffentlicht worden ist. Es ist beachtenswert, daß es innerhalb von zwei Jahren gelungen ist, die Dämpfungszahl von Blechen in den Stärken 0,88 ··· 2,5 mm mit Kunststoffschichten von 4×10^{-2} bis auf die oben angegebenen Werte zu vergrößern. Was bedeutet nun eine Dämpfungszahl von $\delta = 0,26$? Die Abb. 69 und 70 zeigen eine Karussell-Drehbank in Stahlschweißbau. Die Verrippung ist durch weiße Linien auf der Außenwand angedeutet; sie umschließt teils sehr große Blechwände, die leicht zu Schwingungen

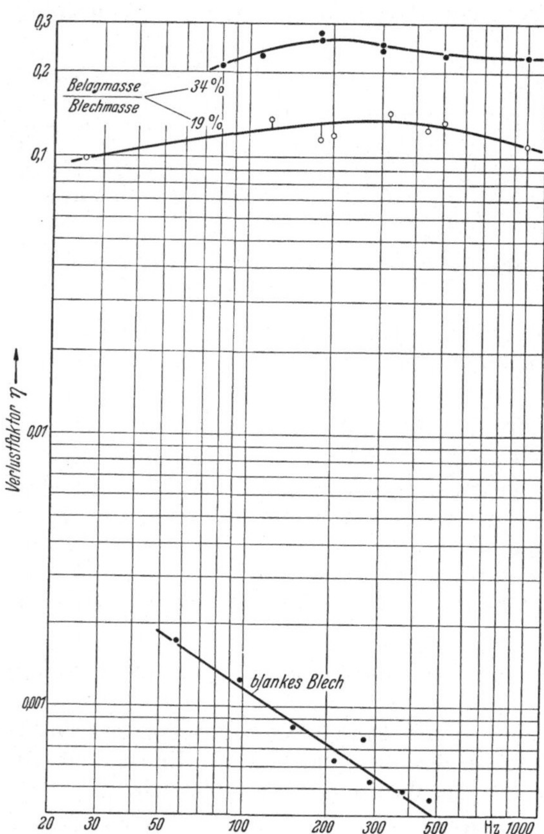

Abb. 88. Frequenzabhängigkeit der Dämpfungszahl von Blechen mit dem dämpfenden Belag „Schallschluck 163/91" und von blankem Blech.

---

[1] Die Dämpfungszahl δ in der Benennung und Bezeichnung nach K. KLOTTER ist dem in der genannten Untersuchung der Physikalisch-Technischen Bundesanstalt gebrauchten Ausdruck *Verlustfaktor* η gleichzusetzen. Das logarithmische Dekrement erhält man in beiden Fällen durch Multiplikation der Zahl π.

neigen. So wurden bei dieser Werkzeugmaschine Schwingungen mit einer Frequenz von 300 Hz und einer Schwingweite von $1,5\,\mu$ gemessen. Man kann sich nun vorstellen, daß ein geschweißtes Werkzeugmaschinen-Gestell mit den vielen Rippen und Zwischenwänden im ungünstigsten Falle ein ganzes Spektrum von Schwingungen bzw. Geräuschen besitzt. Abb. 89 zeigt die Innenverrippung des geschweißten Ständers für die im Beispiel angeführte Karussell-Drehbank. Jedes dieser Bleche kann Schwingungen ausführen, wenn höhere Anteile von Erregerfrequenz zur Wirkung kommen und mit Eigenfrequenzen von Blechen zusammenfallen. Je nach Lage der Frequenz machen sich dann störende Geräusche bemerkbar. Da die Dämpfungszahl eines schwingenden Bleches ungefähr zu $\delta = 0,4 \cdot 10^{-3}$ angenommen werden kann, (siehe Abb. 33 des VDI-Forschungsheftes 429 „Schwingungsverhalten von Werkzeugmaschinen-Gestellen"), so wird sich unter der zutreffenden Annahme von Resonanz-Schwingungen die kinetische Federzahl des Bleches nach der Formel (3) errechnen lassen. Da es bei vorliegendem Beispiel nur auf den Vergleich ankommt, ist es nicht nötig, die Federzahl c selbst zu kennen. Die kinetische Federzahl des schwingenden Bleches wird sich von dem $0,8 \cdot 10^{-3}$-fachen Wert des unbehandelten Bleches auf den 0,5fachen Wert der statischen Federzahl, bei einer aufgespritzten Kunststoffschicht, vergrößern. Die Schwingweite von $1,5\,\mu$ verkleinert sich bei gleich großer Erregerkraft entsprechend der Vergrößerung der Dämpfungszahl nach folgender Gleichung:

$$q_2 = q_1 \frac{c_{kin}}{c'_{kin}} = q_1 \frac{2}{1,25 \cdot 10^{-3}} = 2,4 \cdot 10^{-3}\,\mu$$

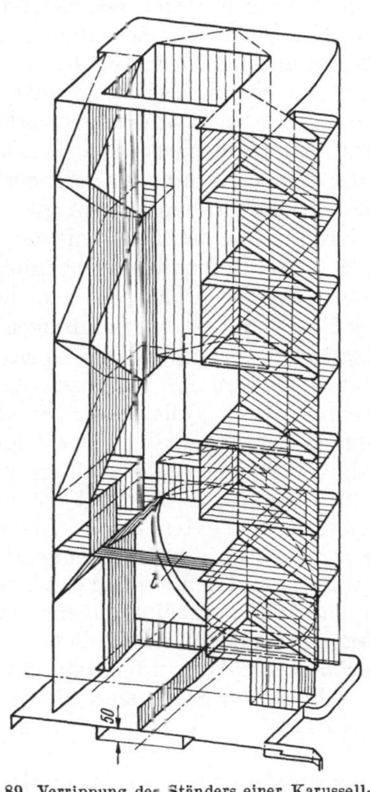

Abb. 89. Verrippung des Ständers einer Karussell-Drehbank in Stahlschweißbau (Vorderwand abgehoben, vgl. Abb. 69, 70, 111 und 112).

Die Schwingweiten sind durch die starke Dämpfungswirkung so klein geworden, daß jedes Geräusch vermieden wird.

Es ist möglich, daß durch Vergrößerung der Dämpfungszahl infolge Scheuerflächen makrogeometrischer Art, wie sie die Fugen, die unter Vorspannung stehen, darstellen oder infolge mikrogeometrischer Art, wie sie in der aufgespritzten Schicht von Kunststoff auftreten, Werkzeugmaschinen-Gestelle in Stahlschweißbau mit viel größerer kinetischer Federzahl herzustellen als bisher. Es ist ferner möglich, daß infolge wechselseitiger Einwirkungen die in diesem Abschnitt angedeutete Entwicklung auch auf den Gußleichtbau von Werkzeugmaschinen-Gestellen übergreift. Der Konstrukteur von Werkzeugmaschinen-Gestellen wird in Zukunft bei der Neugestaltung in steigendem Maße davon Gebrauch machen. Der Begriff der kinetischen Federzahl als Maß für die Nachgiebigkeit von Werkzeugmaschinen-Gestellen bei schwingender Beanspruchung im Gegensatz zur statischen Federzahl erlaubt eine zahlenmäßige Beurteilung von Konstruktionen. Die Dämpfungszahlen stellen die wichtigste Einflußgröße hierfür dar.

G. Erklärung der Vergrößerung der Dämpfung durch Scheuerwirkung.

Nachdem der starke Einfluß der Dämpfung auf die kinetische Federzahl erkannt ist, erscheint es nötig, für die Vergrößerung der Dämpfung durch Scheuerwirkung eine Erklärung zu finden. Der Konstrukteur soll Unterlagen für die Anwendung erhalten, insbesondere dann, wenn es sich um die Konstruktion geschweißter Werkzeugmaschinen handelt, bei denen schwingungsfreies Arbeiten nötig ist. Es wird jedoch nicht beabsichtigt, den Vorgang des Energieverzehrs eingehend zu erläutern, zumal hierfür fest begründete Vorstellungen noch fehlen. Vielmehr kommt es darauf an, den Zusammenhang zwischen der Bremswirkung für die Schwingungen und der Verbundwirkung aufzuzeigen. Danach scheinen, wie man am Ende der folgenden Darlegungen erkennen kann, kleinste Relativ-Bewegungen der satt aufeinanderliegenden Flächen die Dämpfungszunahme zu bewirken. Zahlentafel 4 enthält eine Zusammenstellung der Beobachtungen und Messungen an Stäben und Stabverbindungen, die aus der Vielzahl herausgesucht sind, um möglichst deutlich den Nachweis der Scheuerwirkung zu führen. Die Nummern 1 bis 9 zeigen die Reihenfolge der untersuchten Stäbe und Stabverbindungen an. Die zweite Spalte enthält eine genaue Bezeichnung hierüber, dagegen sind die Skizzen der Stäbe und Stabverbindungen bei einer freien Länge von 700 mm in der dritten Spalte eingezeichnet. Das äquatoriale Trägheitsmoment des 10 mm dicken Einzelstabes betrage I_0, des losen aneinanderliegenden Doppelstabes $I_1 = I_0$ und des 20 mm dicken Vollstabes $I_0 = 8 I_0$. Diese einfache Tatsache wird durch die Messungen der Federzahlen bestätigt. Man kann aber mit der Kenntnis der Federzahlen der sechs verschweißten Stabpaare, die äquatorialen Trägheitsmomente derselben errechnen, da die Federzahlen unmittelbar proportional den äquatorialen Trägheitsmomenten sind. Die ermittelten Werte liegen, wie nicht anders zu erwarten, zwischen demjenigen Wert des lose aneinanderliegenden Stabpaares mit $2 \cdot I_0$ und demjenigen des Vollstabes mit $8 \cdot I_0$. Setzt man das jeweils geltende äquatoriale Trägheitsmoment der sechs verschweißten Stäbe ins Verhältnis zum Trägheitsmoment des Vollstabes, so erhält man eine Angabe über die *Verbundwirkung*. Der Wert 1,0 entspricht dem Vollstab, und die Werte für die verschieden verschweißten Stäbe sind kleiner als 1. Je größer die Abweichung von 1, um so geringer ist die Verbundwirkung. Auf die Minderung der Verbundwirkung infolge der Verformung der Schweißnähte hat schon GIRKMANN hingewiesen. Bei starker Verschweißung auf der ganzen Länge nähert sich die Verbundwirkung dem Wert 1. Geschweißte Träger können danach als Einheitsgebilde berechnet werden. In der Zahlentafel 4 sind in der folgenden Spalte die gemessenen Eigenfrequenzen eingetragen. Die Eigenfrequenz des 10 mm dicken Einzelstabes betrage f_0; sie stimmt überein mit der des Doppelstabes, da sowohl das äquatoriale Trägheitsmoment als auch die Masse doppelt so groß geworden sind. Die Eigenschwingungszahl des 20 mm dicken Stabes beträgt $2 \times f_0$, da die Biegeeigenschwingungszahl proportional der Quadratwurzel aus dem äquatorialen Trägheitsmoment sein muß. Die an den sechs verschweißten Stabpaaren gemessenen Eigenfrequenzen liegen tatsächlich zwischen f_0 und $2 f_0$. Da die Stäbe beim Versuch 6 nur 9,5 mm stark sind, wurde I_5 mit I_0' bzw. f_5 mit f_0' verglichen. Die vorletzte Spalte enthält Angaben über die Fuge. Der Zustand der Fuge wurde durch Schliffbilder nachgewiesen. Es zeigt sich, daß infolge der Vorgänge beim Punktschweißen die Fuge beim Versuch 3 frei blieb. Beim Versuch 4 und 5 wurden die beiden Stäbe vor dem Punktschweißen durch Schraubzwingen zusammengehalten, so daß ein nachträgliches Klaffen in der Fuge teilweise vermieden wurde. Beim Versuch 7 wurden die beiden Stäbe vor dem Verschweißen auf der ganzen Länge leicht durchgebogen, so daß die Verschweißung unter Vorspannung erfolgte. Im Gegensatz zu dem Stabpaar 6, bei dem besonders darauf geachtet wurde, daß außerhalb der Schweißnaht keine Berührung zustande kam, nahm die Dämpfung auf den 64fachen Wert zu. An Hand

Zahlentafel 4. *Scheuerwirkung und Trägheitsmoment. Einzelstäbe und Stabverbindungen.*

Lfd. Nr.	Bezeichnung	Skizze der Stäbe und Stabverbindungen	Äquatoriales Trägheitsmoment	Verbundwirkung $\dfrac{J_3 \text{ bis } J_7}{J_3}$	Eigenschwingzahl	Fuge	Dämpfungszunahme
		—	Vergleich mit J_0	—	Hz	—	%
1	Einzelstab, 10 mm dick		J_0	—	f_0	—	—
2	Doppelstab, lose		$J_1 = 2\,J_0$	—	f_0	frei	0
3	Punktgeschweißte Stäbe 1. 4 Schweißpunkte		$J_2 = 5{,}4\,J_0$	0,675	$1{,}42 f_0$	frei	0
4	2. 2 Schweißpunkte		$J_3 = 6{,}1\,J_0$	0,763	$1{,}6 f_0$	dicht	≈ 100
5	3. 8 Schweißpunkte		$J_4 = 6{,}7\,J_0$	0,837	$1{,}75 f_0$	dicht	≈ 200
6	Nahtgeschweißte Stäbe: 1. Kehlnaht an der Stirnseite Stäbe nur 9,5 mm dick		$J_5 = 5{,}6\,J_0'$	0,7	$1{,}7\,f_0'$	frei	0
7	2. V-Naht an der Stirnseite		$J_6 = 5{,}2\,J_0$	0,65	$1{,}66 f_0$	dicht	6400
8	3. V-Nähte an Stirnseite und auf ganzer Länge		$J_7 = 7{,}28\,J_0$	0,91	$1{,}85 f_0$	frei	0
9	Vollstab 20 mm dick		$J_8 = 8\,J_0$	1,0	$2\,f_0$	—	0

des Versuches Nr. 8, bei dem das Stabpaar durch eine V-Naht an der Stirnseite und auf der ganzen Länge zu beiden Seiten verschweißt wurde, soll auf die Wirkung der Schweißspannungen hingewiesen werden. Sie bewirkten, daß eine freie Fuge mit einem Spalt von $332\,\mu$ entstand. Dies konnte ebenfalls durch ein Schliffbild nachgewiesen werden. Durch Dehnungsmessungen mit einem Setzdehnungsmesser wurden Schweißspannungen in der Größenordnung zwischen 15 bis 20 kg/mm² gemessen, womit die Streckgrenze des verwendeten Werkstoffes fast erreicht wird. Es ist demnach keine Dämpfungszunahme gegenüber dem Einzelstab zu erwarten. Die Ergebnisse der Biegeausschwingversuche bestätigten diese Annahme. Abschließend ergeben sich die *beiden Grundbedingungen* zur Vergrößerung der Dämpfung an Konstruktionen von Gestellen für Werkzeugmaschinen in Stahlschweißbau:

1. Geringe Verbundwirkung der verschweißten Teile, damit kleinste Verschiebungen der sich berührenden Flächen eintreten können,

2. Kräftige Vorspannung in der Fuge.

H. Konstruktionsbeispiel aus dem Zellenbau.

Für die Ausführung in Stahlschweißbau ist jede Werkzeugmaschine geeignet, das ist eine bekannte Tatsache. Voraussetzung ist allerdings eine schweißgerechte Konstruktion. In den nachfolgenden Abschnitten werden eine Reihe von Konstruktionen — beginnend mit einfachen Untergestellen bis zu komplizierten Werkzeugmaschinen und deren besondere Merkmale — erläutert. Den Drehbänken wird ein breiter

Abb. 90. Aufstelltisch für Hobelmaschine
in Stahlschweißbau.

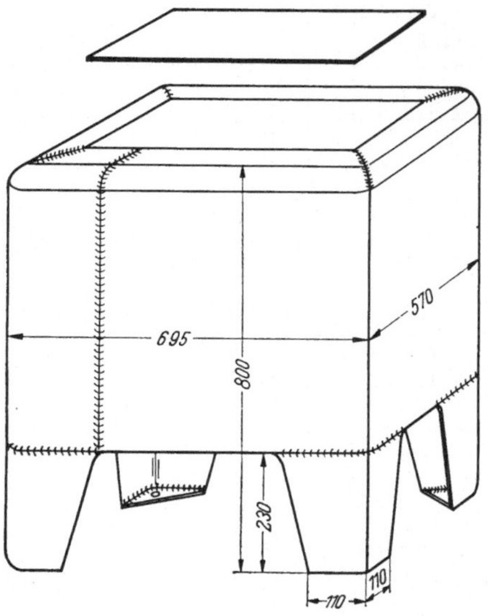

Abb. 91. Anordnung der einzelnen Schweißnähte für
Hobelmaschinen-Aufstelltisch nach Abb. 41.

Raum gewidmet, weil einerseits aufschlußreiche Vergleiche von Konstruktionen in Stahlrohr- und Zellenbauweise vorliegen, und andererseits in einem Fall eine Groß-Reihenfertigung behandelt werden kann. Ein besonderer Abschnitt wird den Schweißvorrichtungen gewidmet, die für eine wirtschaftliche Fertigung unbedingt nötig sind. Im Zusammenhang damit wird auf die Aufstellung von genauen Schweiß-Plänen hingewiesen. Hierin ist die Reihenfolge der Verschweißung der einzelnen Nähte genau angegeben. In der Gestaltung hat man sich mehr und mehr von scharfkantigen Übergängen gelöst und durch Verwendung gebogener Bleche eine gefällige, glatte Außenform angestrebt.

1. Einfache Untergestelle. In früheren Jahren wurden die Aufstelltische und Kastenfüße für kleine Hobelmaschinen in Gußeisen ausgeführt. Abb. 90 zeigt eine gesamte Maschine, aber mit geschweißtem Aufstelltisch. Bei der früheren Ausführung in Guß aus Ge 22.91 und einer durchschnittlichen Wandstärke von 14 mm wog der Aufstelltisch ca. 200 kg. Die geschweißte Konstruktion, deren Aufbau aus Abb. 91 zu ersehen ist, wiegt bei Verwendung von Handelsblech St 00.22.S mit einer Stärke von 4,5 mm ca. 68 kg. Ein im Viereck gebogener und an den Kanten abgerundeter Mantel weist, außer an den Ecken, nur *eine* Schweißnaht auf. Die oben entstandene Öffnung wird durch eine aufgeschweißte Platte verschlossen. Vier Winkelfüße mit innen angeschweißten Stäben zur Befestigung der Maschine auf dem Werkstattboden werden an den Mantel angeschweißt. Abb. 92 zeigt den Schnitt durch einen Kastenfuß unten, bei dem zur Verstärkung der am Boden aufstehenden Kanten ein nach der äußeren Form des Kastens gebogener Flachstahl 50 × 8 herumgelegt und verschweißt ist. Würde man

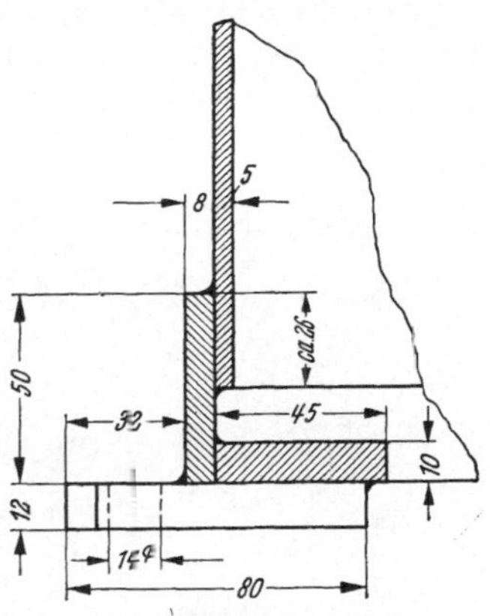

Abb. 92. Teil eines Kastenfußes für Hobelmaschinen, jedoch mit verstärktem unterem Rand.

die sich in der Fuge berührenden Flächen unter Vorspannung verschweißen, so ergäbe sich bei schwingender Beanspruchung ein günstiges Dämpfungsverhalten. Zur

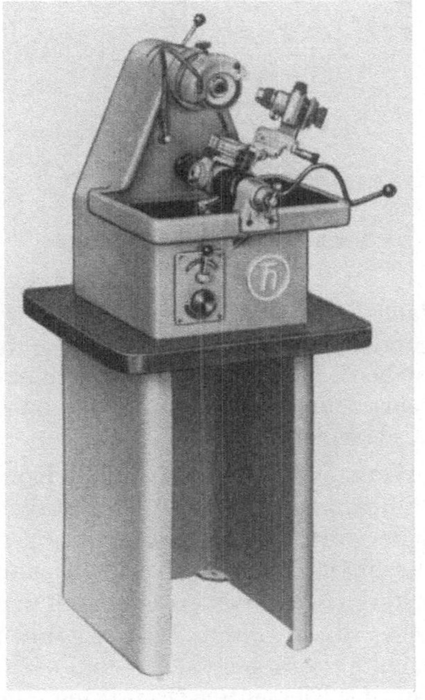

Abb. 93. Einfaches, vorne offenes geschweißtes Untergestell für Stähleschleifmaschine.

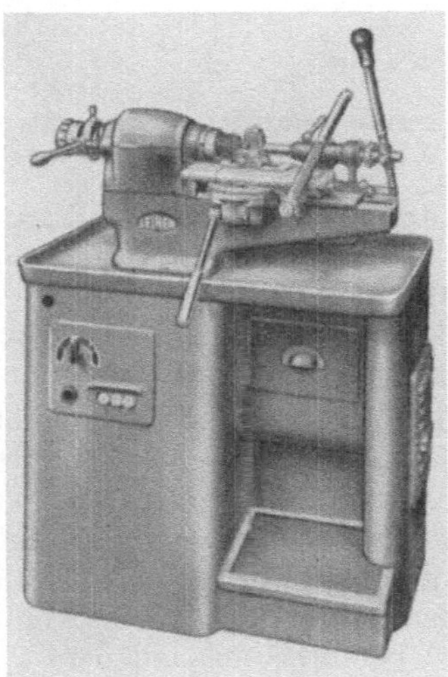

Abb. 94. Formschönes Untergestell in Stahlblechkonstruktion für Präzisions-Klein-Revolver-Drehbank.

Erzielung einer guten Auflage sind an zwei sich gegenüberliegenden Seiten des erwähnten Kastenfußes ein Flachstahl 45 × 20 angeschweißt, an dem Laschen zur Verankerung des Maschinenfußes im Werkstattboden befestigt sind. Abb. 93 zeigt ein sehr einfaches, nach vorne offenes geschweißtes Untergestell für eine Stähle-Schleifmaschine mit einer Wandstärke von 6 mm. Unten in den Ecken sind Bleche eingeschweißt für die Befestigung auf dem Werkstattboden. In der Öffnung kann der Schleifer bei der Arbeit seine Füße aufsetzen, wodurch eine günstige Arbeitsstellung gewährleistet ist.

Abb. 94 zeigt ein formschönes Untergestell in geschweißter Ausführung für eine Präzisions-Klein-Revolver-Drehbank für sitzende und stehende Bedienung. Schaltgeräte und Sicherungen sind im Untergestell eingebaut. Ferner kann die Kühlwassereinrichtung ebenfalls darin untergebracht werden. Für Konstruktionen von Untergestellen werden teilweise Bleche mit nur 1,5 mm Stärke verwendet. Abb. 95 zeigt ein Untergestell für Kuhlmann-Präzisions-Klein-Drehbänke, die Drehzahlen bis 5000 U/min aufweisen, gelegentlich sogar mit 7000 U/min betrieben werden. Auf das Untergestell ist eine Wanne in Leichtmetall angeschraubt. Die Kastenfüße sind

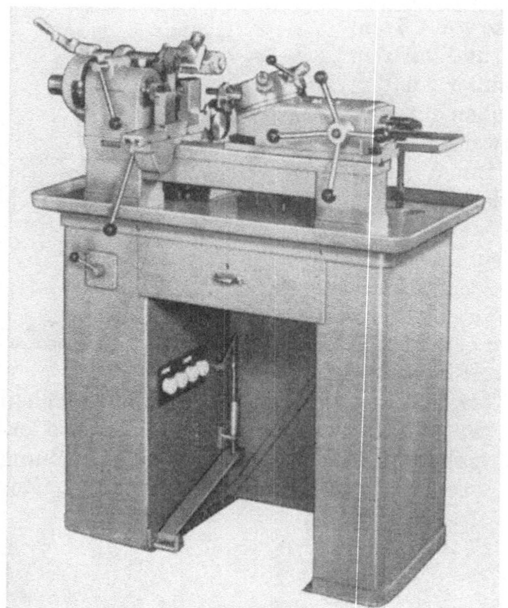

Abb. 95a. Untergestell in Stahlschweißbau für Kuhlmann-Präzisions-Klein-Drehbänke.

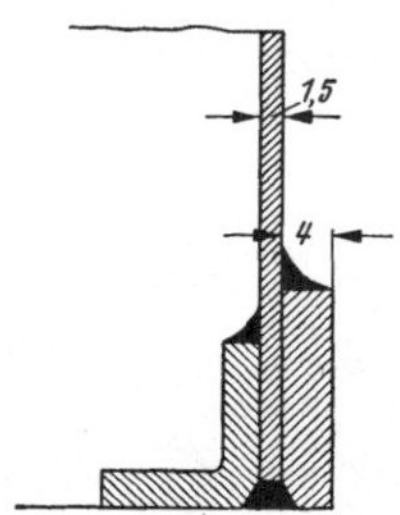

Abb. 95b. Verstärkung des Kastenfußes.

innen durch Winkeleisen und außen durch Flacheisen verstärkt. Dadurch ist große Steifigkeit gewährleistet, und bei genügender Vorspannung ist eine gute Dämpfungswirkung in den beiden Fugen zu erreichen. Konstruktionen dieser Art sind nur in Stahlschweißbau möglich. Die Verschraubung der Leichtmetallwanne mit dem Untergestell wirkt ebenfalls schwingungsdämpfend.

2. Drehbänke. Diese Gruppe der spanenden Werkzeugmaschinen umfaßt Konstruktionen in Stahlschweißbau von Spitzen-Drehbänken, Karussell-Drehbänken und Sonderdrehmaschinen. Wenn man die Fülle der vorhandenen Konstruktionen aller Arten von Werkzeugmaschinen in Stahlschweißbau übersieht, so erkennt man den Umfang der Anwendung dieser Bauweise im Vergleich zu den Anfängen in den dreißiger Jahren. Die Charlottenburger Versuche, die im Jahre 1932 begonnen wurden, befaßten sich mit dem Schwingungsverhalten von gegossenen und stählernen Drehbankbetten und daran anschließend mit der Elementen-Gestaltung. Die hierbei gesammelten Erfahrungen der Ergebnisse sind in der vorliegenden Arbeit verwertet.

a) **Drehbankbetten mit rohrförmigem Querschnitt** (Möbius [1])[1]. Zur Entwicklung von Stahlleichtbau-Drehbänken wurden Betten in Rohrbauweise und in Zellenbauweise miteinander verglichen. Um das Verhalten eines Rohr-Bettes in

---

[1] Die Abb. 96 bis 104 wurden von Herrn Direktor Möbius freundlicherweise zur Verfügung gestellt.

der Praxis zu erproben, wurde, unter Verwendung eines handelsüblichen Mannes-
mannrohres von 7 mm Wandstärke, eine Drehbank mit einer Spitzenhöhe von
165 mm gebaut. Abb. 96 zeigt die aus Stahlblech geschweißten Gehäuseteile.

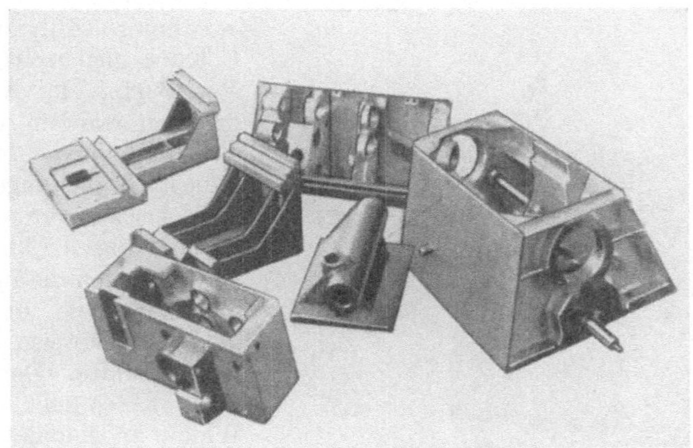

Abb. 96. Gehäuseteile der Drehbank mit 165 mm Spitzenhöhe in Stahlschweißbau.

Durch die geringe Wandstärke und die Ausbildung schwacher Naben gegenüber
der Gußausführung ergaben sich beim Einbau der Getriebeteile erhebliche Vorteile.
Für die vorliegende Versuchsausführung wurden für die Schweißarbeiten keine
Vorrichtungen verwendet. Abb. 97 zeigt das Rohr-Bett mit Untergestell für diese
Drehbank mit einer Spitzenhöhe von
165 mm und Abb. 98 die fertige Werkzeugmaschine in Stahlschweißbau.
Bei einer Antriebsleistung von 4 kW
liegt die höchste Drehzahl bei 1500
U/min. Nur die zum Drehen unmittelbar dienenden Teile wurden in Guß
beibehalten. Bei der Abnahme nach
den üblichen Vorschriften ergaben
sich keine Beanstandungen. Starke
Schwingungen wurden nicht festgestellt. Die von den Motoren und den
Zahnrädern herrührenden helleren
Geräusche gegenüber Gußeisen weisen höhere Frequenzen bei kleinerer

Abb. 97. Rohr-Bett mit Untergestell für Drehbank mit
165 mm Spitzenhöhe in Stahlschweißbau.

Schwingweite auf. Die Drehbank wurde vom Beginn der Konstruktionsarbeiten
an gerechnet in sieben Monaten hergestellt. Trotz der Verwendung von 5 mm
dickem Blech an Stelle von 4 mm — wie ursprünglich vorgesehen war — betrug
die Gewichtsersparnis 12% gegenüber der Gußausführung. Bevor man die Drehbank in Stahlschweißbau ausführte, wurde eine Zwischenlösung in der Form gefunden, daß man eine Drehbank mit Stahlrohrbett unter Beibehaltung der Kastenfüße, Spindel- und Reitstock, Vorschubkasten und Support in der bisherigen
Gußbauweise baute. Erst nach befriedigenden Ergebnissen wagte man den weiteren Schritt.

Der nächste Schritt war der Bau einer großen Drehbank mit einer Spitzenhöhe
von 370 mm und einer Spitzenweite von 4000 mm. Hierbei hat man sich von der
üblichen Gußeisen-Konstruktion gelöst und von vornherein eine schweißgerechte

Konstruktion aus Stahlblech geschaffen. Erwähnenswert ist die Feststellung, daß man vergleichsweise die für die Stahl-Ausführung ermittelte Konstruktion mit Rohr-Bett in Gußeisen nachgebildet hat, um damit eine weitere Vergleichsmöglichkeit zu schaffen. Eine dritte Drehbank derselben Größe wurde, nach der bereits erwähnten Zellenbauweise von C. Krug, gleichzeitig ausgeführt[1]. Vor Beginn der Konstruktionsarbeiten wurden für den beabsichtigten Verwendungszweck genaue Untersuchungen über Größe und Verlauf der Schnittkräfte durchgeführt. Abb. 99a und b verdeutlichen die im Querschnitt am Rohr-Bett und am Bett in Zellenbauweise angreifenden Schnittkräfte. Der Vorteil des Rohr-Bettes liegt in dem großen Widerstandsmoment gegenüber Verdrehen. Da nach Kiekebusch der Hauptanteil der Verformung bei Drehbänken auf die Verdrehung entfällt, so stellt der Rohr-

Abb. 98. Drehbank mit Rohrbett und Spitzenhöhe von 165 mm in Stahlschweißbau.

Querschnitt eine gute Lösung hierfür dar. Die Biegesteifigkeit kann derjenigen des Kasten-Bettes in der üblichen Zellenbauweise gleichgestellt werden. Die Kon-

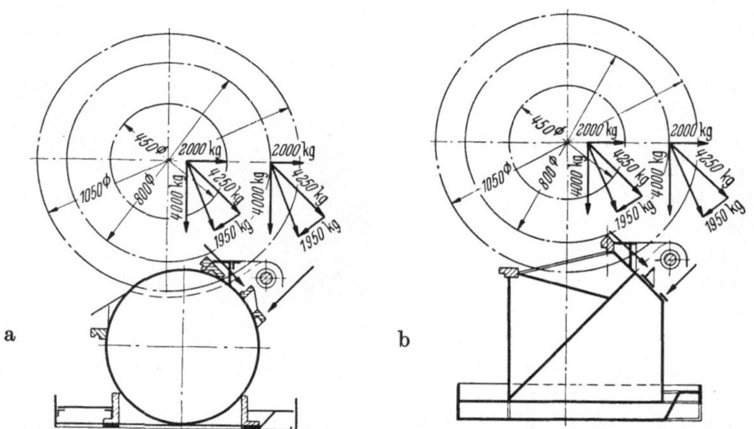

Abb. 99 a u. b. An den Bettquerschnitten wirkende Schnittkräfte beim a Rohr-Bett; b Zellen-Bett.

struktion des Rohr-Bettes ist aus Abb. 100 zu ersehen. Durch Tieflegen der Schlittenführungen konnte trotz Aussparung vor der Planscheibe der Schlitten bis an die Spindelnase herangeführt werden. Die Einsatzbrücke für vergrößerten Drehdurchmesser wurde durch die Aussparung vermieden (s. Abb. 100, Schnitt: C—D) und für die tiefliegenden, nicht unterbrochenen Führungsbahnen gleichbleibende Genauigkeit auf der ganzen Länge erreicht. Die Grundplatte dient als Kühlwasserbehälter. Die Blechabdeckung ist durch Punktschweißung nur an einigen Stellen

---

[1] Der Aufbau dieser Drehbank in Zellenbauweise ist aus den Abb. 94 und 95 der 1. Auflage des Konstruktionsbuches zu ersehen. In der 2. Auflage kann kurz auf die Ergebnisse der Schwingungsuntersuchungen und des Betriebsverhaltens eingegangen werden.

mit dem Bett verbunden, damit die Kühlflüssigkeit an den nicht verschweißten Stoßkanten in der ganzen Länge des Bettes in den Behälter zurückfließen kann. An beiden Enden angeschweißte Ösen dienen zur Beförderung. Abb. 101 zeigt

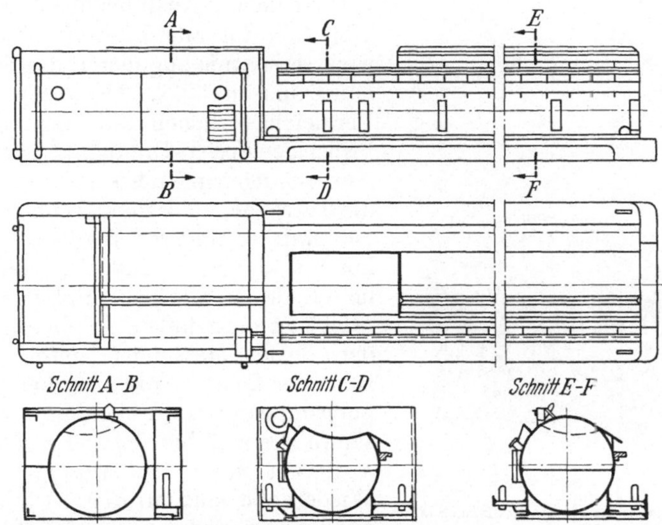

Abb. 100. Konstruktion des Rohr-Bettes in Stahlschweißbau für eine Drehbank mit 370 mm Spitzenhöhe.

den Bett-Schlitten mit Führungsleisten, Lünette und Gehäuseteile der Drehbank in Stahlschweißbau. Die äußere Form der Gehäuseteile entspricht derjenigen in Guß. Der Spindelkasten der Rohr-Drehbank wurde unter Verwendung eines das Getriebe tragenden Rohrgerüstes, mit dem die Querwände verbunden sind, ausgeführt. Die Außenhaut diente nur als Verkleidung. Abb. 102 zeigt die Spindelstockseite des Rohr-Bettes. Der den Spindelstock aufnehmende Teil des Bettes ist kastenförmig ausgebildet und nimmt die elektrischen Schaltgeräte und die Antriebsteile auf. Abb. 103 zeigt die betriebsfertige

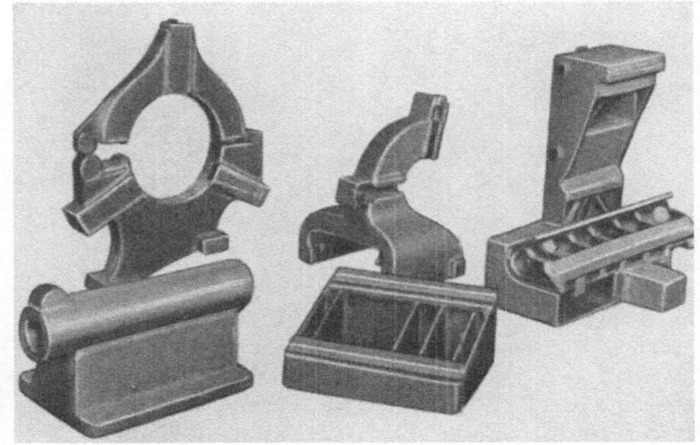

Abb. 101. Bett-Schlitten mit Führungsleisten, Lünette und Gehäuseteile der Drehbank in Stahlschweißbau.

Drehbank in Rohr-Bauweise und Abb. 104 in Zellenbauweise. Die Hauptabmessungen dieser Drehbänke sind folgende:

Spitzenhöhe über dem Reitstock-Prisma	370 mm
Spitzenweite	4000 mm
Drehdurchmesser über dem Support	450 mm
Drehdurchmesser über dem Bett	800 mm
Drehdurchmesser auf eine Länge von 580 mm vor der Planscheibe	1050 mm
Bereich der Spindeldrehzahlen (stufenlos)	12—400 U/min
Antriebsleistung	25 PS .

Das Drehbankbett in Zellenbauweise besitzt pyramidenförmige Verrippung, die hinsichtlich des Spanablaufes sehr günstig ist. Zahlentafel 5 enthält genaue Angaben über die Gewichte der einzelnen Bauteile und der fertigen Drehbank in den verschiedenen Ausführungen. Demnach ergibt sich für alle Bauteile eine Gesamtgewichtsersparnis zugunsten des Stahlschweißbaues bis zu 52%. Als Ausgangspunkt des Vergleiches dienen die Angaben über die bisherigen Serien-Drehbänke mit den gleichen Abmessungen in Gußeisen. Erwähnenswert ist die Tatsache, daß man beim Stahlschweißbau mit geringerer Werkstoffzugabe auskommt als beim Gußbau. Nähere Einzelheiten des Vergleiches sind aus der Zahlentafel 5 zu entnehmen. An diesen Betten wurden ferner Messungen unter Aufbringung ruhender Lasten vorgenommen und Schwingungsmessungen durchgeführt, wobei der gesamte Drehzahlbereich im Leerlauf und unter Voll-Last untersucht worden ist. Auf die Wiedergabe muß an dieser Stelle verzichtet werden; es wird auf die Veröffentlichung in

Abb. 102. Spindelstockseite des Rohr-Bettes.

der Z. VDI hingewiesen (MÖBIUS [1]). Die Ergebnisse von Werkstattversuchen zeigten einwandfreie Drehbilder, und nach einem halbjährigen Dauerbetrieb ergaben sich in statischer und dynamischer Hinsicht keine Nachteile.

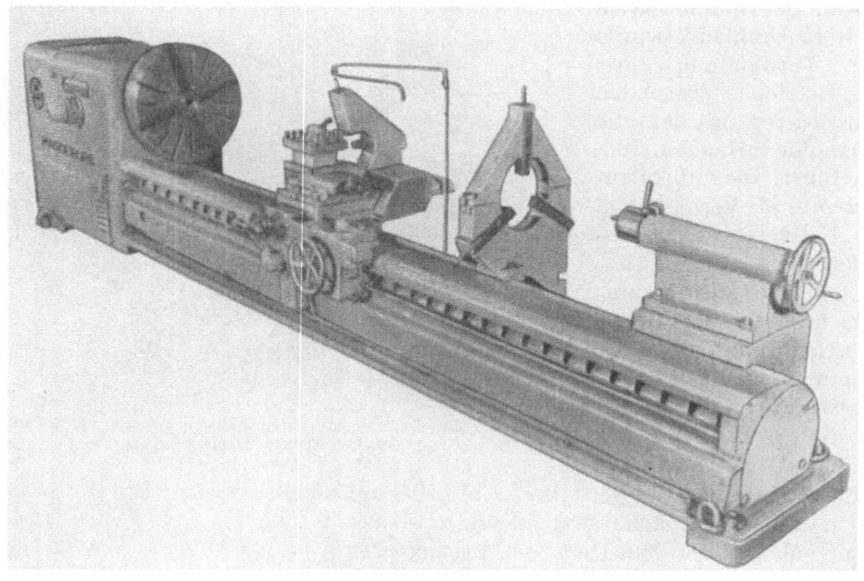

Abb. 103. Betriebsfertige Drehbank in Rohrbauweise. Spitzenhöhe 370 mm, Spitzenweite 4000 mm.

b) **Groß-Reihenfertigung von Drehbänken in Stahlschweißbau** (ROLOFF)[1]. Vor dem Kriege wurde eine Werkzeugmaschinenfabrik in Weimar für

---

[1] Die Abb. 105, 106 und 110 wurden von Herrn Oberingenieur J. ROLOFF, Karlsruhe, freundlicherweise zur Verfügung gestellt.

die Fertigung von Drehbänken mit einer Spitzenhöhe von 225 mm und mit einer Spitzenweite von 2000 mm erstellt. Die bisher übliche Gußausführung mit einem Gesamtgewicht von ca. 2600 kg bildete die Grundlage der Konstruktion. Durch

Abb. 104. Betriebsfertige Drehbank in Zellenbauweise. Spitzenhöhe
370 mm, Spitzenweite 4000 mm.

Zahlentafel 5.

Fertiggewichte von Drehbänken mit 370 mm Spitzenhöhe und 4000 mm Spitzenweite in Guß- und Stahlschweißbau (MÖBIUS[1]).

	Serien-Drehbank in Guß-eisen I	Versuchs-Drehbank mit Rohr-Bett in Guß II		Versuchs-Drehbank mit Rohr-Bett in Stahl			Versuchs-Drehbank in Stahl-Zellenbau			Gemischt-Bauweise		
	Ge-wicht	Ge-wicht	Ge-wichts-er-sparnis gegen I	Ge-wicht	Gewichts-ersparnis gegen		Ge-wicht	Gewichts-ersparnis gegen		Ge-wicht	Gewichts-ersparnis gegen	
					I	II		I	II		I	II
	kg	kg	%	kg	%	%	kg	%	%	kg	%	%
Bett mit Füßen	4605	4330	6	1990	57	54	1960	57	55	1990	57	54
Spindelkasten	1690	1560	7	1340	21	14	1150	32	26	1560	8	0
Support mit Schürze	881	600	32	480	45	20	425	52	29	600	32	0
Reitstock	425	400	6	280	34	30	220	48	45	400	6	0
Lünette fest	184	165	10	110	40	34	95	48	42	165	10	0
Lünette mit-gehend	115	125	— 9	60	48	52	60	48	52	125	—9	0
insgesamt [1]	8100	7180	rd. 12	4260	47,5	40,5	3900	52	45,5	4840	40	32,5
dazu Getriebe	500	500		500			500			500		

[1] Die Gewichtsersparnis von 12% bei der Maschine mit Rohrbett in Guß gegenüber der normalen Serienmaschine ist auf den einfacheren Aufbau des Getriebes zurückzuführen; dieser Betrag ist in der Werkstoffersparnis der anderen drei Baumuster ebenfalls mit enthalten.

Übergang von der Gußbauweise zum Stahlschweißbau und der dadurch möglichen Verringerung des Gewichtes, konnte der damals stark bemerkbaren Material-Knappheit begegnet werden. Beim Bett wurde mit der Gestaltung in Stahlschweißbau begonnen. Die Zellenbauweise mit Verwendung sehr dünner Bleche

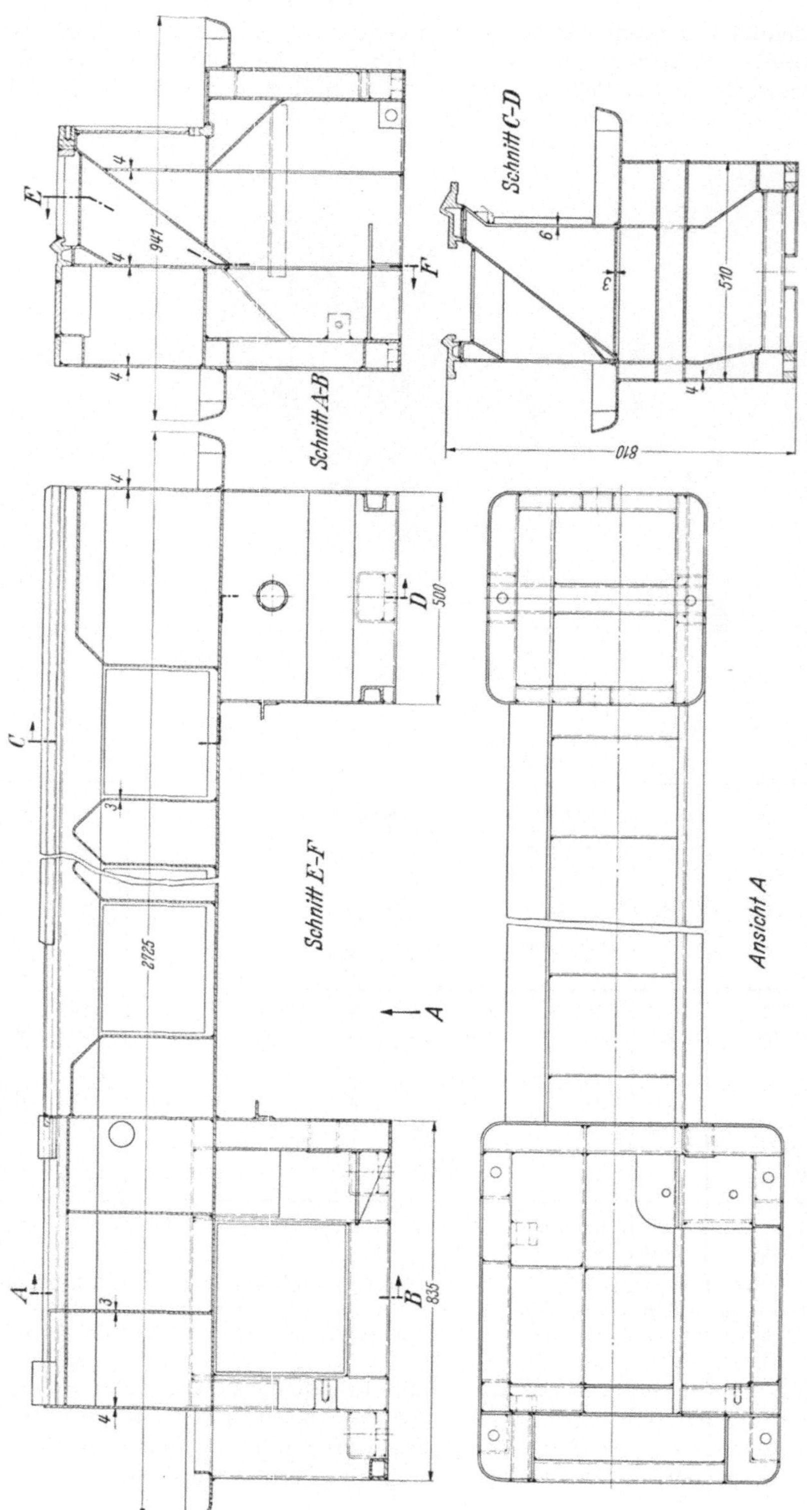

Abb. 105. Konstruktionszeichnung des Drehbankbettes in Stahlschweißbau für Spitzenhöhe von 225 mm.

von 3—5 mm ergab die Möglichkeit bedeutender Werkstoff-Einsparungen. Nach Prüfung von 5 Versuchsausführungen, teilweise in Gußeisen und teilweise in Stahl mit je verschiedenen Wandstärken, entstand die endgültige Konstruktion, wie sie Abb. 105 zeigt. Spindel- und Reitstockfuß und Bett mit Wanne sind zu einem Ganzen verschweißt. Das Gewicht konnte bei der Ausführung in Stahlschweißbau auf die Hälfte der Ausführung in Gußeisen verringert werden. Das stählerne Bett wog 520 kg. Nur die Vorderwand besteht aus 6 mm dickem Blech, hingegen wiesen alle anderen Wände und Zwischenrippen mit wenigen Ausnahmen 3 mm Dicke auf. Den Aufbau des Bettes ohne Fuß zeigt Abb. 106. Daraus sind die Einzelteile des Bettes deutlich zu erkennen. Die Verrippung erfolgt durch dreieck-förmige Rippen, die parallel angeordnet sind. Wie die Elemente-Untersuchung an den Trägern gezeigt hat, bringt das Anschweißen von neun parallelen

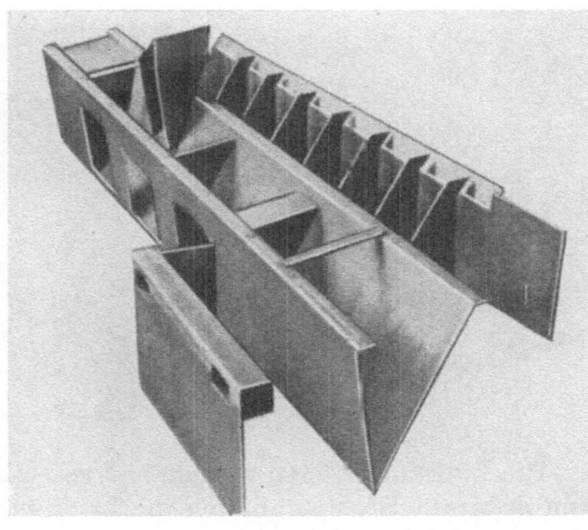

Abb. 106. Aufbau des geschweißten Drehbankbettes.

Zwischenrippen auf beiden Seiten des Steges keinerlei Gewinn an Steifigkeit (s. Zt. 1, Träger I c gegenüber I b); es wäre besser, eine Diagonal-Verrippung anzubringen, wodurch ein sehr beachtlicher Gewinn vor allem der für Drehbänke besonders wichtigen Verdrehsteifigkeit erzielt wird (s. Zt. 1, Träger V). Abb. 107 zeigt die Anordnung von Diagonal-Rippen unter Verwendung von Blechen mit 5 mm Dicke gegenüber 3 mm für die parallel liegenden senkrechten Rippen. Abb. 108 zeigt ein Zellenmodell, welches zum Studium des wirtschaftlichen Schweißens angefertigt worden ist.

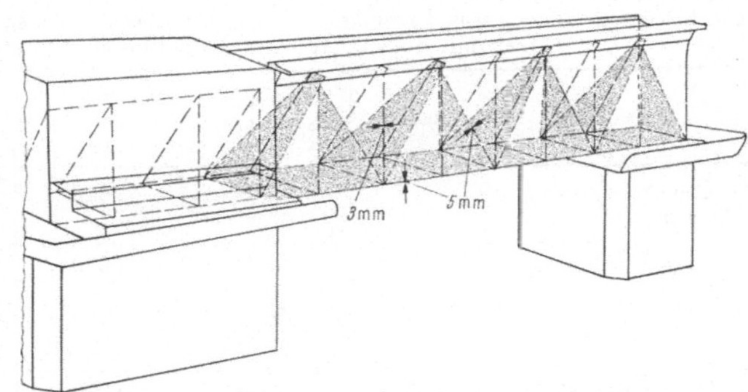

Abb. 107. Diagonal-Dreieck-Verrippung des Grundkörpers des Drehbankbettes in Stahlschweißbau.

Die Führungsbahnen aus St. C 45.61 bestanden aus Walzprofilen, die in drei festen Längen von 1000, 1500 und 2000 mm für die verschiedenen Spitzenweiten auf das Drehbankbett aufgeschweißt wurden. Nach dem Aufschweißen wurden diese Führung bahnen mit dem PEDDINGHAUS-Verfahren unter Verwendung von Leuchtgas und Sauerstoff an der Oberfläche auf eine Tiefe von 0,8···1 mm und eine Härte von 50···55 Rockwell gehärtet. Unter Anrechnung der Nebenzeiten dauerte das Härten eines kurzen Bettes ca. 45 Minuten. Der Härteverzug bei den beiden kurzen Betten betrug etwa 0,2···0,3 mm und bei den langen Betten bis zu 0,5 mm, wobei am Ende der Betten durchwegs der größte Verzug auftrat. Das einseitige Härten bedingte systematische Arbeitsweise, um die anfangs vorhandenen großen Schwierigkeiten zu überwinden. Der Verzug konnte durch Vorspannung der Betten in der Weise, daß mittels kleiner hydraulischer Pressen die Betten auf gewölbte Stützen gedrückt wurden, klein gehalten werden. Über das wirtschaftliche Schweißen der Drehbankbetten in Vorrichtungen wird im Abschn. H. 8, S. 124 näher eingegangen. Eine Auswahl von Bildern wird die Reihenfolge der Schweißarbeiten bei der Herstellung dieser Drehbankbetten zeigen.

Abb. 108. Zellonmodell für Studien des wirtschaftlichen Schweißens.

Die Führungsbahnen wurden naß geschliffen. Mit einer monatlichen Stückzahl von 80 bis 100 Drehbankbetten dürfte diese Großreihenfertigung von Drehbänken einmalig dastehen.

Über die Steifigkeit dieser Betten geben die in der nachfolgenden Zahlentafel 6 enthaltenen Federzahlen für Biegen und Verdrehen Aufschluß.[1] Die Ergebnisse der

Zahlentafel 6.

Federzahlen für Biegen und Verdrehen an nackten Drehbankbetten in Guß- und Stahlschweißbau.
(Leistung: 4—7,5 kW und Spitzenhöhe von 225—270 mm).

Hersteller	Bauart	Biegefederzahl c_B in kg/μ	Auflager-entfernung mm	Verdrehfederzahl $\dfrac{\text{mkg}}{\mu/\text{m}}$	Forscher
Fa. Loewe-Gesfürel, Berlin	G	19,3	2340	0,52	Kiekebusch
Fa. Loewe-Gesfürel, Berlin	G	37,0	1380	—	Kienzle-Kettner
	St	22,7	1380	—	Kienzle-Kettner
Fa. Maschinenfabrik Weimar	G	22,0	1730	0,66	Kienzle-Heiss
	St	20,0	1730	1,75	Kienzle-Heiss

G: Gußbau; St: Stahlschweißbau (Zellenbau nach C. Krug).

Verformungs-Messungen bei statischer Belastung an anderen Betten sind zu Vergleichszwecken ebenfalls angeführt. Beim Vergleich der Federzahlen ist darauf zu achten, daß die Auflager-Entfernungen verschieden groß sind. Daraus ist zu erkennen, daß die Verwendung von geschlossenen Kastenformen beim Stahlschweißbau die Drehbankbetten fast dreimal so steif machen wie die Gußbetten, obwohl diese die für Verdrehung recht günstige Peterverrippung aufweisen (siehe Träger-

---

[1] Diese Untersuchungen wurden vom Verfasser im Versuchsfeld für Werkzeugmaschinen an der Technischen Hochschule Berlin-Charlottenburg — Leitung Prof. Dr.-Ing. Kienzle — durchgeführt.

Versuche). Die Dämpfungszahlen der geschweißten Betten lagen durchweg höher als die gegossenen, was auf Scheuerwirkung zurückzuführen ist. Die Dämpfung der

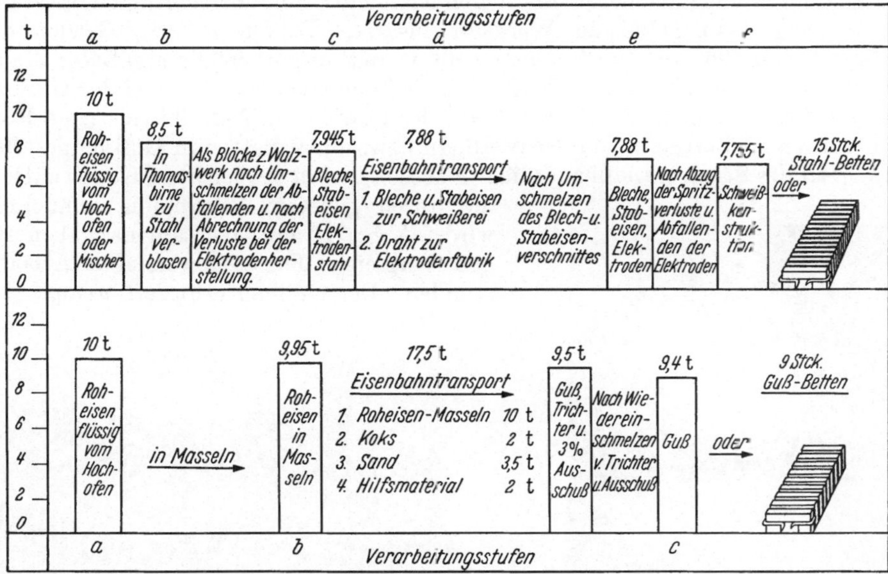

Abb. 109. Werkstoffeinsatz für Drehbankbetten in Guß- und Stahlschweißbau nach ROLOFF.

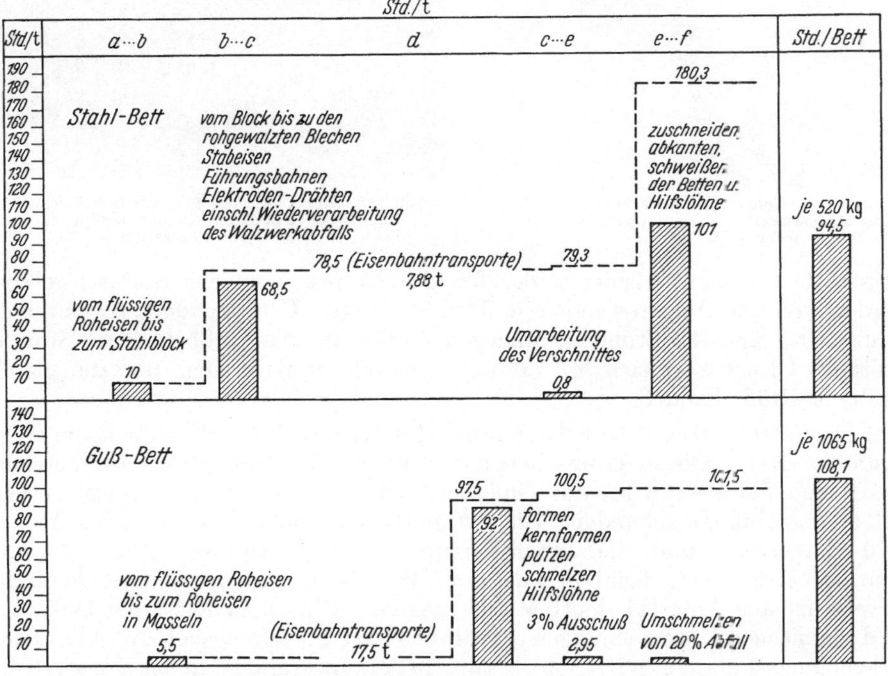

Abb. 110. Arbeitseinsatz für Drehbankbetten in Guß- und Stahlschweißbau nach ROLOFF.

Betten in Stahlschweißbau konnte durch Einschweißen von Scheuerleisten gemäß Abb. 87 noch erheblich vergrößert werden. ROLOFF hat die Wirtschaftlichkeit des gußeisernen und des geschweißten Drehbankbettes durch Verfolgen des Ausbringungsgrades des Rohstoffes und des Arbeitsaufwandes in produktiven Arbeitsstunden vom flüssigen Roheisen bis zu den fertigen Betten übersichtlich dargestellt. Abb. 109 zeigt das Ergebnis des Werkstoffeinsatzes. Bei einem Fertig-Gewicht der Gußbetten von 1065 kg und der geschweißten Betten von 560 kg ergab der Stahlschweißbau eine bessere Ausnutzung der Roheisenmenge je Stück und der Gußbau indes eine bessere Ausnutzung hinsichtlich des Gewichtes. Aus 10 t flüssigem Roheisen werden 15 Betten in Stahlschweißbau bzw. nur 9 Betten in Guß hergestellt. Der Vorteil des Stahlschweißbaues liegt insbesondere in der leichten Konstruktion, die durch günstige Verrippung ermöglicht wird. Abb. 110 enthält Zahlenangaben für den Vergleich der aufgewendeten Arbeitsstunden. Der Gußbau erfordert *weniger* Ar-

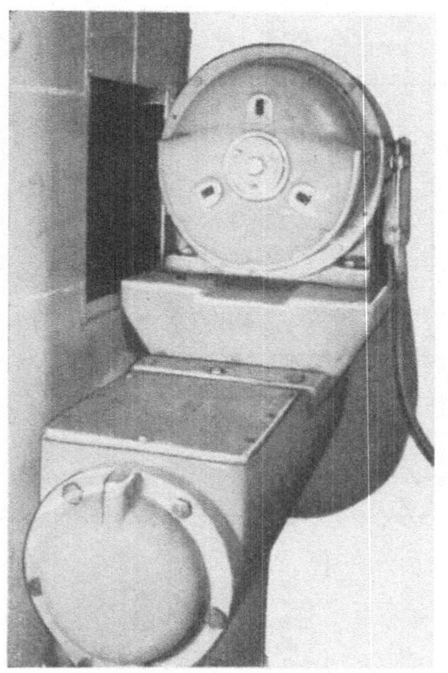

Abb. 111. Gemischtbauweise eines Einständer-Karussells. Links Stahlleichtbau, rechts Gußbau.

Abb. 112. Grundplatte des Ständers der Karussell-Drehbank in Stahlschweißbau. Der Umriß des Ständers ist eingezeichnet.

beitsstunden je Gewichtsmenge des fertigen Bettes, aber der Stahlschweißbau erfordert *weniger* Arbeitsstunden je Drehbankbett. Der Stundenaufwand beim Stahlbett beträgt 94,4 Stunden, hingegen werden für das Gußbett 108,1 Stunden benötigt. Dieser Vergleich ist deshalb wertvoll, weil es sich um die gleiche Drehbank-Größe handelt.

c) **Karussell-Drehbank in Stahlschweißbau.**[1] Die Konstruktion dieses Einständer-Karussells in Gemischtbau war wegen der Anwendung des Getriebeblockes und Seitensupports aus Gußeisen nicht frei in der Gestaltung, sondern stark an den Gußbau gebunden. Die fertige Werkzeugmaschine ist in den Abb. 69 u. 70 dargestellt, und die Innen-Verrippung zeigt Abb. 89. Die Gewichtsersparnis beträgt 41% beim Ständer und 48% beim Untersatz. Die Gemischtbauweise ist aus Abb. 111 deutlich zu erkennen. Einzelergebnisse der statischen und dynamischen Untersuchungen enthält das VDI-Forschungsheft Nr. 429. Diese Werkzeugmaschine hat im Betrieb versagt. Der Hauptgrund ist in der Konstruktion der Grundplatte begründet. Abb. 112 zeigt diese Grundplatte. Die Weiterleitung

---

[1] Das Einständer-Karussell wurde von der Firma Schieß A. G. nach Richtlinien von C. KRUG ausgeführt.

der Kräfte vom Ständer zu den Befestigungsschrauben ist schlecht. Die Ständer-
außenwände müßten zu diesem Zweck unten in der Grundplatte fortgeführt werden,
und die Grundplatte als Kasten mit guter Verrippung für eine so schwere Maschine
mindestens mit 200 mm Höhe ausgeführt werden. Die Federzahl bei Verdrehen
des Ständers ist außerordentlich gut; sie beträgt $c_V = \dfrac{37\ \text{mkg}}{\mu/\text{m}}$. Aber die Federzahl
des Ständers bei Biegen liegt mit $c_B = 4{,}2\ \text{kg}/\mu$ beispielsweise in der gleichen

Größenordnung wie die-
jenige an Fräsmaschinen-
Gestellen, obwohl die
Karussellbank eine viel
schwerere Arbeit verrich-
ten muß. Die Nachgiebig-
keit der Grundplatte trug
dazu bei, daß die tiefste
Eigenschwingzahl des
Ständers nur 10,6 Hz
betrug.

**3. Bohr- und Fräsma-
schinen, insbesondere Auf-
bau- und Sondermaschi-
nen.** Für die wirtschaftliche Serienfertigung wer-

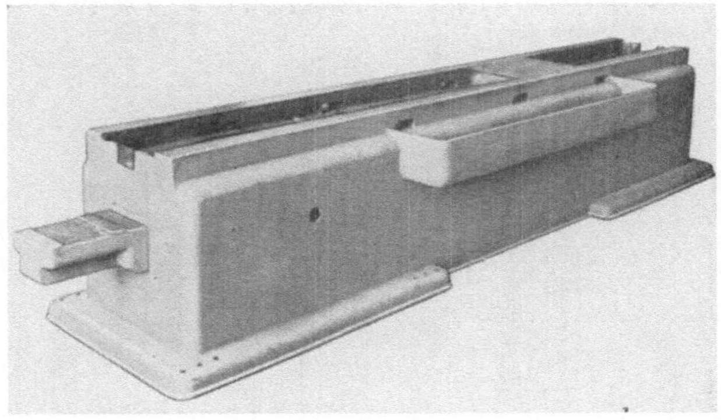

Abb. 113. Maschinenbett einer doppelseitigen Sonderschleifmaschine. „Foto-Schrick“, Remscheid.

den vielfach Aufbau- und Sondermaschinen, die in Stahlschweißbau konstruiert
sind, verwendet. Die Entwicklung von Aufbaueinheiten gestattet, für verschiedene
Bearbeitungsaufgaben Aufbaumaschinen und Transferstraßen einzusetzen. Diese
Werkzeugmaschinen mit geschweißten Bet-
ten und Ständern besitzen elektro-mecha-
nische Steuerung und können für vollauto-
matischen Arbeitsablauf mittels Vorrats-
magazin ausgestattet werden. Abb. 113
zeigt ein fertig geschweißtes Maschinenbett
einer doppelseitigen Sonderschleifmaschine
(WOLLENHAUPT [1]).[1] Die glatte äußere
Form mit den Abrundungen verleiht dieser
Konstruktion große Formschönheit. Abb. 114
stellt das Zusammensetzen der Einzelteile
für ein Bett mit Abrundungen dar. Drei-
eckige Hohlkugelausschnitte schließen die
Öffnungen an den Ecken des geschweißten

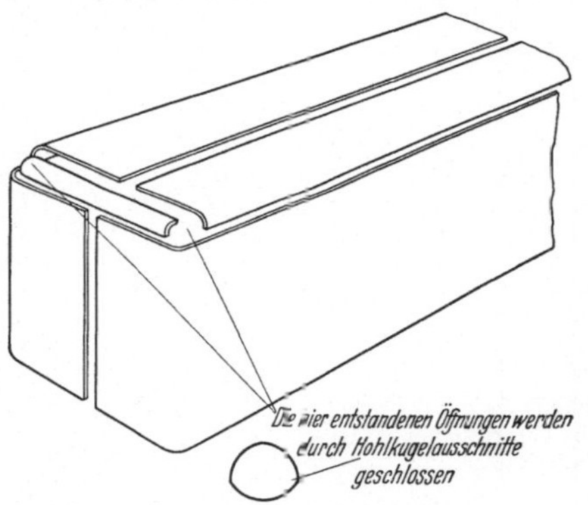

Abb. 114. Darstellung über das Zusammensetzen der Einzelteile für geschweißte Maschinengestelle.

Maschinenkörpers. Abb. 115 zeigt die Kon-
struktionseinzelheiten dieses Maschinenbettes. Die Hauptwände des Bettes bestehen aus 8 mm dicken Blechen, die Stege und Zwischenrippen aus 6, 8 und 10 mm
dicken Blechen, das rahmenförmig ausgebildete Bodenblech besitzt 10 mm Stärke
und die Führungsbahnen 15 mm. Erwähnenswert sind die Abrundungen mit einem
Halbmesser von 50 mm, die an vielen Stellen der Konstruktion in der *gleichen*
Größe vorgesehen sind. Dadurch vereinfachen sich die Biegearbeiten. Die beiden
Flachführungen A und B stützen sich mittels Zwischenstege S auf die waage-

---

[1] Die Abb. 113 bis 119 zeigen Konstruktionen und Fotos von Betten und Sondermaschinen
in Stahlschweißbau der Firma Honsberg, Remscheid-Hasten. Der Vertrieb dieser Werkzeugmaschinen erfolgt durch die Fa. Hahn & Kolb, Stuttgart.

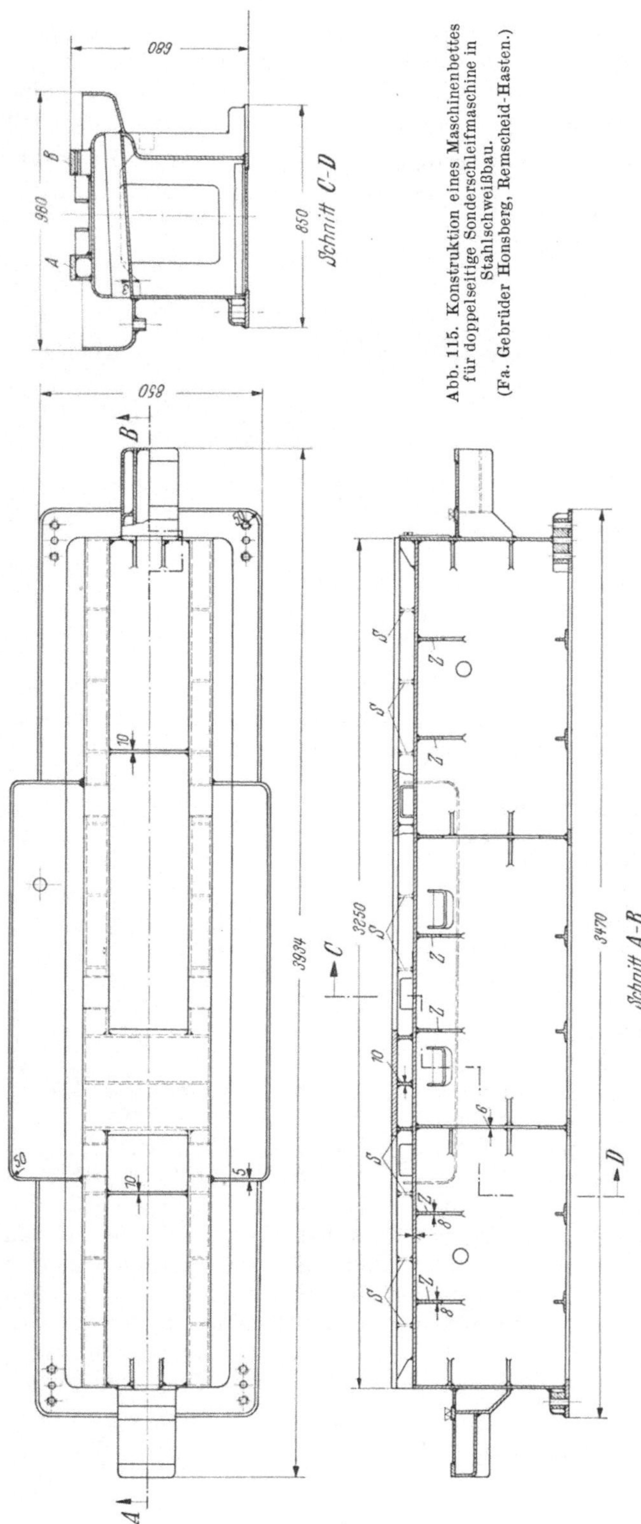

Abb. 115. Konstruktion eines Maschinenbettes für doppelseitige Sonderschleifmaschine in Stahlschweißbau. (Fa. Gebrüder Honsberg, Remscheid-Hasten.)

rechten Wände des eigentlichen Bettkörpers ab. Torförmige Versteifungsbleche von 8 mm Stärke leiten die Kräfte auf die beiden Seiten des eigentlichen Bettkörpers und auf die Spannschrauben über. Zum Befestigen des Maschinenbettes sind an den Spannstellen jeweils drei Schraubenlöcher vorgesehen. Jeweils die beiden außenliegenden dienen zur Aufnahme von Druckschrauben; sie sind mit Gewinde versehen. Das Festziehen des Maschinenbettes auf dem Fundament erfolgt durch die mittlere Schraube in einem Durchgangsloch. Die Schraube greift in das Muttergewinde einer Ankermutter oder Platte im Fundament ein.

Der Verzug dieser geschweißten Betten ist sehr gering. Nach dem Schweißen werden die Betten nicht ausgeglüht. Die Formschönheit einer betriebsfertigen Sondermaschine mit der gleichen Bettkonstruktion wie auf Abb. 115 ist in Abb. 116 dargestellt. Allerdings zeigt diese Abb. einen doppelseitigen Drehautomaten.

Die in Abb. 117 dargestellte Rundtaktmaschine mit aufgebauten Vorrichtungen besitzt eine eigenartige Verrippung des Ständers, die es verdient, wegen der guten versteifenden Wirkung hervorgehoben zu werden. Die Konstruk-

tion des Ständers und Tisches für diese Maschine in Stahlschweißbau zeigt
Abb. 118. Abb. 118a stellt einen Längsschnitt durch den Ständer dar und vermittelt den Aufbau der Konstruktion mit den vier Paar schräg liegenden Versteifungsblechen und ei-
nen Querschnitt der
Tischkonstruktion. Ein
trapezförmiges Verstei-
fungsblech mit 6 mm
Stärke zeigt Abb. 118b.
Der Winkel von 70°
bestimmt nach dem Ein-
schweißen die Schräglage
des Versteifungsbleches.
Der Tisch ist an den
Ständer angeschweißt.
Die Ständerwände sind
aus 8 mm dickem Blech
aufgebaut und die ein-
geschweißten schräglie-
genden Versteifungs-

Abb. 116. Doppelseitige Drehmaschine in Stahlschweißbau.
(Foto-Schrick, Remscheid).

bleche aus 6 mm. Aus dem Schnitt *GH* ist ersichtlich, in welcher Weise die auf die Führungsbahnen einwirkenden Kräfte auf die Wände des
Ständers übergeleitet werden. Aus dem Längsschnitt
ist zu ersehen, daß an der Aufspannfläche der
Ständer eine Tiefe von 740 mm und eine Höhe von
2170 mm aufweist. Die Tiefe eines Ständers macht
rund ein Drittel der Höhe aus, wodurch große
Steifigkeit gegen Biegebeanspruchungen gewährleistet ist. Die beim Bohren in Achsrichtung der
Werkzeuge wirksamen Kräfte ergeben unabhängig
von der Höhe des zu bearbeitenden Werkstückes
oder von der Stellung des Bohrschlittens ein konstantes Biegemoment. Die hierdurch hervorgeru-
fenen elastischen Verformungen des Ständers bedingen eine Schrägstellung desselben, die sich bei
zu großer Nachgiebigkeit der Konstruktion nachteilig auf die Genauigkeit der erzeugten Bohrungen,
die Beanspruchungen und die Standzeit der Werkzeuge auswirken würde. Der Unterschied in der
Beanspruchung der Gestelle von Ständerbohrma-
schinen gegenüber beispielsweise von Karussell-
Drehbänken liegt darin, daß keine waagerechte
Kraftkomponente zur Wirkung kommt, die den
Bohrmaschinenständer nach hinten durchbiegt. Die
Konstruktion nach Abb. 118 weist keine durch
Verschraubung zusammengehaltene Fugen auf, wo-
durch meist eine größere Nachgiebigkeit zur Wir-

Abb. 117. Rundtakt-Bohrmaschine
in Stahlschweißbau.

kung kommt als bei geschweißten Konstruktionen.

Abb. 119 zeigt die Verrippung eines Bettes, bei dem die durch die Zwischenwände gebildeten Zellen an den Ecken durch schrägliegende trapezförmige Bleche

versteift worden sind. Diese schweiß-technisch günstige Verrippung stellt ein Element für die Gestaltung geschweißter Bauteile dar, welches unabhängig von der Art des Gestelles in gleicher Weise für Ständer und Betten zur Vermeidung ungünstiger Wandschwingungen und zur günstigen Kraftweiterleitung verwendet werden kann.

Der Vorteil von Sondermaschinen, die aus meist genormten Aufbaueinheiten bestehen, liegt in der bequemen Anpassung an die jeweiligen Bearbeitungsbedürf-

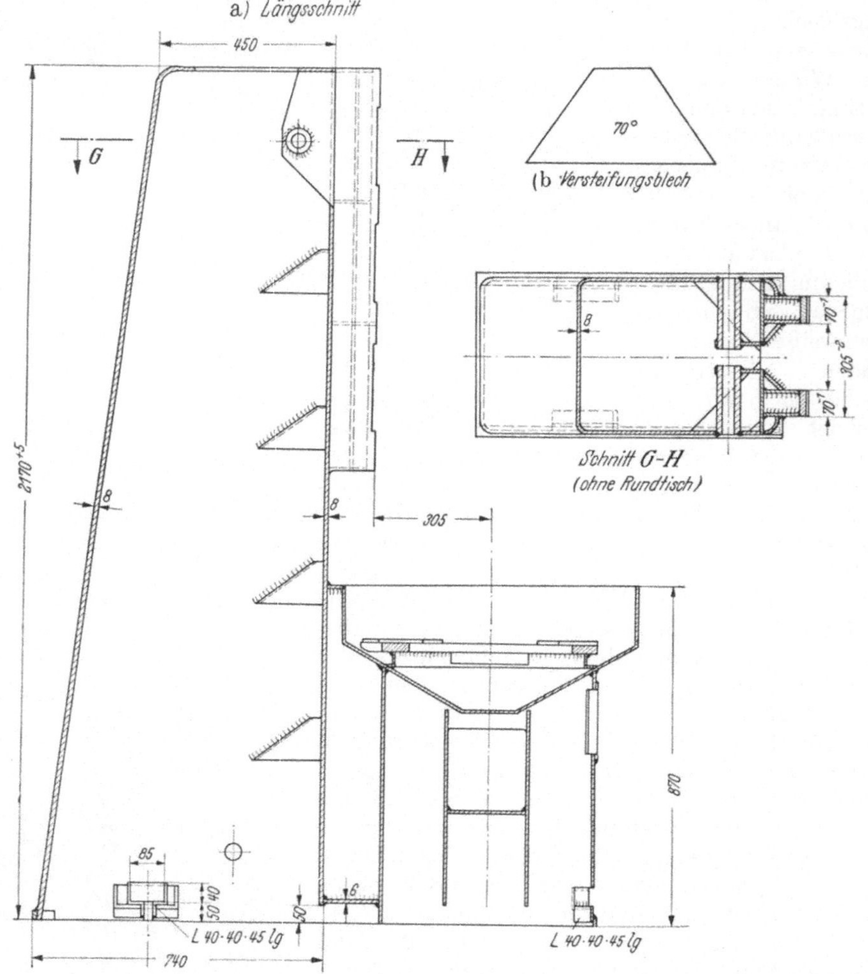

Abb. 118 a u. b. Maschinenständer mit angeschweißtem Tisch einer Senkrecht-Mehrspindelbohrmaschine.
a Längsschnitt durch Ständer und Tisch; b Versteifungsblech.

nisse (GOEBEL). Besonders leistungsfähig werden Sondermaschinen, wenn eine Vielzahl von Werkzeugen, z. B. Bohrern, *gleichzeitig* für die Bearbeitung *eines* Werkstückes eingesetzt werden. Die Abb. 120 u. 121 zeigen die Vorder- und Seitenansicht einer Zweiwege-Vielspindelbohrmaschine zum gleichzeitigen Bohren von 33 Bohrungen an Zylinderköpfen aus Leichtmetall.[1] Die Konstruktion wird an

[1] Die auf den Abb. 120 bis 122 und 124 gezeigten Fotos und die Konstruktionszeichnung dieser Sondermaschine sowie die auf den Abb. 125 bis 128 dargestellten Sondermaschinen hat die Herstellerfirma L. Burkhardt und Weber, Maschinenfabrik K. G., Reutlingen, zur Verfügung gestellt.

Hand der Originalzeichnungen nachstehend näher erläutert. Untergestell *1*, Torständer mit Haube *2* und Vorrichtung zum Spannen der Werkstücke *3* sind in Stahlschweißbau konstruiert. Diese Einzweckmaschinen besitzen zwei hydraulische Vorschubeinheiten *4* und *4a* Das zu bearbeitende Werkstück bestimmt die Wirkungsweise dieser Maschine und die Größe der Leistung für die Antriebsmotoren. Bohrspindelkasten *4* arbeitet senkrecht von oben nach unten und *4a* durch die torförmige Aussparung des Ständers in waagerechter Richtung von hinten nach vorn. Die Anzahl der in einer Vorschubeinheit angeordneten Bohrer beträgt im allgemeinen Fall n, wobei hervorgehoben wird, daß Bohrspindelkästen bis zu 118 Bohrspindeln aufweisen können. Außerdem können an hydraulische Portal-Vielspindel-Bohrmaschinen zwei weitere waagerecht arbeitende hydraulische Bohrspindelkästen hinzugefügt werden, wie es bei der Bearbeitung von Kurbelgehäusen für LKW-Dieselmotoren nötig ist. Sollen die elastischen Verformungen an solchen Werkzeugmaschinen-Gestellen klein gehalten werden, so muß bei der Konstruktion bedacht werden, daß für jeweils eine Bearbeitungsseite — also für jeden Bohrspindelkasten — die Summe der zur Wirkung kommenden Vorschubkräfte als Resultierende $R = \sum_{1}^{n} P_A$ die Gestelle verformt. Die Federzahlen der einzelnen Gestellteile müssen dieser Forderung gerecht werden, d. h. daß bei gleichzeitiger Wirkung von n_1-Bohrern

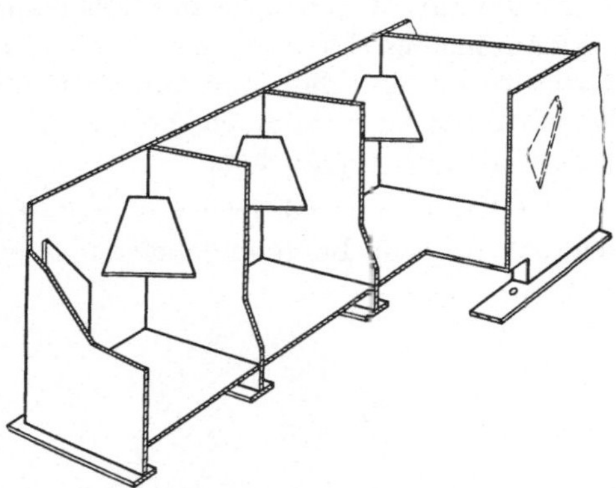

Abb. 119. Verrippung von Maschinenkörpern durch schrägliegende trapezförmige Bleche.

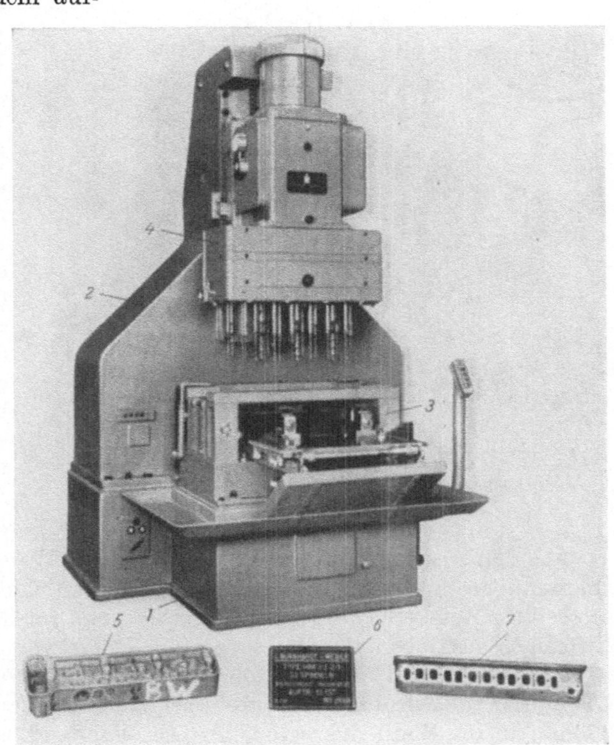

Abb. 120. Hydraulische Zweiwege-Vielspindel-Bohrmaschine (DRGM vom 18. 8. 39). Vorderansicht. *1* Untergestell, *2* Torständer, *3* Vorrichtung, *4* Hydraulischer Bohrspindelkasten (senkrecht), *5* u. *7* Beispiele von Werkstücken für diese Werkzeugmaschine, *6* Zusammenstellung der Maschinendaten. (Foto: Carl Näher, Reutlingen.)

gleicher Abmessung die Federzahl des Torständers n-mal so groß gewählt werden muß als bei einer einfachen Ständerbohrmaschine. Die Federzahl des Ständers in einer Vielspindelmaschine beträgt demnach $c_T = n_1 \cdot c_{St}$. Die Wandstärken sind bei diesen Vielspindelmaschinen dicker als an Ständern für übliche Bohrmaschinen. Aus diesem Grunde erscheint es zweckmäßig, den Begriff des Stahlleichtbaues nicht an eine maximale Wandstärke zu binden, sondern ihn davon unabhängig zu machen. Es kann meines Erachtens daraus eine Leichtbaukonstruktion bei größerer Wandstärke vorliegen. Man muß nur die Größe der wirkenden Kräfte kennen und die Konstruktion mit anderen normalen Ausführungen, die nicht auf Leichtbau abgestellt sind, vergleichen.

Der Forderung nach großer Biegesteifigkeit hinsichtlich der Aufnahme der Vorschubkräfte beim Bohrspindelkasten *4a* (s. Abb. 121) wird das Untergestell gerecht, welches eine große Bauhöhe von 550 mm aufweist. Die Konstruktion des Torständers ist aus Abb. 122 zu ersehen. Der Torständer ist durch Verschraubung an der Vorder- und Rückkante des Ständers sowie an den Innenseiten der torförmigen Aussparung mit dem Untergestell verschraubt (s. Abb. 120). Besonders wichtig ist die Verschraubung an der Vorderkante, weil an dieser Stelle die größten Zugbeanspruchungen infolge des Biegemomentes zur Wirkung kommen. Der von der Einspannstelle herrührende Anteil der gesamten Verformung wird dadurch klein gehalten und die Schrägstellung des Bohrgestelles infolge der Nachgiebigkeit des Untergestelles wegen der großen Bauhöhe desselben gering gehalten. Die Zusammenhänge sind aus Abb. 123 zu ersehen.

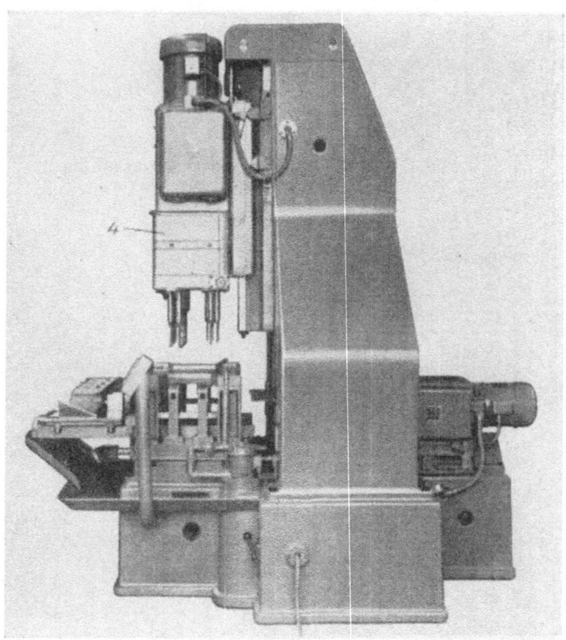

Abb. 121. Hydraulische Zweiwege-Vielspindel-Bohrmaschine (DRGM vom 18. 8. 39). Seitenansicht. *4* Hydraulischer Bohrspindelkasten (senkrecht), *4a* Hydraulischer Bohrspindelkasten (waagerecht). (Foto: Carl Näher, Reutlingen.)

Aus den Zeichnungen auf Abb. 122 sind die Wandstärken, die Verrippung der Querschnitte und die Anordnung der Schweißnähte zu erkennen. Ein eingeschweißtes Rohr erleichtert den Transport, und für die Verlegung der elektrischen Leitungen sind ebenfalls eingeschweißte Rohre vorgesehen. Die Aussparung mit 970 mm Breite und 515 mm Höhe dient für die Vorschubeinheit *4'* (s. Abb. 121). Die durch die Öffnung bedingte Verminderung der Steifigkeit wird durch ein 25 mm dickes Blech ausgeglichen. Die Wandstärken der für diesen Torständer verwendeten Bleche beträgt in der Hauptsache 12 mm. Nur die unteren Abschlußplatten, die für die Verschraubung mit dem Untergestell dienen, sind 40 mm stark. Der Schnitt *A—A* zeigt einen Längsschnitt durch den Torständer und läßt die Anordnung des 1152 kg schweren Gegengewichtes erkennen. Innerhalb des hierfür nötigen Raumes kann keinerlei Verrippung vorgesehen werden. Nur vorn ist durch eine senkrechte, eingeschweißte Wand und durch Zick-Zack-Rippen eine kräftige Versteifung erzielt worden. Die Haube nach Abb. 124 bildet den Abschluß des Ständers. Hierfür beträgt die Wandstärke nur 4 mm, indessen kräftige Winkeleisen die Lagerung der Gegengewichtsrolle aufnehmen. Die Zugaben für die bearbeiteten Flächen betragen meist 5 mm; sie können im ungünstigsten Falle 10 mm ausmachen.

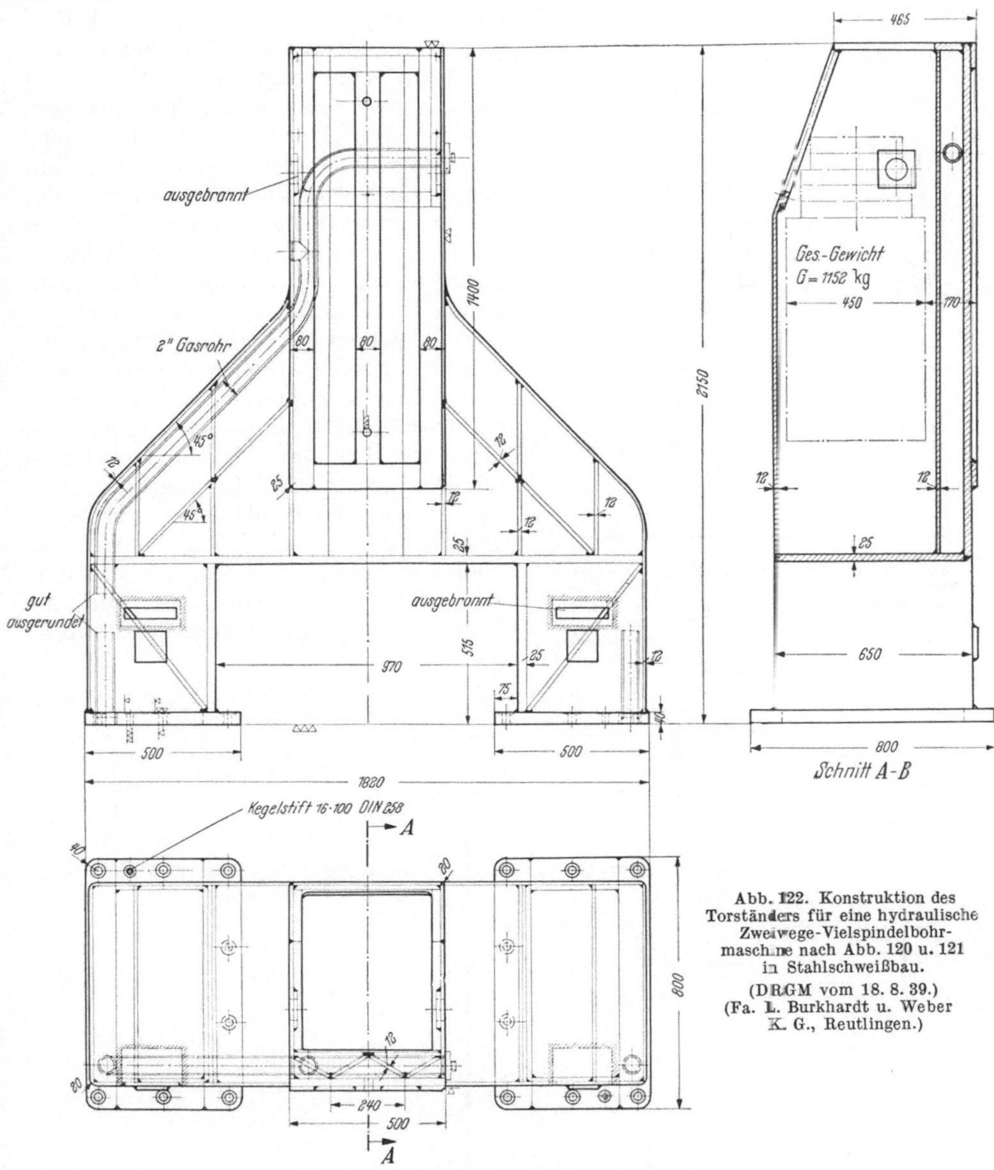

Abb. 122. Konstruktion des Torständers für eine hydraulische Zweiwege-Vielspindelbohrmaschine nach Abb. 120 u. 121 in Stahlschweißbau.
(DRGM vom 18. 8. 39.)
(Fa. L. Burkhardt u. Weber K. G., Reutlingen.)

Abb. 125 zeigt eine hydraulische Dreiwege-Vielspindelbohr- und Gewindebohrmaschine mit hydraulischem Drehtisch für die Bearbeitung von Zylinderköpfen. Maschinen-Unterteil, beide Ständer, Bohr-Lünette und Aufnahmevorrichtungen für die Werkstücke sind in Stahlschweißbau konstruiert. Der hydraulische Drehtisch mit 1550 mm Durchmesser besitzt sechs Schaltstellungen. Das Maschinenunterteil dient als Behälter für das Kühlmittel, außerdem sind Pumpe und

7*

Ölbehälter der Drehtisch-Hydraulik eingebaut. Die Konstruktion der beiden Ständer ist bereits an Hand der Zeichnungen der Abb. 118 näher erläutert worden.

Die folgende Abb. 126 zeigt die Konstruktion eines Untersatzes für einen Drehtisch für Gelenk-Spindelbohrmaschinen. Der Drehtisch ermöglicht es, während

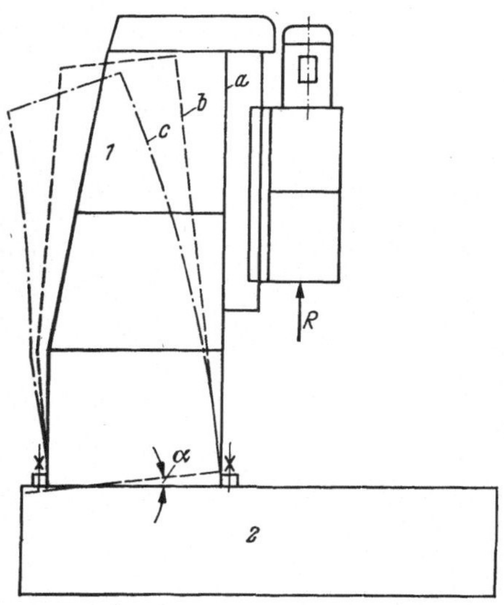

des Arbeitsganges ein fertiges Werkstück gegen ein unbearbeitetes auszutauschen. Die beim Bohren auftretenden Kräfte und Momente werden von den Spindelträgern auf die Bohrglocke und auf den Bohrschlitten mit seinen langen Prismenführungen und schließlich auf den Ständer übertragen. Für die Bemessung der Ständer sind die beim ungünstigsten Bohrbild auftretenden Kräfte maßgebend. Oben erwähnte Abb. 126 zeigt die Konstruktion eines kleineren Drehtischuntersatzes für einen Drehtisch mit 650 mm Durchmesser. Der auf die Grundplatte von Gelenk-Spindelbohrmaschine aufgesetzte Untersatz dient zur Aufnahme des handgeschalteten Drehtisches. Der Drehtischuntersatz nimmt die Vorschubkräfte von allen gleichzeitig wirkenden Bohrern auf und muß aus diesem Grunde genügend steif sein. Dieser Forderung wird die aus 12 mm dickem Blech bestehende Kon-

Abb. 123. Verformung eines auf dem Untergestell *2* verschraubten Torständers *1* durch die resultierende Vorschubkraft *R*. *a* unverformt; *b* Schrägstellung infolge Nachgiebigkeit des Untergestelles und der Verschraubung (Winkel α); *c* Eigenverformung des Ständers und Schrägstellung.

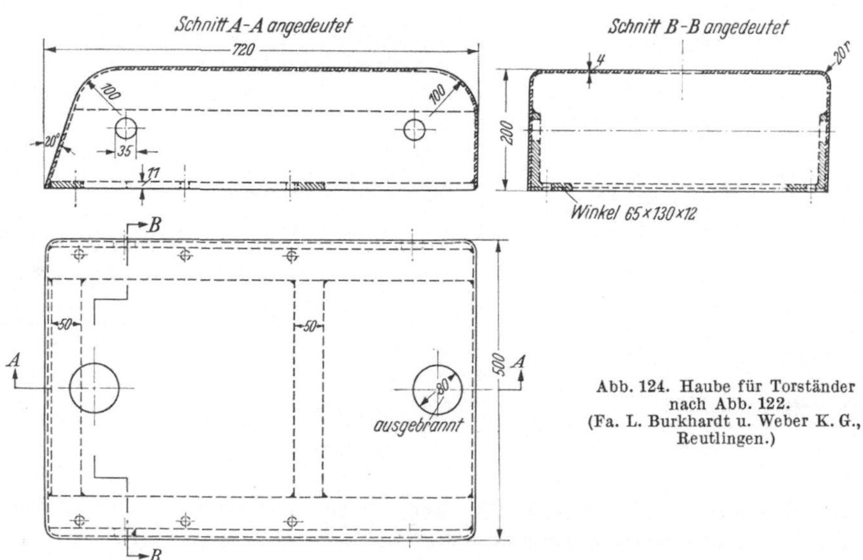

Abb. 124. Haube für Torständer nach Abb. 122. (Fa. L. Burkhardt u. Weber K. G., Reutlingen.)

struktion voll und ganz gerecht. Die untere Abschlußplatte ist bei dieser Konstruktion 25 mm stark. Zwei Kegelstifte dienen zum Zentrieren des Untersatzes und vier Durchgangslöcher zum Festschrauben auf der Grundplatte. Kennzeichnend für die Verrippung sind zwei unter 60° geneigte dachförmig angeordnete 12 mm starke Bleche. Sie leiten die Kräfte gut auf die Grundplatte über.

Abb. 127 zeigt eine Zweiwege-Vielspindel-Gewindebohrmaschine zum Gewindebohren an Kopf und Trennflächen von Kurbelgehäusen. Das bettförmige Untergestell, Vorrichtung für die Werkstückaufnahme und Festspannung, sowie die Abdeckhauben sind in Stahlschweißbau konstruiert. Diese Sondermaschine ist ein Teilstück einer Transferstraße, die aus sieben Zweiwegemaschinen besteht. Einen Ausschnitt aus einer Transferstraße mit Sondermaschinen in Stahlschweißbau zeigt Abb. 128. 76 Operationen: Ablängen, Anfräsen, Tauchfräsen, Nutenfräsen, Schlitzfräsen, Außendrehen, Schruppen und Schlichten, Anplanen, Bohren, konisch Bohren, Anfasen, Zentrieren, Reiben, konisch Reiben werden bei automatischen Werkstücktransport ausgeführt. Die Werkstücke durchlaufen auf Werkstückträgern die Anlage, werden unterwegs selbsttätig um 90° geschwenkt und werden auf einer Rückführbahn zur Lade- und Spannstation zurückgebracht.

Unter Transferbetrieb versteht man vollmechanisierte

Abb. 125. Hydraulische Dreiwege-Vielspindelbohr- und Gewindebohrmaschine mit hydraulischem Drehtisch in Stahlschweißbau. (Fa. L. Burkhardt u. Weber K. G., Reutlingen.)

Fließarbeit, bei dem Transport, lagerichtiges Festspannen der Werkstücke, und der ganze Arbeitsablauf selbsttätig erfolgen. Die Vorteile des Stahlschweißbaues kommen bei diesen Sondermaschinen und Transferstraßen, die nach dem Baukostenprinzip aus teils werksgenormten Einheiten aufgebaut sind, voll zur Geltung. Bei Umstellung auf andere Werkstücke können durch Abtrennen oder Hinzufügen von Blechen Veränderungen an den geschweißten Gestellen leicht vorgenommen werden. Die Abb. 120 bis 125 zeigen eine Entwicklung auf, die in mehr als 15 jähriger intensiver Pionierarbeit auf dem Gebiet der Vielspindeligen Sondermaschinen bis zu umfangreichen Transferstraßen neue Anregungen für den Stahlschweißbau gegeben hat.

Das Prinzip der leichten Umstellbarkeit und die außerordentlich konstruktive Beweglichkeit, die dadurch gegeben ist, daß keine Modelle erforderlich sind, erscheinen als wichtiger Faktor für die Verwendung von Gestellen im Stahlschweißbau.

Feinstbohrwerk.[1] Im Abschnitt F. 1, S. 67 wurde ein Feinbohrwerk beschrieben, welches als Versuchsmaschine aus besonders dünnem Blech hergestellt worden ist. Abb.129 zeigte dieses Versuchsmodell in der Baustufe I. Die Ergebnisse der statischen und schwingungstechnischen Untersuchungen sind in der Zahlentafel 3 zusammen-

---

[1] Abb. 129 u. 130 wurden freundlicherweise von der Herstellerfirma Wiedemann K. G., Düsseldorf, zur Verfügung gestellt.

gefaßt. Bei dem in Abb. 129 dargestellten betriebsfertigen Feinstbohrwerk *EF 2* sind die beiden Bohrspindeln waagerecht angeordnet, indessen bei dem vorher erwähnten Feinbohrgestell eine senkrechte Anordnung gewählt worden ist. Hohe

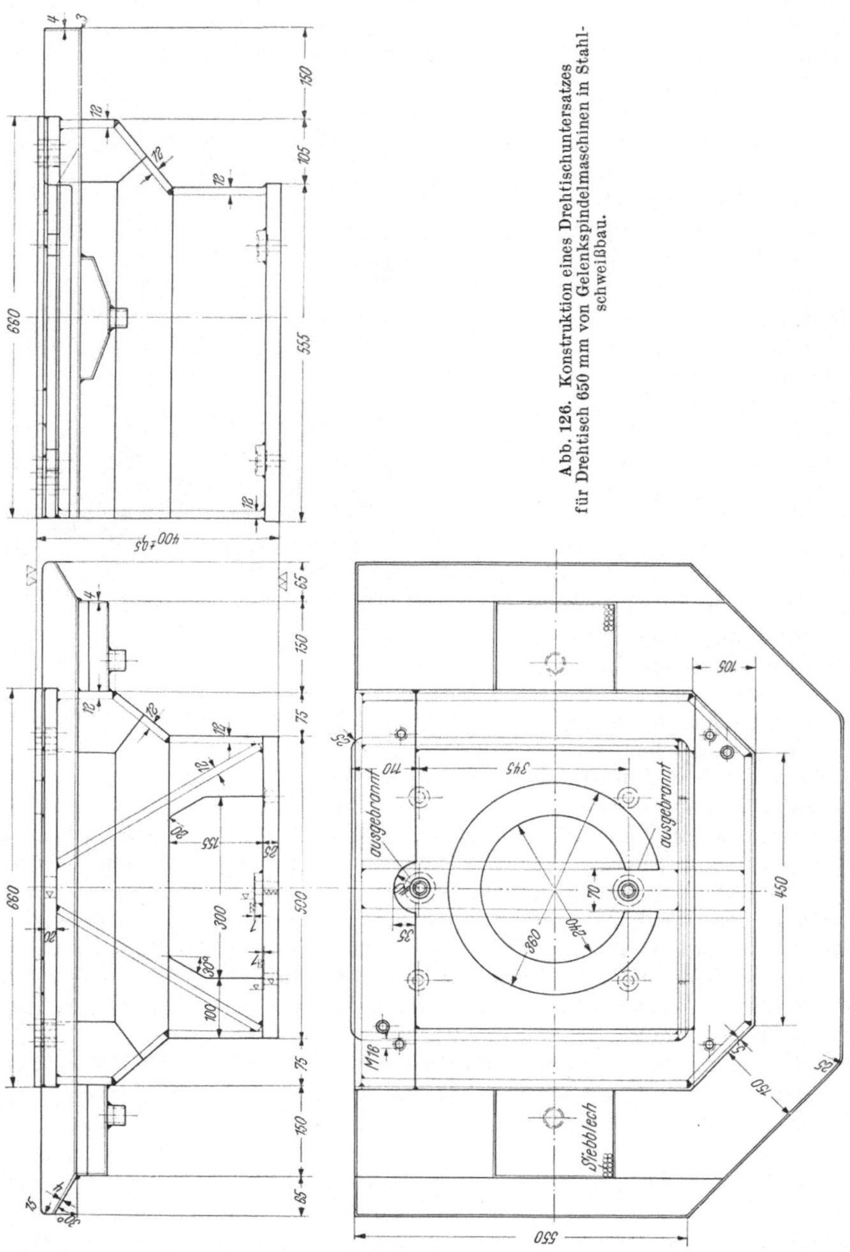

Abb. 126. Konstruktion eines Drehtischuntersatzes für Drehtisch 650 mm von Gelenkspindelmaschinen in Stahlschweißbau.

Arbeitsgenauigkeit von mindestens 5 μ und beste Oberflächengüten $> 1\,\mu$ müssen auf Feinstbohrwerken erzielt werden. In beiden Fällen erfolgt die Bearbeitung bei stillstehendem Werkstück. Die Glättung der äußeren Form der betriebsfertigen

Maschine wurde durch Verwendung eines Gestelles in Stahlschweißbau in vollkommener Weise erreicht. Die Konstruktion des Gestelles ist aus Abb. 130

Abb. 127. Zweiwege-Vielspindelgewindebohrmaschine in Stahlschweißbau.
(Hersteller: L. Burkhardt & Weber K. G., Reutlingen. Foto: C. Näher, Reutlingen.)

zu ersehen. Die beiden Feinstbohreinheiten liegen im Abstand von 550 mm parallel zueinander auf bearbeiteten Auflagern. Das Gestell ist durchweg aus 8 mm dickem Blech zusammengeschweißt. Die vier Außenbleche sind durch Eckstumpfnähte verbunden. Der Querschnitt entspricht der im Abschn. F. 1, S. 62 bei den Elementen untersuchten Kastenform 1 (s. Abb. 75). In statischer Hinsicht hat sich diese Anordnung der Schweißnähte nicht günstig erwiesen, jedoch erreicht man durch die leicht abgerundeten Schweißnähte einen guten Übergang. Die Unterteilung des Gestelles erfolgt nach den Grundsätzen des Zellenbaues durch Zwischenwände, die für die Unterbringung

Abb. 128. Transferstraße zur Bearbeitung von Achsschenkeln aus Stahl mit automatischem Werkstücktransport Maschinengestelle, Vorrichtungen und Werkstückträger in Stahlschweißbau.
(Hersteller: L. Burkhardt & Weber K.-G., Reutlingen.)

Abb. 129. Zweispindeliges Feinstbohrwerk *EF 2*. Gestell in Stahlschweißbau. (Hersteller: Fa. Wiedemann K.-G., Düsseldorf.)

der Motore Aussparungen besitzen. Eine zusätzliche Vergrößerung der Dämpfung durch Anbringung von Scheuerflächen ist nicht vorhanden. Die von den umlaufenden Feinstbohrspindeln sowie von den Motoren herrührenden Massenkräfte bestimmen die Güte der Maschine in schwingungstechnischer Hinsicht. Bei einer Motorleistung von 2 PS können bis zu einer höchsten Drehzahl von 4000 U/min Vorschübe von $7 \cdots 100\ \mu$/U eingestellt werden.

Beachtlich ist, daß außer den bereits seit vielen Jahren bekannten Schleifmaschinen in Zellenbauweise nach C. Krug, über die im nächsten Abschnitt H. 4. berichtet wird, und außer vielen Gestellen für zerspanende Werk-

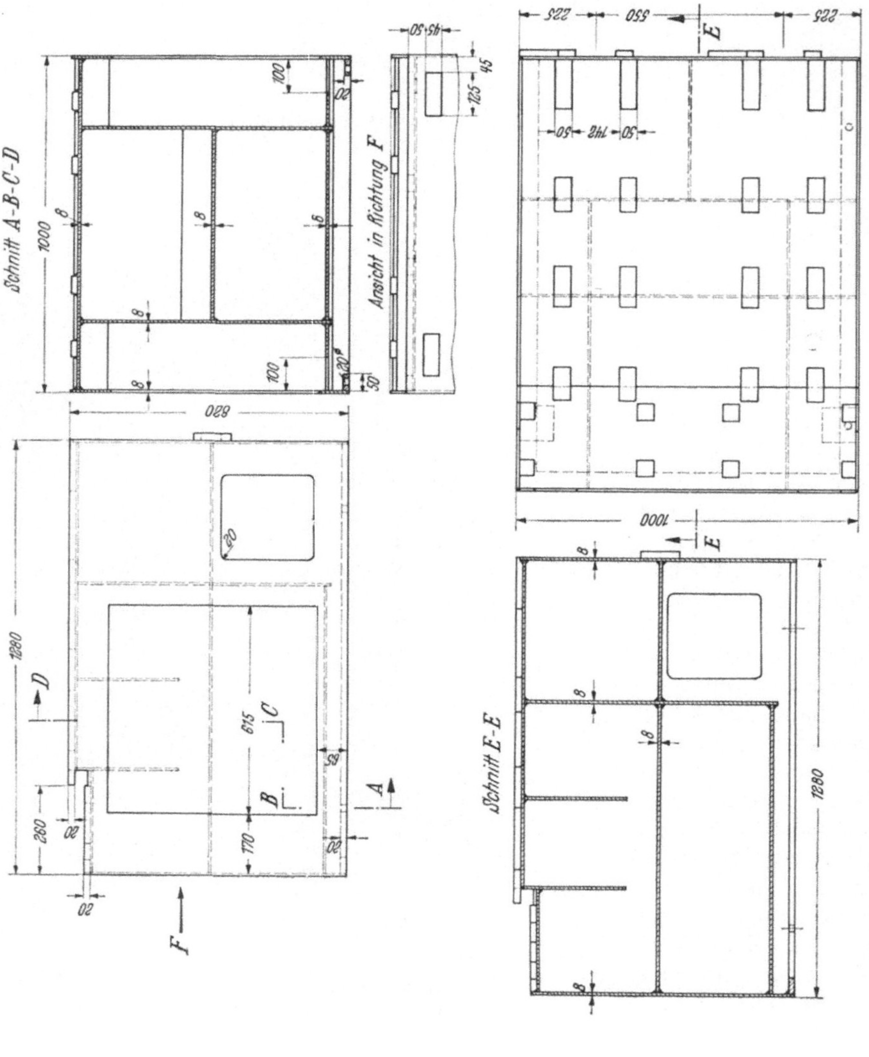

Abb. 130. Konstruktion des Gestelles für Zweispindeliges Feinstbohrwerk *EF 2* in Stahlschweißbau nach Abb. 129.

zeugmaschinen wie Drehbänke, Fräs- und Räummaschinen und Sondermaschinen, auch Konstruktionen von Gestellen für Feinstbohrwerke in Stahlschweißbau verwendet werden.

4. Schleifmaschinen in Zellenbauweise.[1] An Hand der bisher besprochenen Konstruktionen sind als Grundformen für den Stahlschweißbau die rohrförmigen Zellen a, die quaderförmigen b und die prismatischen c zu erkennen. Abb. 131 zeigt Zellen und Zellengruppen beim Stahlschweißbau von Werkzeugmaschinen. Der Zellenbau für Schweißmaschinen verwendet vorzugsweise Zellenanordnungen nach Abb. 131d und e. C. KRUG, der Pionier der Zellenbauweise, hat den Stahlschweißbau in dieser

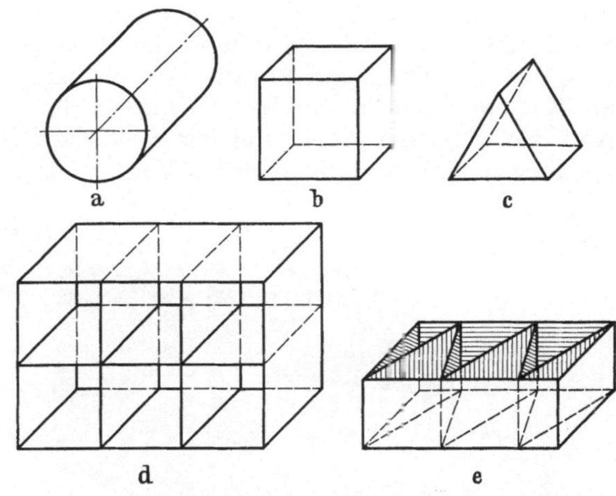

Abb. 131a bis e. Zellen und Zellengruppen beim Stahlschweißbau für Werkzeugmaschinen. Grundformen a, b und c Zellengruppen: d und e.

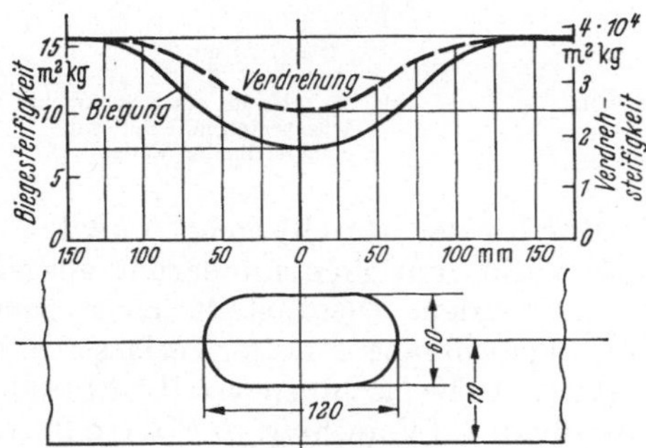

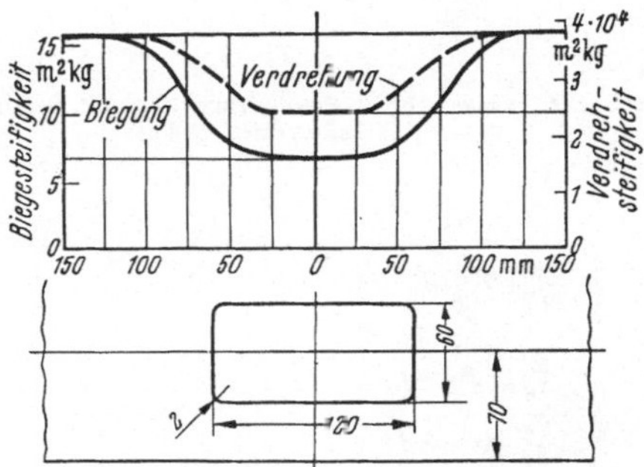

Abb. 132. Minderung der Steifigkeit an Kastenformen nach THUM und PETRI.

Form im Werkzeugmaschinenbau eingeführt [1—4]. Die in den letzten 25 Jahren stetig zunehmende Anwendung dieser auf Leichtbau abgestimmten Bauweise hat die Richtigkeit der damals neuen Bauweise bestätigt. Die Zellenbauweise entsteht durch sinngemäße Aneinanderreihung von Zellen — meist *gleicher* Größe —, wodurch die Zuschnittfragen vereinfacht werden und bei Verwendung von quaderförmigen Zellen eine restlose Blechausnutzung, ohne Abfall,

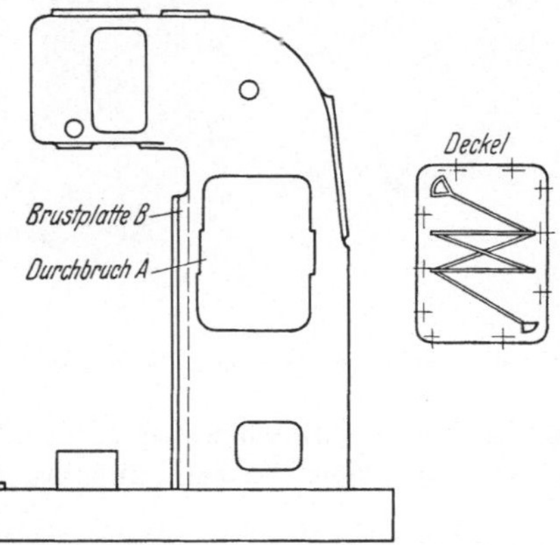

Abb. 133. Gestaltung des Deckels zur Versteifung des Durchbruches A an einem Gestell für Senkrecht-Fräsmaschine.

---

[1] Der Aufbau ruhender und bewegender Gestellteile von Werkzeugmaschinen — in Sonderheit Schleifmaschinen — ist in den beiden Patentschriften Nr. 575939 und 606422 von Dr.-Ing. CARL KRUG, Frankfurt/Main ausführlich dargelegt.

sichergestellt ist. Zur Vereinfachung der Herstellung können die Zellen satzweise im Ziehverfahren hergestellt werden. Zum Durchführen von Antriebswellen, Rohren usw. sind die Zellenwände mit Durchbrüchen versehen. Die Beeinträchtigung der Steifigkeit infolge der Durchbrüche haben beispielsweise THUM und PETRIE — allerdings an Kastenformen in Gußbau — untersucht. Abb. 132 zeigt die Minderung der Steifigkeit bei Biegen und Verdrehen. Durch Versteifung

Abb. 134. Waagerecht-Flachschleifmaschine mit Bettin Zellenbau. Zellen eingezeichnet.

Abb. 135. Ständer einer Senkrecht-Flächenschleifmaschine mit eingezeichneten Zellen.

Abb. 136.
Rundtischflachschleifmaschine; Gesamtansicht.

des Randes der Durchbrüche muß konstruktiv die Steifigkeitsminderung ausgeglichen werden. Diese stellt meist eine schwierige Aufgabe dar. Der Verfasser hat an einem Fräsmaschinengestell in Stahlschweißbau auf Vorschlag von Herrn Prof. Dr.-Ing. KIENZLE die versteifende Wirkung eines in einen seitlichen großen Durchbruch mit Übermaß eingepreßten verrippten Deckels untersucht (s. Abb. 133). Die statischen und kinetischen Federzahlen bei Biegen und Verdrehen wurden dadurch nicht nennenswert verbessert[1]. Es darf jedoch nicht aus diesem Einzelversuch gefolgert werden, daß durch solche Maßnahmen keine Verbesserung der Steifigkeit erzielt wird, weil die Konstruktion des Querschnitts in den einzelnen Höhen eine Rolle spielt. An geschweißten Gestellen werden Durchbrüche zwecks Vermeidung von Verziehungen besser im fertigen Zustand angebracht, insbesondere dann, wenn nur schmale Stege

---

[1] Das erwähnte Gestell für Senkrecht-Fräsmaschinen ist ebenfalls nach Entwürfen von der Fa. Diskus-Werke hergestellt worden (s. Abb. 151). Über die Untersuchungen wird auf S. 116/18 berichtet.

übrigbleiben. Am fertig geschweißten Gestell sind die Bleche eingespannt und können sich dadurch weniger verziehen.

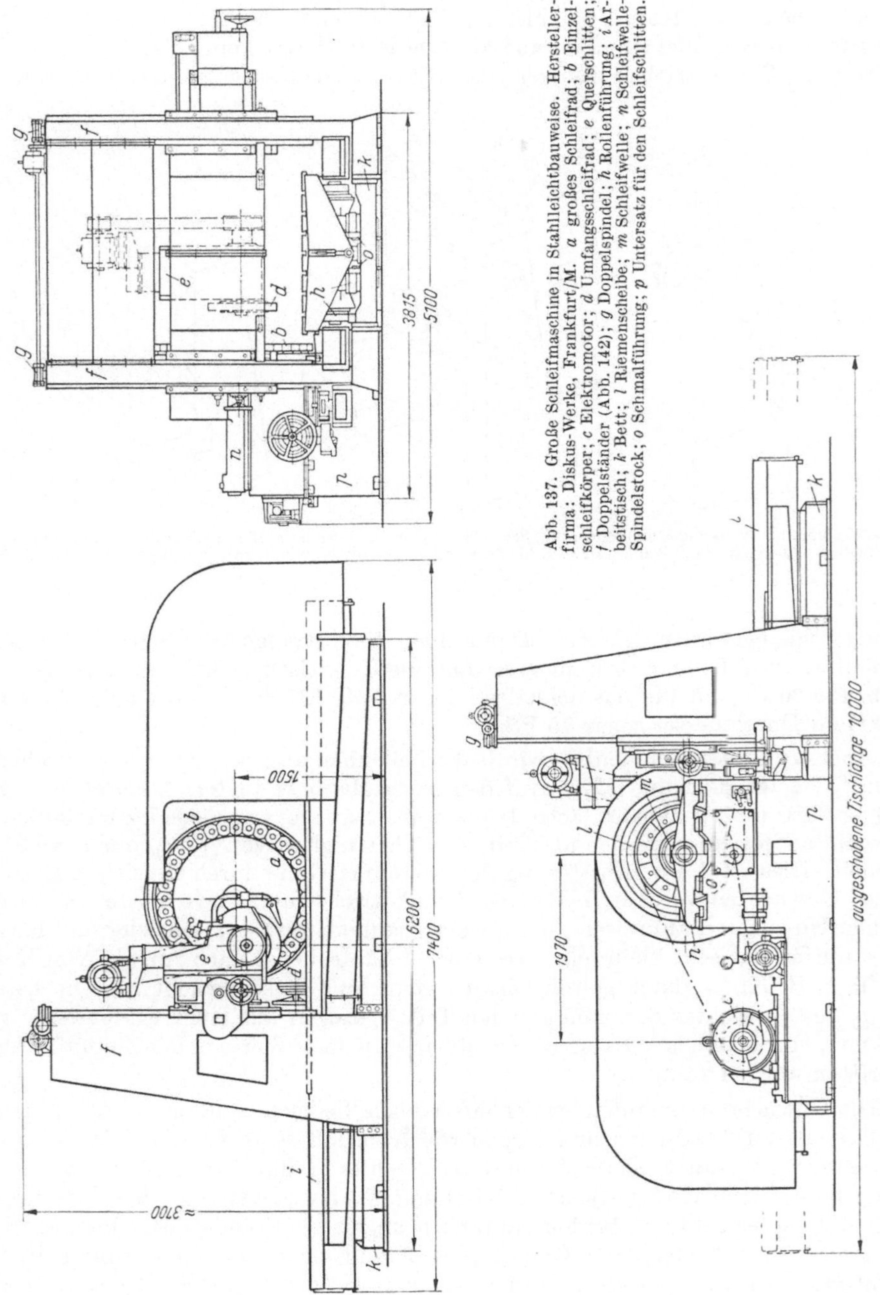

Abb. 137. Große Schleifmaschine in Stahlleichtbauweise. Herstellerfirma: Diskus-Werke, Frankfurt/M. *a* großes Schleifrad; *b* Einzelschleifkörper; *c* Elektromotor; *d* Umfangsschleifrad; *e* Querschlitten; *f* Doppelständer (Abb. 142); *g* Doppelspindel; *h* Rollenführung; *i* Arbeitstisch; *k* Bett; *l* Riemenscheibe; *m* Schleifwelle; *n* Schleifwelle-Spindelstock; *o* Schmalführung; *p* Untersatz für den Schleifschlitten.

Die nachfolgenden Abbildungen vermitteln den Aufbau und die Konstruktion von Schleifmaschinen in Zellenbauweise. Die Zellenanordnung ist im Bett einer

Waagerecht-Flächenschleifmaschine nach Abb. 134 deutlich zu erkennen. Einen Torständer für eine Senkrecht-Flächenschleifmaschine mit eingezeichneter Zellenanordnung zeigt Abb. 135. Die Wandstärken der verwendeten Bleche betragen je nach Größe der auftretenden Schleifkräfte 3 und 5 mm, bei schweren Schleifwerken 7 bis 10 mm. Besonders muß darauf geachtet werden, daß keine Wandschwingungen auftreten. Die Antriebsleistungen von Flächenschleifmaschinen sind wegen der

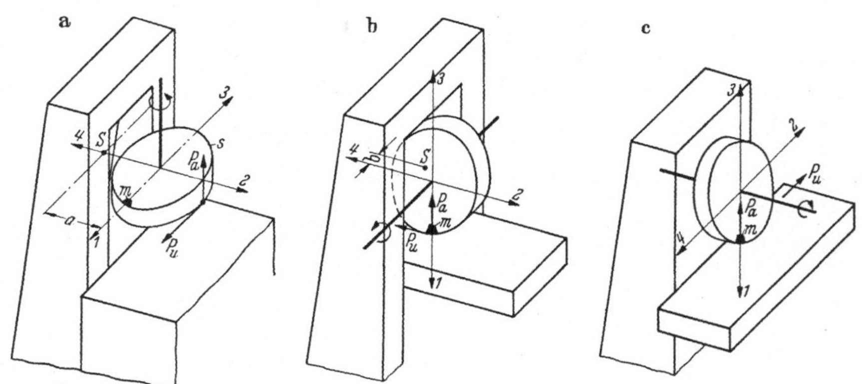

Abb. 138a bis c. Kraftwirkungen an Ständern für Schleifmaschinen durch Schleifkräfte und Restunwuchten der Scheiben. a Schleifrad mit senkrechter Welle (ss); b Schleifrad mit waagerechter Welle (sw); c Schleifscheibe für Umfangsschliff (su).

hohen Schleifgeschwindigkeiten beträchtlich. Sie betragen beispielsweise bei einem Schleifrad mit 600 mm Durchmesser für eine Rundtischflachschleifmaschine nach Abb. 136 26 Ps und für das Schleifrad der in Abb. 137 dargestellten Maschine mit 1600 mm Durchmesser sogar 75 PS.

Auch im Großmaschinenbau wurde der Zellenbau angewendet, wie vorstehende Abb. 137 zeigt (C. KRUG [3]). Auf den hydraulisch bewegten Arbeitstisch i mit 1600 × 3000 mm Aufspannfläche können Werkstücke von 5000 kg bis 30000 kg Gewicht aufgespannt werden und mit einer Genauigkeit von $\pm\,^3/_{100}$ mm geschliffen werden. Dies setzt eine Entstörung der Schleifmaschine durch Beseitigung schädlicher Unwuchten voraus (H. KRUG). Die Antriebs- und Hilfsmotore dürfen nur geringe Unwuchten aufweisen, und die Ungenauigkeiten der Zahnräder und Kugellager dürfen nur sehr klein sein. Verfeinerte Laufruhe ist nach Angabe von Herrn Dr.-Ing. H. KRUG dann gewährleistet, wenn eine Restunwucht von höchstens $^1/_{20\,000}$ des Gewichtes der umlaufenden Teile, bezogen auf einen Halbmesser von 100 mm, vorhanden ist. Es ist aber denkbar, daß diese Werte in der Zukunft unterschritten werden können.

Die Unwuchten umlaufender Schleifscheiben, Segmenträder usw. beanspruchen die Gestelle auf Verdrehen und Biegen wie Abb. 138 zeigt. In Abb. 138a sind ein Torständer und ein Schleifrad s mit senkrechter Welle dargestellt. Eine Restunwucht m verursacht bei jeder Umdrehung Kraftwirkungen in den Richtungen 1 bis 4 entsprechend den beiden Hauptrichtungen des Ständerquerschnittes. Der Ständer wird seitlich in der Richtung 1—3 und nach vorn und hinten in der Richtung 2—4 durchgebogen. Ferner kommt wegen der außermittigen Lage der Schleifradachse gegenüber der Schwerpunktsachse des Ständers ein periodisch veränderliches Moment zur Wirkung, wodurch der Ständer je nach dem Frequenzverhältnis Drehschwingungen ausführt. Hinzu kommen die Schleifkräfte P_u in

Umfangsrichtung, die den Ständer verdrehen, und P_a parallel zur Schleifscheibenachse, die den Ständer verbiegen. Aus diesen Darlegungen erkennt man, daß die Aufstellung von Schleifmaschinen bzw. die Verschraubung von Ständer mit Grundplatte wegen der allseitigen Kraftwirkungen besonders sorgfältig vorgenommen

Abb. 139. Schleifmaschine mit zwei zueinander schrägstellbaren Schleifrädern in Zellenbauweise.

werden muß. Es wird an dieser Stelle auf die theoretischen Zusammenhänge im Abschn. D. 2, S. 49 hingewiesen. Die Kraftwirkungen bei zwei weiteren Lagen der Schleifwelle zeigen die Abb. 138 *b* und *c*. Die Lage der Schleifradachse muß nicht

unbedingt eine der drei Arten — wie sie in Abb. 138 dargestellt sind — aufweisen, vielmehr kann sie auch schräg im Raum liegen. In Abb. 139 ist eine Schleifmaschine mit zwei zueinander schrägstellbaren Schleifrädern in Stahlschweißbau dargestellt.

Die umlaufenden Unwuchten stellen Erregerkräfte für erzwungene Schwingungen der Gestelle dar, die bei veränderlicher Drehzahl — wie dies bei Schwingungsuntersuchungen der Fall ist — zu zwei- oder

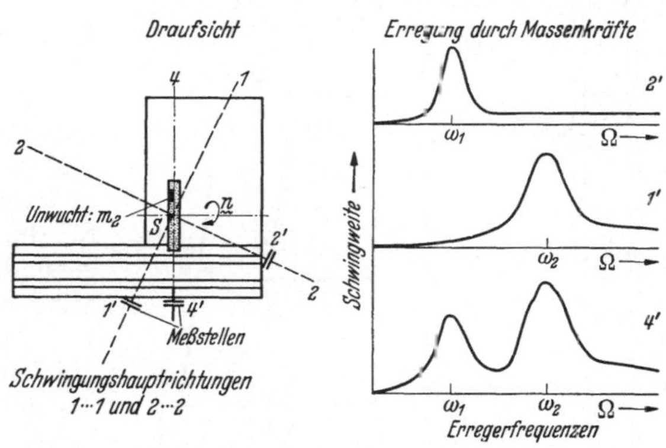

Abb. 140. Schwingungs-Hauptrichtungen und Resonanzkurven eines Schleifmaschinenbettes.

dreihöckerigen Resonanzkurven führen. Abb. 140 zeigt die Entstehung einer 2-höckerigen Resonanzkurve mit zwei Biege-Eigenfrequenzen. Die Einzelheiten können aus der Abb. 140 entnommen werden. Der gewählte Bettquerschnitt ist unsymmetrisch, jedoch bei den symmetrischen Querschnitten liegen die Verhältnisse nicht anders, nur liegen die Schwingungshauptrichtungen symmetrisch zum Querschnitt. 3-höckerige Resonanzkurven treten bei Vorhandensein eines periodisch veränderlichen Momentes in Erscheinung. Schwingungsuntersuchungen an Werkzeugmaschinen lassen einerseits vielerlei Erregerkräfte und andererseits Eigen-

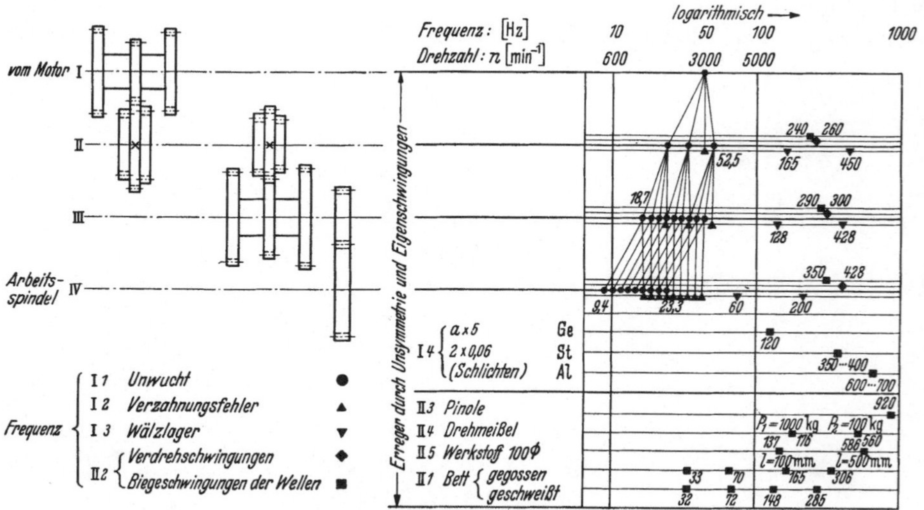

Abb. 141. Frequenzschaubild einer Drehbank (nach Prof. KIENZLE).

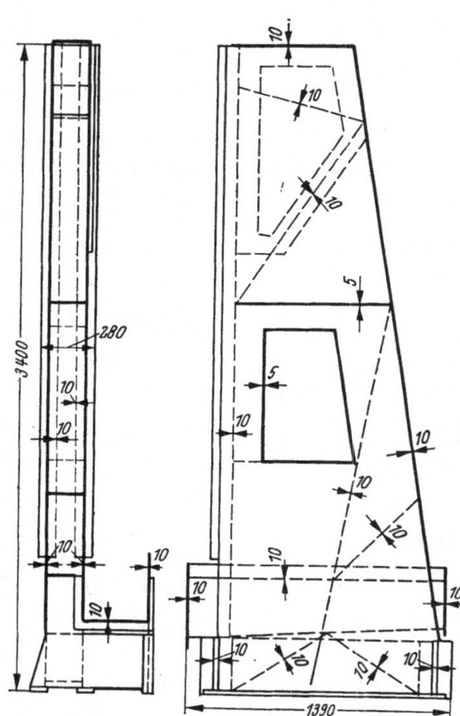

Abb. 142. Aufbau der beiden Ständer in Zellenbauweise aus Stahlblechen von 10 mm Dicke.

schwingzahlen erkennen. Die Gesamtheit aller beobachteten und errechneten Werte hat Herr Prof. KIENZLE das „Frequenzschaubild" einer Werkzeugmaschine benannt [1]. Abb. 141 zeigt ein solches Frequenzschaubild.

Die Verdrehbeanspruchung führt zu geschlossenen Kastenformen und die Biegebeanspruchung zu Gestellen und Betten mit großer Biegesteifigkeit $B = E \cdot I$ (s. S. 48). Bekanntlich hat nur der Kreis bezüglich beliebiger Achsen gleich große Biegesteifigkeit. Bei anderen Querschnittsformen sind die für die beiden Hauptrichtungen maßgebenden Werte gleich groß zu wählen. Mit dem großen Schleifrad a (s. Abb. 137) von 1600 mm Durchmesser werden die Seitenflächen geschliffen, wobei der Antriebsmotor eine Leistung von 75 PS besitzt. Die dazu senkrecht liegenden Flächen können mit einem Umfangsschleifrad von 700 mm Durchmesser bearbeitet werden. Der zugehörige Schleifschlitten ist am Doppelständer f angeordnet. Den Aufbau der beiden Ständer in Zellenbauweise aus 10 mm dickem Stahlblech zeigt Abb. 142. Erwähnenswert ist die kurze Zeit vom Entwurf bis zur Fertigstellung dieser Maschine. Für den Entwurf und die Detailzeich-

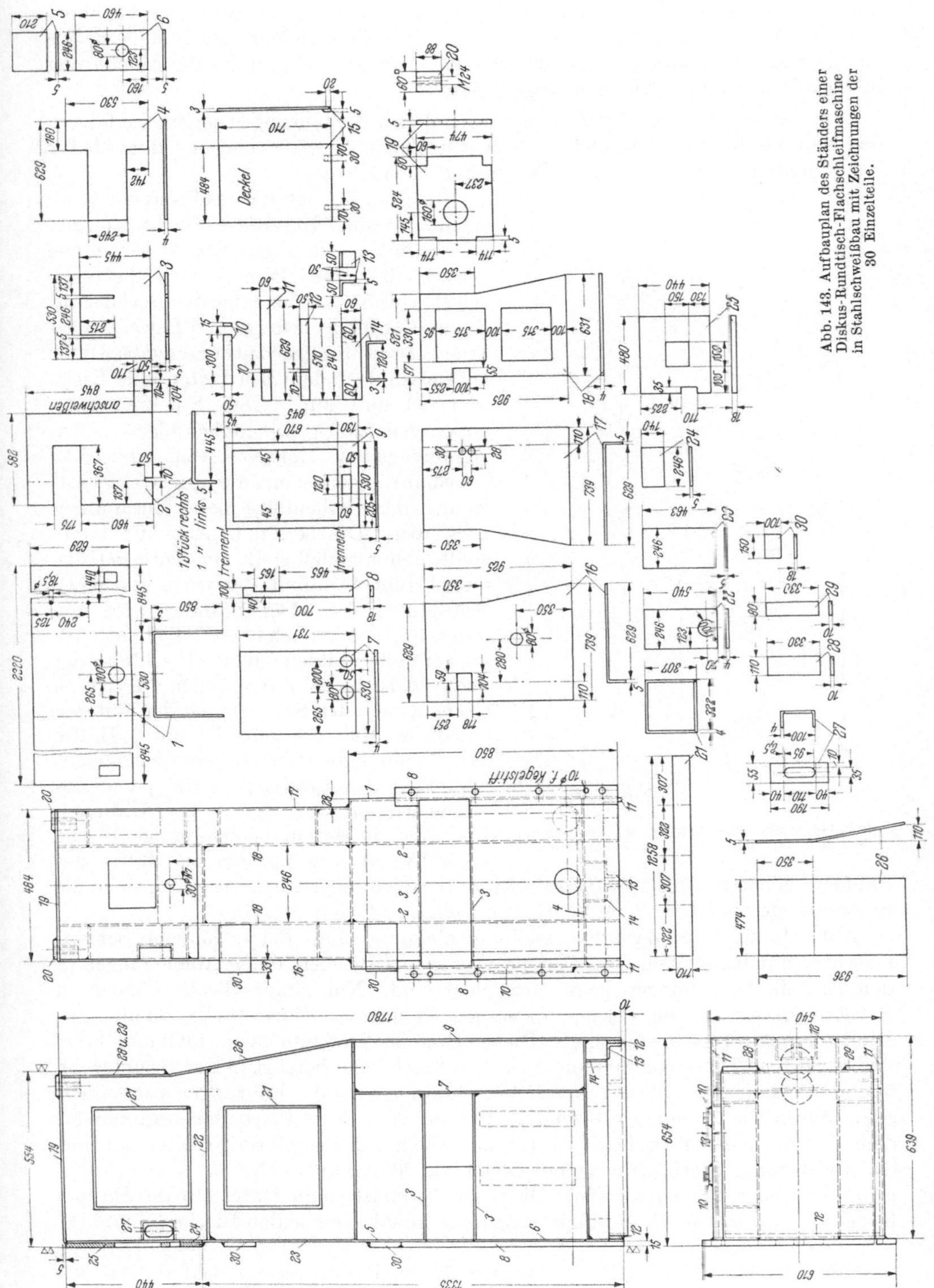

Abb. 143. Aufbauplan des Ständers einer Diskus-Rundtisch-Flachschleifmaschine in Stahlschweißbau mit Zeichnungen der 30 Einzelteile.

nungen wurden vier Wochen benötigt, für die Herstellung der Stahlbauteile ebenfalls vier Wochen und für die Bearbeitung, einschließlich Montage, 3 Monate. Die fertige Schleifmaschine hat ein Gewicht von etwa 22000 kg, indes die Ausführung in Gußeisen etwa 50000 kg gewogen hätte.

Aus der ungeheueren Vielfalt der vorhandenen Ausführungen zeigen die folgenden Abb. 144 bis 148 kennzeichnende Konstruktionen der wichtigsten Bauteile für Schleifmaschinen[1] wie Ständer, Betten und Spindelstock.

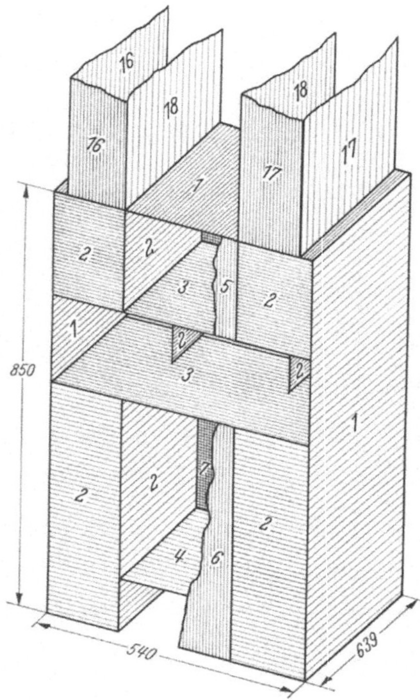

Abb. 144. Aufbau des Ständers nach Abb. 136 nach dem Schweißen der Bleche *1* bis *7* und *16* bis *18*.

In Abb. 145 ist der Aufbauplan eines Ständers einer Rundtisch-Flachschleifmaschine mit Zeichnungen der 30 Einzelteile dargestellt. Die Blechstärken betragen meist 4 bis 5 mm, diejenige des Deckels nur 3 mm. Für die Führungs- und Befestigungsteile beträgt die Bearbeitungszugabe 3 mm; sie weisen nach dem Bearbeiten eine Dicke von 18 mm auf. Die Stücknummern geben gleichzeitig die Reihenfolge des Anschweißens an. Zur Arbeit im Konstruktionsbüro gehört somit die eindeutige Festlegung der Reihenfolge beim Zusammenschweißen. Das bereits in Abb. 108 dargestellte Zellonmodell stellt ein weiteres Hilfsmittel zum Studium des wirtschaftlichen Schweißens dar. Der Ständer wird von unten beginnend nach oben aufgebaut. Anschweißteile bilden den Abschluß der Schweißarbeit. Aus der Zeichnung ist zu ersehen, daß der Ständer aus der unteren und oberen Hälfte besteht. Die untere Hälfte des Ständers zeigt nach dem Zusammenschweißen der Bleche *1—7* die perspektivische Darstellung nach Abb. 144. In diesem Bild sind außerdem bereits einige Bleche angeschweißt, die zur oberen Hälfte des Ständers gehören. Aufbaupläne mit Einzelteilzeichnungen und Angaben über die Schweißfolge sind bereits im Schrifttum bekannt (C. Krug [*1*]).

Abb. 145 zeigt die Zusammenstellungszeichnung eines Bettes für eine Schleifmaschine mit Rundtisch. Das Bett besteht aus 54 Blechen, deren Abmessungen in den Einzelteilzeichnungen genau festgelegt sind. Nur einige Bleche können in Paketen ausgeschnitten werden, meist jedoch nur als Einzelstücke, da die Zuschnittsformen verschieden sind. Dieses Bett ist 2755 mm lang, 1300 mm breit und weist eine Höhe von 800 mm auf. Die Blechdicke beträgt in der Hauptsache 5 mm, nur diejenigen Bleche, die für Verschraubungen oder Führungen vorgesehen sind, weisen Dicken von 10, 15 und 25 mm auf. Die Schweißarbeiten beginnen an dem 15 mm dicken Zwischenblech (*1*), auf welches das ringförmige Blech (*2*) und das kreisförmige Blech (*3*) mit einer Dicke von 20 mm aufgeschweißt werden. Das u-förmig gebogene Blech mit einer Dicke von 5 mm ist an die Unterseite des Hauptbleches (*1*) angeschweißt und bildet den Kabelkanal. Die beiden Bleche (*7*) und (*8*)

---

[1] Die Abb. 143 bis 148 wurden von der Herstellfirma Diskus-Werke, Frankfurt/Main, zur Verfügung gestellt.

gehen in voller Länge durch das Bett hindurch; sie bilden die Hauptwände in Längsrichtung. Die Durchschneidungen mit senkrecht dazu liegenden Versteifungsblechen sind entsprechend der Dicke dieser Versteifungsbleche von 5 mm ausgeschnitten, so daß die Querrippen in diese Schlitze eingeschoben und verschweißt werden können. Dadurch werden Zellen gebildet, die dem Bett große Steifigkeit verleihen. Der Aufbauplan dieses Bettes in Stahlschweißbau muß gut durchdacht sein. Die Zeichnungen von sieben Einzelteilen sind auf Abb. 146 dar-

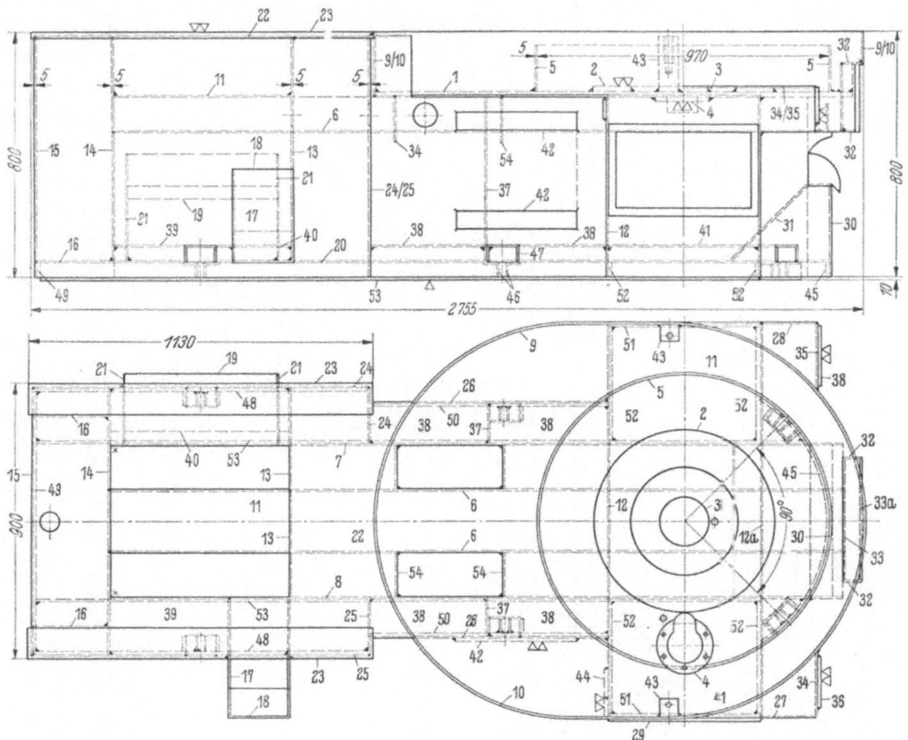

Abb. 145. Aufbau des Bettes einer Flachschleifmaschine mit Rundtisch in Stahlschweißbau. Schweißfolge der Bleche von *1* beginnend bis *54*.

gestellt. Zeichnungsmäßig werden bei gebogenen Profilen, außer den für das Ausschneiden wichtigen abgewickelten Formen, *die* für den Aufbau des Bettes maßgebenden Raumformen eingezeichnet. Kreiszylinder und Kastenformen werden aus Blechstreifen entsprechender Länge hergestellt und die zusammenragenden freien Enden verschweißt.

Für den Konstrukteur ergeben sich zwei bedeutende Vorteile der Zellenbauweise

1. Spanlose Formgebung durch Biegen und Rundwalzen beliebiger Querschnittsformen aus ebenen Zuschnitten.

2. Anordnung von Aussparungen für Einbauteile und von Schlitzen zum Ineinanderstecken senkrecht zueinanderliegender Wände und Versteifungsbleche.

Abb. 147 enthält die Konstruktionszeichnung eines Spindelstockes einer Flachschleifmaschine mit waagerechter Schleifwelle und einige Einzelteilzeichnungen hierzu. Die Schweißfolge ist wiederum durch die mit Kreisen versehenen Zahlen von *1—27* festgelegt. Die Blechdicken betragen 5 mm; nur einige Versteifungsringe sind 25 mm dick. Die Schweißarbeiten beginnen mit den Rundnähten an den Teilen *4*, die zwischen den Stegblechen *1* und *3* bzw. *2* und *3* angeschweißt werden. Anschließend erfolgt das Anschweißen des Außenmantels. Die weiteren

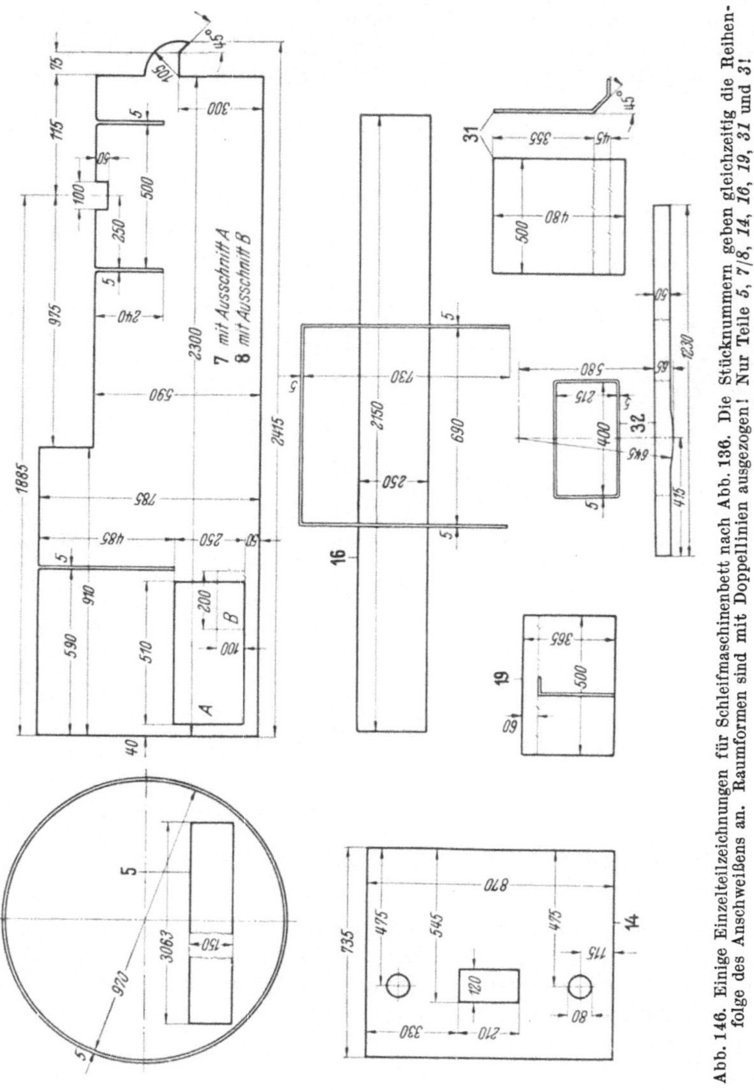

Abb. 146. Einige Einzelteilzeichnungen für Schleifmaschinenbett nach Abb. 136. Die Stücknummern geben gleichzeitig die Reihenfolge des Anschweißens an. Raumformen sind mit Doppellinien ausgezogen! Nur Teile *5, 7/8, 14, 16, 19, 31* und *3!*

Schweißarbeiten sind durch die fortlaufende Zahlenfolge festgelegt. Aus den ebenfalls in Abb. 147 dargestellten Einzelteilzeichnungen sind die schwierigen Zuschnitte und die auszuführenden Biegearbeiten deutlich zu erkennen. Die Blechausnutzung beim Herausschneiden aus den Tafeln ist ungünstig.

Sonderschleifmaschinen. Abb. 149 stellen Sonderschleifmaschinen in Stahlschweißbau zum beiderseitigen Schleifen von Schraubenschlüsseln, Zangen, Hämmern und ähnlichen Werkzeugen dar.[1] Zum selbsttätigen hydraulischen Schleifen von

---

[1] Herstellfirma ist W. Blumberg & Co., Wermelskirchen.

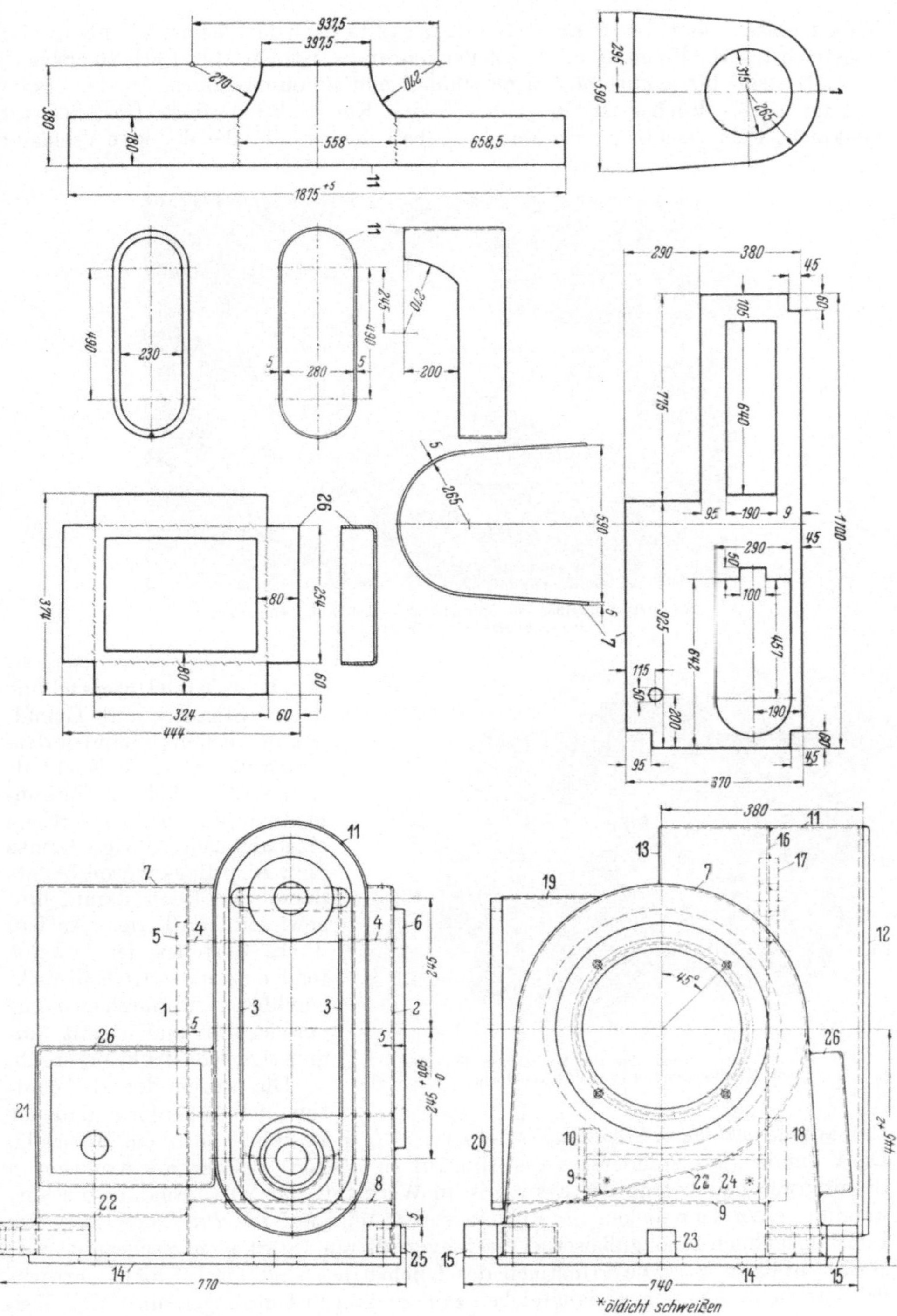

Abb. 147. Konstruktion des Spindelstockes einer Flachschleifmaschine mit waagerechter Schleifwelle in Zellenbauweise und Einzelteilzeichnungen mit Schweißfolge.

8*

Hobelmessern dient die in Abb. 150a dargestellte nach der Diskus-Zellenbauweise konstruierte Schleifmaschine.[1] Die Zellenanordnung ist aus Abb. 150b zu ersehen.

5. Gestelle für Senkrecht-Fräsmaschinen und Räummaschinen. In der ersten Auflage dieses Buches ist in Abb. 93 die Konstruktion eines Gestelles für Senkrecht-Fräsmaschinen in Stahlschweißbau dargestellt. Bei der vom Verfasser

Abb. 148. Schweißen des Spindelstockes nach Abb. 147 auf einer schwenkbaren Schweißvorrichtung.

Abb. 149. Sonderschleifmaschine zum beidseitigen Schleifen von Handwerkzeugen in Stahlschweißbau.

durchgeführten Untersuchung dieses Ständers mit Grundplatte wurden gegenüber dem Gußgestell so große Nachteile festgestellt, daß ein Zusammenbau zur betriebsfertigen Maschine sich erübrigte (HEISS [1]). Allerdings wurde bereits damals im Buch darauf hingewiesen, daß der Aufbau dieses Gestelles der bewährten Konstruktion in Guß nachgebildet ist, wodurch sich eine verwickelte und damit ungünstige Konstruktion ergab.

Die wegen der Beibehaltung der Außenform und der Einbauteile *behinderte Gestaltung* (s. Abschn. C.1, S. 44) führte zu einem Mißerfolg. Die Form des Stahlständers ist aus Abb. 151 zu ersehen. Bei der Konstruktion in Stahlschweißbau betrug die Ersparnis an Werkstoff nur 23%, was auf die Verwendung einer sehr dicken Stahlplatte von 45 mm, auf die zur Befestigung der Führungsbahnen eine gußeiserne Platte von 32 mm Stärke aufgeschraubt war, zurückzuführen ist. Die Prinzipien des Leichtbaues sind hierbei nicht verwirklicht worden. Aus den umfangreichen zahlenmäßigen Unterlagen über den Ver-

---

[1] Herstellfirma ist Hans Sielemann, Bünde/Westf.; Vertrieb durch W. Ferd. Klingelnberg & Söhne, Remscheid.

gleich der beiden Ausführungen sollen nur kurz einige Besonderheiten erwähnt werden. Die Vergleichsuntersuchungen gingen von den Schnittkräften entsprechend der Motorleistung aus und erstreckten sich auf das statische und das Schwingungsverhalten. In Abb. 152 sind die Werkstoffquerschnitte des Guß-ständers mit dem Stahlständer verglichen. Die linke Hälfte des Bildes zeigt die Querschnitte in 1000 mm Höhe und die rechte Hälfte in 1160 mm Höhe. Die Werkstoffverteilung ist recht ungünstig; beim Stahlständer sinkt der Werkstoff in 1160 mm Höhe auf weniger als ein Drittel gegenüber dem in 1000 mm vorhandenen Querschnitt ab. Eine sinnvolle Verteilung des Werkstoffes ist nicht nur im Querschnitt selbst, sondern auch in den aufeinander folgenden Querschnitten längs der gesamten Ständerhöhe anzustreben.

Wie ungünstig sich die Stoffverteilung auswirkt, ersieht man aus den in Zahlentafel 7 zu-

a

b

Abb. 150a u. b. Selbsttätige hydraulische Hobelmesserschleifmaschine in Stahlschweißbau. D. R. P. a Betriebsfertige Maschine, b Anordnung der Zellen.

Abb. 151. Ständer und Grundplatte einer Senk-Fräsmaschine in Stahlschweißbau.

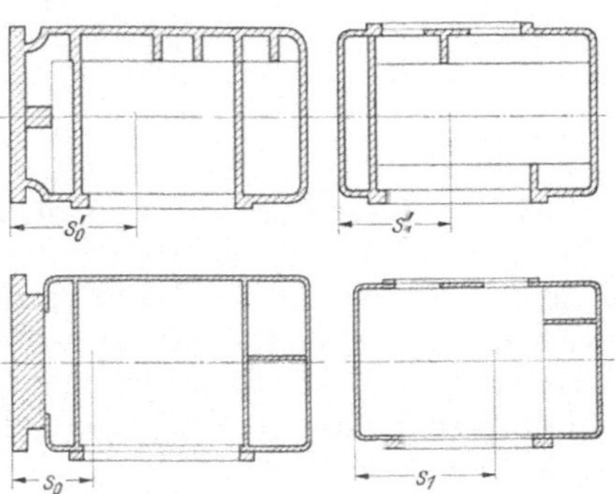

Abb. 152. Vergleich der Werkstoffquerschnitte des Gußständers mit dem Stahlständer.

sammengestellten Zahlenwerten. Die Verformungen des Ständers und der Grundplatte wurden bei Beanspruchung durch Aufbäumkräfte, durch waagerecht wirkende Kräfte, sowohl in Vorschubrichtung als auch senkrecht hierzu und durch Drehmomente untersucht. Zu diesem Zweck wurden an mehr als 30 Meßstellen Feintaster angesetzt. Aus dem Vergleich der Federzahlen erkennt man, daß nicht für alle Beanspruchungsfälle die beim bewährten Gußständer gemessenen Federzahlen beim Stahlgestell erreicht worden sind. Besonders schwach ist die Kröpfung! Auch

Zahlentafel 7. *Ergebnisse der statischen Untersuchungen an Fräsmaschinengestellen. Verformungswinkel der Grundplatten und Federzahlen für verschiedene Belastungsfälle P_a, P_s und P_v.*

Kräfte	Verformungswinkel α der Grundplatten für $P = 1500$ kg		Federzahlen der Ständer unter Zugrundelegung der reinen Nachgiebigkeit der Ständer		Ständer mit Grundplatte unter Zugrundelegung der gesamten Verformung		Skizzen zu den Kraftrichtungen
	Guß	Stahl	Guß	Stahl	Guß	Stahl	
	μ/m	μ/m	kg/μ	kg/μ	kg/μ	kg/μ	
	α		für Biegung: c_B				
Aufbäumkraft P_s	102	145	5,6	6,0	4,3	3,9	
	α		für Biegung: c_B				
Waagerechtkraft P_a senkrecht zur Vorschubrichtung	262	348	3,0	5,0	1,8	1,8	
	β		für Biegung: c_B				
	510	470	3,4	3,6	1,3	1,3	
Waagerechtkraft P_v in Vorschubrichtung			für Verdrehen: c_D				
			$\dfrac{\text{mkg}}{\mu/\text{m}}$	$\dfrac{\text{mkg}}{\mu/\text{m}}$	$\dfrac{\text{mkg}}{\mu/\text{m}}$	$\dfrac{\text{mkg}}{\mu/\text{m}}$	
			Höhe $H = 1500$ mm über der Grundplatte				
	—	—	2,1	1,2	1,4	1,1	
			Höhe $H = 1000$ mm über der Grundplatte				
			9,7	9,2	4,7	7,0	Querschnitt für die Messung von β

beim Schwingungsverhalten kam dies deutlich zum Ausdruck, da am Stahlständer die Schwingweiten bei Biegeschwingungen mehr als doppelt so groß festgestellt worden sind. Hinsichtlich des Dämpfungsverhaltens zeigte die Stahlkonstruktion trotz der vielfach erwähnten Scheuerwirkung der Schweißnähte keine grundsätzliche Überlegenheit. Bei Schwingungen in Spindelrichtung dämpfte das Stahlgestell doppelt so gut als das Gußgestell, aber bei Verdrehbeanspruchung ergab sich ein umgekehrtes Verhältnis.

Auf den Abb. 54a und b wurde eine Produktions-Fräsmaschine mit einer Leistung von 5 PS gezeigt, deren Konstruktion nachfolgend kurz beschrieben werden soll (KOENIGSBERGER [*1* u. *2*]). In Abb. 153 ist das Bett der Fräsmaschine dargestellt. Die Wandstärken der verwendeten Bleche betragen 10 mm.[1] Zwei Querschnitte zeigen den Aufbau der Bettkonstruktion (s. Abb. 153a u. b und die Einzelteile sowie das halbfertig geschweißte Bett, welches in Abb. 153c dargestellt ist. Durch zweckmäßige Biegearbeiten wurden hierbei die Schweißarbeiten erheblich verringert. Die Schweißnähte folgen bei der Herstellung so aufeinander, daß die Schweißstellen

---

[1] Die Abb. 153 bis 155 hat freundlicherweise Herr Dipl.-Ing. F. KOENIGSBERGER, Manchester, (England) zur Verfügung gestellt.

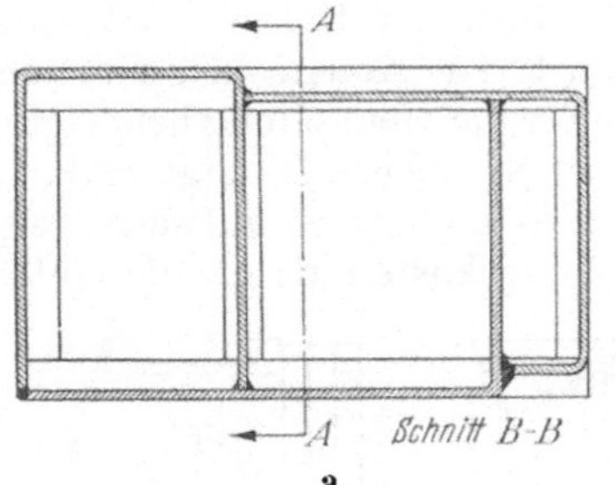
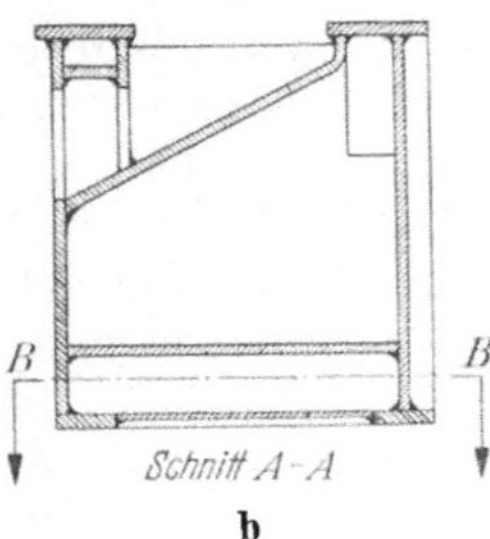

c

Abb. 153 a bis c. Bett der Produktionsfräsmaschine nach Abb. 54a u. b
a u. b Querschnitte durch Bettkonstruktion, c Einzelteile und halbfertig
geschweißtes Bett.

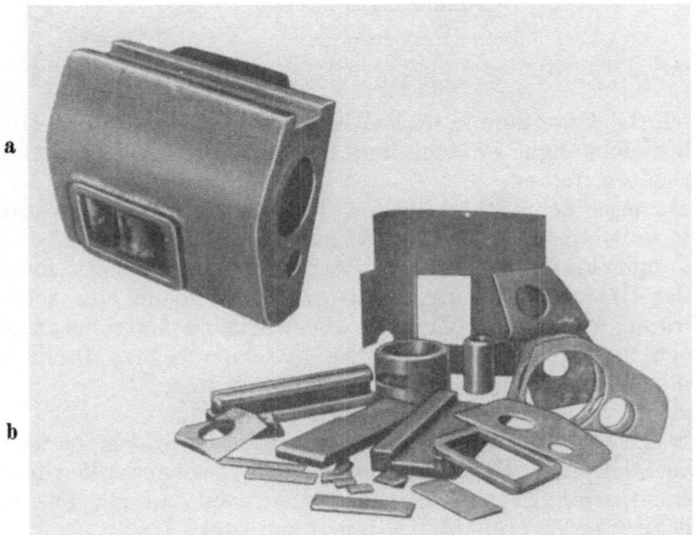

Abb. 154 a u. b. Spindelstock der Produktionsfräsmaschine nach Abb. 54a u. b.
a Für die Herstellung benötigte Blechteile, b Fertig geschweißter Spindelstock.

für den Schweißer leicht zugänglich sind. Auch der Spindelstock dieser Fräsmaschine wurde in Stahlschweißbau ausgeführt. Die Konstruktion ist aus Abb.155 ersichtlich. In Abb. 154a sind wiederum die für die Herstellung benötigten Einzelteile dargestellt, und den fertig geschweißten Spindelstock zeigt Abb. 154b. Der Aufbau aus vielen Teilen, die teilweise verwickelte Formen aufweisen, ergab wohl eine Gewichtsersparnis, aber höhere Herstellungskosten als für die Gußkonstruk-

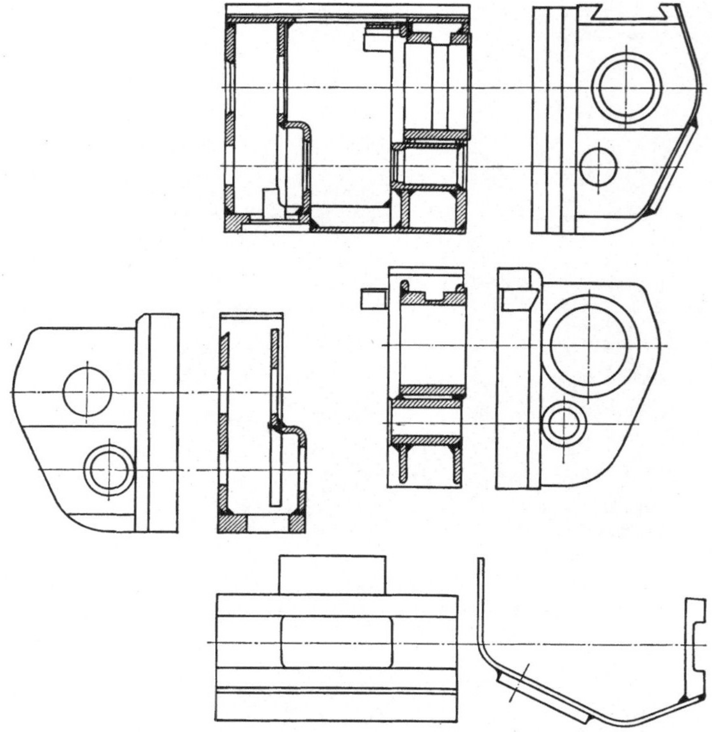

Abb. 155. Untergruppen des Spindelstockes der Produktionsfräsmaschine in Schweißbau
nach Abb. 54a u. b.

tion. Nur durch die Unterteilung in Teil-Konstruktionen nach Abb. 155 konnte eine vereinfachte Herstellung erreicht und der Preisunterschied zwischen Guß—Stahl gering gehalten werden.

An einer Fräsmaschine in Stahlblechkonstruktion wurde ein interessanter Weg beschritten, um auftretende Schwingungen zu vermeiden (BRÖDNER).[1] Ständer, Bett, Oberarm und Frästisch sind aus Stahlblech zusammengeschweißt. Der Ständer und der Oberarm sind mit Beton ausgegossen, um eine schwingungsdämpfende Wirkung zu erzielen. Zum Metallgewicht der Maschine in Höhe von 3100 kg kommen 900 kg Beton hinzu. Die Maschine besitzt Drehzahlen von 18 bis 1000 U/min und Vorschübe von 18 bis 1000 mm/min.

Zum Ausgießen mit Beton ist zweierlei zu sagen:

1. Die Vergrößerung der Masse m durch Ausgießen bewirkt keine nennenswert höhere statische Steifigkeit. Es werden hingegen die Resonanzstellen des Ständers und des Oberarmes *tiefer* gelegt, was ungünstig ist, weil dadurch die kinetischen Federzahlen kleiner werden (vgl. Abb. 63b u. e und 64e).

---

[1] Die unter dem Namen „Miniflex" bekannt gewordene Fräsmaschine stellt die Firma Swisstol A. G., Schweiz, her.

2. Beton dämpft weit besser als Gußeisen.

Der Verfasser hat Vergleichsuntersuchungen über das dynamische Verhalten von Pilzgestellen in Beton und in Guß durchgeführt (SCHWERDTFEGER).[1] Bei Schwingweiten von 10 bis 20 μ, die in einer Höhe von 740 mm gemessen wurden, betrugen die Dämpfungszahlen beim Betongestell $\delta_B = 0{,}022$ und beim Gußgestell $\delta_G = 0{,}0033$. Die Biegeeigenfrequenz des Betongestelles lag bei 21,4 Hz und beim Gußgestell bei 20,8 Hz. Vergleicht man die Dämpfungszahlen von verschweißten Stäben, bei denen Vorspannung von Scheuerflächen zur Wirkung kommt, so erkennt man, daß die dämpfende Wirkung durch das Ausgießen mit Beton sich nicht so stark auswirkt wie bei Anordnung von Scheuerflächen. An einem Drehbankbett mit Scheuerleisten unterhalb der Führungsbahnen wurde sogar eine Dämpfungszahl von $\delta_B = 0{,}046$ erreicht; sie liegt doppelt so hoch wie beim Pilzgestell aus Beton.

Senkrecht-Räummaschinen. In Abb. 156 ist eine Senkrecht-Außenräummaschine dargestellt[2]. Das Gestell besteht aus dem Ständer und dem Konsol, die miteinander verschraubt sind. Eine gemeinsame Grundplatte ist nicht vorgesehen. Die Bemessung der Bauteile muß von der größten Räumkraft ausgehen. Wegen der niedrigen Schnittgeschwindigkeiten von 1 bis 10 m/min und der Art des Zerspanvorganges sind die Kräfte meist sehr groß. Die größte Räumkraft beträgt bei der vorliegenden Maschine 2000 kg. Beim Außenräumen wird der Ständer durch die Hauptschnittkraft P_H und durch die Abdrängkraft P_A auf Biegen beansprucht, wie aus der Abb. 156 zu ersehen ist. Indessen P_A durch die Aufspannplatte für das Räumzeug auf die Führungen des Ständers übertragen wird, wirkt P_H über das Gestänge oben im Punkt A auf den Ständer. Die Fuge zwischen Ständer und Konsol wird auf Schub und Biegung beansprucht. Die große Länge derselben, die durch den Hub bedingt ist, erfüllt die Forderung nach großer Steifigkeit. Die beiden Kraft-

Abb. 153. Senkrecht-Außenräummaschine RSA 2 in Stahlschweißbau. Kräfte beim Außenräumen.

komponente P_H und P_A sind zeitlich veränderliche Kräfte, deren Frequenzen aus der Schnittgeschwindigkeit und der Zahnteilung am Werkzeug nach folgender Formel errechnet werden kann:

$$f = \frac{v \cdot 1000}{60 \cdot t} \text{ (Hz)} .$$

Die Frequenz beträgt bei größter Schnittgeschwindigkeit von 10 m/min und einer kleinsten Zahnteilung am Räumzeug von beispielsweise $t = 10$ mm 16,6 Hz. Da die Kraftschwankungen nicht sinusförmig sind, sondern wegen des plötzlichen Ein- und Austretens der Räumzähne am Werkstück sich plötzlich verändern, so können höhere Frequenzen für die Erregung von störenden Schwingungen zur Wirkung

---

[1] Die Vergleichsuntersuchungen wurden am Versuchsfeld für Betriebswissenschaft und Werkzeugmaschinen der Techn. Hochschule Berlin — Leitung Prof. Dr.-Ing. O. KIENZLE — durchgeführt.

[2] Herstellfirma der in den Abb. 156 u. 157 dargestellten Senkrecht-Räummaschine ist Oswald Forst G. b. m. H., Solingen.

kommen. Bei der schrägen Anordnung der Zähne können die Kraftschwankungen gemildert werden. Allerdings kommen bei nicht symmetrischer Anordnung Seitenkräfte zur Wirkung, die den Ständer auf Verdrehung beanspruchen. Beim Innenräumen geschlossener Formen wirkt die Abdrängkraft P_A nicht auf den Ständer. Neuerdings werden diese Räummaschinen sowohl für Innen- als auch für Außenräumarbeiten gebaut. Die Bemessung des Gestells erfolgt dann nach den ungünstigeren Verhältnissen.

Abb. 157. Blick durch die Öffnung O des Maschinenständers für Senkrecht-Außenräummaschine nach Abb. 156.

Abb. 158. Metall-Bandsäge NS-18 in Stahlschweißbau.

Abb. 157 zeigt den Aufbau des Ständers. An der Rückseite desselben befindet sich eine große Öffnung O für den Einbau des Motors mit stufenlos regelbarer Flüssigkeitspumpe. Innen im Ständer sind an der Vorderseite kleine Querrippen angeordnet, die eine gute Überleitung der Kräfte von den Führungen auf die Ständerwände gewährleisten. Um große Maßgenauigkeit am geräumten Werkstück zu erreichen, müssen die einzelnen Bauteile, einschließlich Gestänge, große Steifigkeit aufweisen. Im Abschnitt 89 wird als Beispiel für die insbesondere in Amerika bevorzugte Plattenbauweise eine schwere Räummaschine für 40 t Räumkraft angeführt.

6. Weitere Beispiele von Stahlleichtbaumaschinen. Die Vorteile des Stahlschweißbaues, wie große Formsteifigkeit, gutes Schwingungsverhalten und bedeutende Gewichtsersparnisse bis 50% gegenüber dem Gußbau, haben dazu geführt, daß für viele weitere Werkzeugmaschinen diese Bauweise angewendet wird. In Abb. 158 ist eine Hochleistungs-Metall-Bandsäge dargestellt[1]. Für den großen feinstufigen Schnittgeschwindigkeitsbereich von 15 m/min bis 620 m/min wird durch die Schweißkonstruktion gutes Schwingungsverhalten erreicht. Die beiden

---

[1] Herstellfirma Ernst Grob, Maschinenfabrik, München.

Deckel sind in Abb. 158 geöffnet, so daß die Laufräder und deren Konstruktion ersichtlich sind. An der vorderen Außenwand des Ständers sind eine Sägebandschere, ein Sägeband-Stumpfschweiß-Apparat zum Verschweißen und Anlassen der Sägeblätter und ein Schleifapparat angeordnet.

Beim Bau von Brennhärtemaschinen werden wegen der unterschiedlichen Längen der zu härtenden Werkstücke die Betten in Stahlschweißbau hergestellt. Da die Getriebekästen meist aus Gußeisen beibehalten werden, so liegt gemischte Bauweise vor. In Abb. 159 ist eine Universal-Waagerecht-Härtemaschine UVW 202 abgebildet.[1] Der Deckel für den Spindelkasten ist hochgehoben. In der gleichen Weise sind auch die Betten für Kurbelwellen-Härtemaschinen aufgebaut.

Abb. 159. Universal-Waagerechthärtemaschine UVW 202 mit Bett in Stahlschweißbau.

7. Kurze Hinweise über das Spannungsfreiglühen (SCHMIDT). Beim Stahlschweißbau treten durch die Elektroschweißung wärmebedingte Eigenspannungen auf. Diese kann man durch Spannungsfreiglühen beseitigen. Voraussetzung hierfür sind Glühöfen mit den nötigen Abmessungen. Bei dünneren Blechen von 4 bis 5 mm erübrigt sich im allgemeinen das Spannungsfreiglühen, da die Eigenspannungen im Gleichgewicht sind und nach außen nicht in Erscheinung treten. In Schweißwerken für Werkzeugmaschinen-Gestelle ist man sogar der Ansicht, daß es schädlich ist, diese Spannungen zu beseitigen, weil dadurch die Gestelle labiler werden. Demgegenüber hat der Verfasser an spannungsfreigeglühten Trägern die gleichen Federzahlen festgestellt wie an den ungeglühten. Störende Formänderungen können durch kunstgerechtes Schweißen an Hand eines genau ausgearbeiteten Schweißplanes ausgeglichen bzw. leicht berichtigt werden. Die Werkstatt hat es in der Hand, Maßnahmen zu ergreifen, um den Einfluß der wärmebedingten Eigenspannungen kleinzuhalten. Bei dicken Blechen rechnet man mit einer Glühdauer von einer Stunde je 25 mm Wandstärke (nach dem Boiler-Code) und einer Erwärmung von 500···650° C. Dies gilt insbesondere für die Platten-

---

[1] Herstellfirma Paul Ferd. Peddinghaus, Gevelsberg/Westf.

bauweise. Die inneren Spannungen sinken dadurch nach amerikanischen Angaben auf 2,4 kg/mm² ab. Wird diese Restspannung erreicht, so können die Werkzeugmaschinen-Gestalle in Stahlschweißbau z. B. bei Fundamentsetzungen sich nur elastisch verformen, indessen Gußgestelle bleibende Verformungen erleiden würden, wodurch die Genauigkeit der Führungen für dauernd verlorengehen kann. Diese Angaben stimmen mit den deutschen Versuchen von MAILÄNDER überein, nach denen Restspannungen von 2 bis 3 kg/mm² auch bei längerer Glühdauer

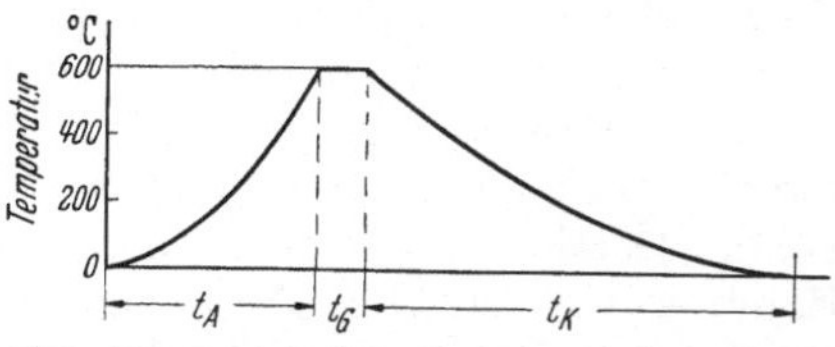

Abb. 160. Spannungsfreiglühen von geschweißten Werkzeugmaschinen-Gestellen. t_A: Anwärmzeit; t_G: Glühdauer; t_K: Abkühlzeit.

erhalten bleiben. Wegen der Warmstreckgrenzen bei der Glühtemperatur sind leichte einfache Abstützungen bei komplizierten Gestellen nötig, um Verwerfungen zu vermeiden. Im Zellenbau rechnet man etwa 2 bis 2½ Min. Glühdauer je Millimeter Blechstärke. Abb. 160 zeigt den Temperaturverlauf beim richtigen Spannungsfreiglühen. Das Spannungsfreiglühen erfolgt unterhalb des unteren Haltepunktes (Ac_1-Punkt) bei etwa 600° C. Sorgfältig ist die Abkühlung durchzuführen; sie muß langsam und gleichmäßig erfolgen. Wird rasch abgekühlt, so entstehen neue Spannungen. Die Anwärmzeit ergibt sich daraus, daß eine Steigerung von etwa 150° C je Stunde eingehalten wird.

8. Einige Schweißvorrichtungen. Für das wirtschaftliche Schweißen von Werkzeugmaschinengestellen müssen entsprechende Einrichtungen geschaffen werden. In Abb. 148 wurde bereits eine schwenkbare Schweißvorrichtung zum Schweißen eines Spindelstockes für Schleifmaschinen gezeigt. Die folgenden fünf Abb. 161 bis 165 zeigen weitere Schweißvorrichtungen, wie sie für das wirtschaftliche Schweißen von Drehbankbetten entwickelt worden sind (ROLOFF).[1] Diese Schweißvorrichtungen

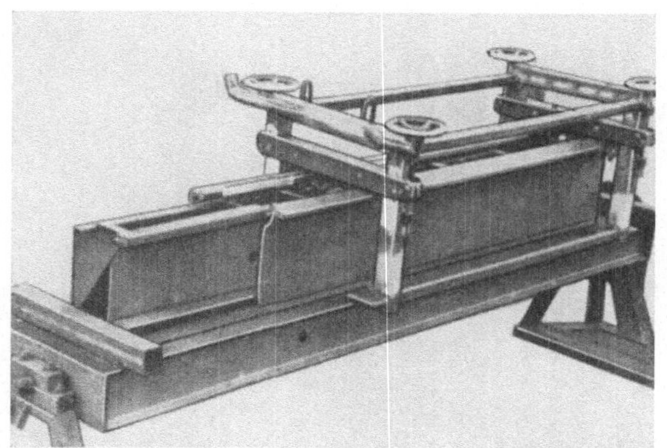

Abb. 161. Schwenkvorrichtung mit schwerer Grundplatte zum Ausrichten und Anheften der profilgewalzten Führungsbahnen an das Drehbankbett.

Abb. 162. Heften der Stahlbleche für Drehbankbett in Drehvorrichtung.

---

[1] Die Abb. 161 bis 165 wurden von Herrn Obering. J. ROLOFF, Karlsruhe, freundlicherweise zur Verfügung gestellt.

zeigen die Herstellung des Bettes für die in den Abb. 105 u. 106 dargestellte Drehbank in Zellenbauweise mit einer Spitzenhöhe von 225 mm.

Die Schweißarbeiten beginnen mit dem Heften der Stahlbleche in einer leichten Vorrichtung (s. Abb. 162). Das geheftete Bett wird dann in einer schweren Vorrichtung festgespannt und fertiggeschweißt. Das Gleiche gilt für das Aufschweißen der Führungsbahn. Abb. 161 zeigt das Ausrichten und Anheften der profilgewalzten Führungsbahnen an das Drehbankbett in einer schwenkbaren Schweißvorrichtung. Zum Schweißen eines Kastenfußes wurde eine drehbare Vorrichtung nach Abb. 163 verwendet. Der fertiggeschweißte Spindel- und Reitstockfuß (vgl. die Abb. 57 und 58) wird mit Spannvorrichtungen auf einer schweren Grundplatte fest gespannt und an das Bett angeheftet (s. Abb. 164). Eine einfache Schwenkvorrichtung nach Abb. 165 dient zum Anschweißen der Wasserrinnen und Aufhängebleche für den Spänekasten und zum Fertigschweißen des Drehbankbettes.

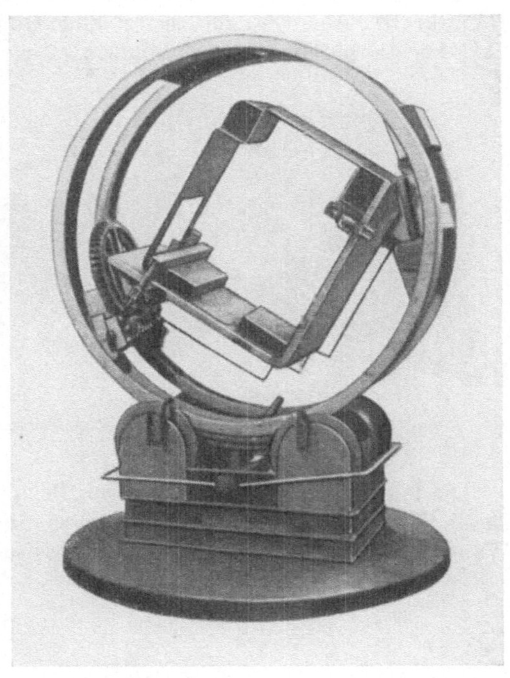

Abb. 163. Drehbare Vorrichtung zum Schweißen eines Kastenfußes.

I. Konstruktionsbeispiele aus der Plattenbauweise.

Die Plattenbauweise wird sowohl bei spanenden Werkzeugmaschinen als auch bei Umformmaschinen angewendet. Nachfolgend werden einige Beispiele aus diesen beiden Bereichen erläutert.

Spanende Werkzeugmaschinen. Abb. 166 zeigt eine Zwillingsfräsmaschine in Plattenbauweise (GEORG)[1]. Das Bett besitzt kreuzförmigen Querschnitt, der Hub des Frästisches beträgt 1200 mm. In der gleichen Weise werden aus Einheiten die verschiedensten Sondermaschinen zusammengestellt. Da das Bett aus dicken Stahlplatten aufgebaut und keinerlei Verrippung, wie im Stahlleicht-

Abb. 164. Heften des Spindel- und Reitstockfußes am Bett auf schwerer Grundplatte mit Spannvorrichtungen.

bau angeordnet ist, so wird der volle Innenraum der Gestelle frei für den Einbau elektrischer Schalt- und Steuerelemente. Die in Abb. 166 dargestellte Fräs-

---

[1] Herstellfirma Dr. Georg, Fertigungsmittel, G. m. b. H., Hagen (Westf.)

maschine besitzt einen Querbalken, wodurch die Steifigkeit bedeutend vergrößert wird.

Abb. 167 zeigt eine geschweißte Räummaschine in Plattenbauweise für 40 t Räumkraft[1]. Der Ständer besitzt eine Höhe von 4700 mm, an Gewicht wurden 21% bei der geschweißten Ausführung gegenüber der gegossenen eingespart, und

Abb. 165. Schwenkvorrichtung zum Fertigschweißen des Drehbankbettes.

die Kosten für die Herstellung *einer* Räummaschine sind für die geschweißte Ausführung nur halb so groß wie für die gegossene; hierbei sind die Modellkosten in voller Höhe berücksichtigt. Rechts auf der Abb. 167 ist der Ständer dargestellt, und links ist die fertige Räummaschine zu erkennen. Man kann sich ein Bild von der Größe der Maschine machen, weil neben ihr ein Arbeiter steht.

Die folgenden Abbildungen zeigen Beispiele aus dem Pressenbau. In Abb. 168 ist ein Plattengestell für eine Richtpresse, die in der Ausbildung der verschiedensten Wanddicken die Eigenart dieser Bauweise erkennen läßt, dargestellt. Bei der Größtkraft von 75 t beträgt die Aufbiegung 0,5 mm d. s. 500 μ, woraus die Federzahl $c = 150\ \mathrm{kg}/\mu$ errechnet werden kann.

Abb. 166. Zwillingsfräsmaschine mit Querträger und kreuzförmigem Bettquerschnitt in Plattenbauweise.

In Abb. 169 sind eine Reihe von fertig geschweißten Gestellen für hydraulische Pressen nebeneinandergestellt[2]. Diese Abbildung stellt eine gelungene Aufnahme dar, da meist nicht alle Größen der Normzahlreihe gleichzeitig in der Fertigung sind. Ganz rechts ist eine hydraulische Presse für eine Kraft von 2,5 t zu sehen, daneben ein ungespachtelter Ständer für 4 t, daran anschließend ein Ständer für 10 t, der in der gleichen Größe auch für den kleineren Kraftbereich von 6,3 t verwendet wird. Weiter folgt in der nach Normzahlen aufgebauten Ständerreihe ein ungespachtelter für 25 t und, halb verdeckt, ein Ständer mit verbreitertem Tisch für 40 t. Diese Größenreihe soll zeigen, wie anpassungsfähig die Gestaltung im Stahlschweißbau ist, da ja keine Modelle für abweichende Tischgrößen und für Sonderwünsche geändert werden brauchen. In Abb. 53 wurde bereits eine fertige Einständerpresse gezeigt, und zwar im Zusammenhang mit den Grundformen für Werkzeugmaschinen. Die kurze Ausladung des C-Gestelles trägt dazu bei, daß

---

[1] Herstellfirma American Broach & Machine Co.
[2] Herstellfirma Eitel KG, Düsseldorf.

gute Steifigkeit gegen Aufbiegen erreicht wird. Dies ist im Hinblick auf die Verwendung solcher Pressen für Räumarbeiten erstrebenswert. Die Formgebung dieser Ständer ist sehr gut, durch die Verwendung gebogener Bleche können die Schweißarbeiten verringert werden.

Abb. 167. Geschweißte Räummaschine in Plattenbauweise für 40 t Räumkraft
(American Broach & Maschine Co.).

Die Wandstärken der für die Ständer verwendeten Bleche und Platten bewegen sich zwischen 8···100 mm je nach Größe der Presse. Die dicken Platten beziehen sich auf das Pressen mit Kräften bis zu 320 t. Die Schweißnähte sind

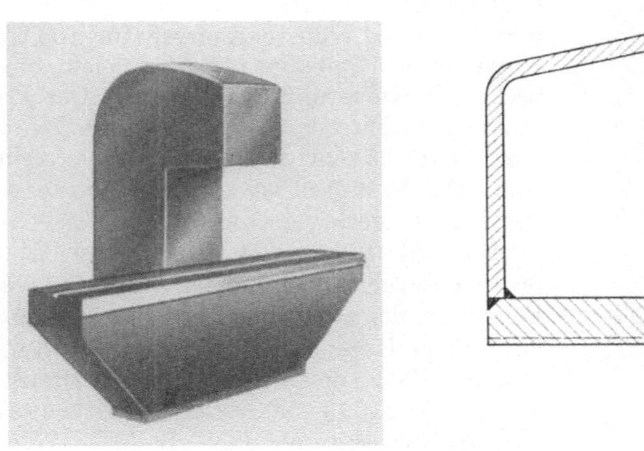

a   b

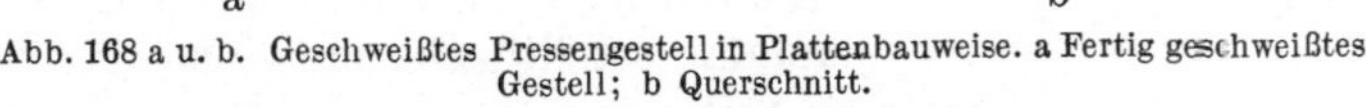

Abb. 168 a u. b. Geschweißtes Pressengestell in Plattenbauweise. a Fertig geschweißtes
Gestell; b Querschnitt.

nicht an den Stellen der größten Beanspruchung angeordnet. Dies bedingt Warmverformung der Platten. Die Aufbiegung der Ständer wird in der Werkabnahme gemessen, und damit erfolgt eine Nachprüfung der von der Konstruktion festgelegten Zahlenwerte. Beispielsweise beträgt die Federzahl bei einer 400 t-Presse

$c = 400\ \mathrm{kg}/\mu$ oder 400 t je mm; der letzte Wert dürfte bei Pressen anschaulicher den Zusammenhang zwischen größter Preßkraft und Verformung ausdrücken. Für Pressen mit kleinerer Preßkraft genügen erfahrungsgemäß kleinere Federzahlen. Der Zusammenbau der Pressenständer erfolgt in einem genau festgelegten Schweißtakt, um keine einseitigen Eigenspannungen auftreten zu lassen. Wegen der großen Formsteifigkeit sind die maximalen Beanspruchungen nicht so hoch, daß die Werkstoffestigkeit ausgenützt wird. Nach Angaben des Herstellwerkes werden diese Ständer nicht spannungsfrei geglüht.

In Abb. 170 ist eine schwere Einständerpresse für 160 t/200 t darge-

Abb. 169. Nach Normzahlen gestufte Pressengestelle in Stahlschweißbau.

stellt[1]. Diese Pressen werden mit ölhydraulischen Preßpumpen verschiedener Bauart betrieben. Die Konstruktion eines c-förmigen Ständers für 200 t ist aus Abb. 171 zu ersehen. In der Kröpfung, also an der auf Zug beanspruchten Stelle, ist zusätzlich beiderseits eine hochkant gebogene Platte eingeschweißt. Der Tisch besteht aus 2 Kastenquerschnitten. Auch für Kunstharzpressen wird der Stahlschweißbau angewendet, wie die in Abb. 172 dargestellte ölhydraulische Kunstharzpresse für 100 t zeigt[2]. Diese ist mit halbautomatischer, elektrohydraulischer Zeitsteuerung ausgestattet. Der Pressenrahmen besteht aus zwei Stahlträgern NP 34, die durch zwei 25 mm dicke Kopfbleche verbunden sind. Der Preßtisch ist aus Stahlguß; er ist mit den Stahlträgern verschweißt.

Die Abb. 173 u. 174 zeigen zwei Exzenterpressen verschiedener Bauart[3]. Die glatte äußere Form und der zweckentsprechende Aufbau einer Einständer-Exzenterpresse in Plattenbauweise ist aus Abb. 174 zu ersehen. Die beiden Seitenständer der in Abb. 173 dargestellten Exzenterpresse sind als Kasten ausgebildet. In Abb. 175 ist eine Perforiermaschine mit Torgestell in Stahlschweißbau dargestellt[2]. Die mit dem oberen Querhaupt

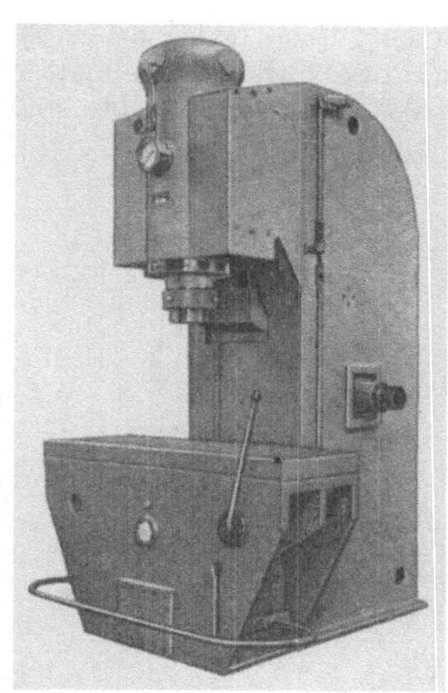

Abb. 170. Schwere Einständer-Presse für 160 t/200 t in Plattenbauweise.

und mit dem Tisch verschweißten Seitenständer sind in Kastenbauweise ausge-

---

[1] Herstellfirma der in den Abb. 170 u. 171 gezeigten Pressen ist die Maschinenfabrik A. Pelissier Nachfolger, Hanau am Main.
[2] Herstellfirma Wilhelm Bußmann K.G., Maschinenfabrik, München.
[3] Herstellfirma Theodor Gräbener, Werthenbach (Kreis Siegen).

bildet. Wegen der großen Schwungmasse der Antriebsscheibe ist der linke Seitenständer schräg nach unten besonders verbreitert. Die Abb. 176 und 177 zeigen ein nacktes C-Gestell für Exzenterpresse in Plattenbauweise mit einem Gewicht von 15,5 t und zwar Vorder- und Rückansicht[1].

In Abb. 178 ist eine hydraulische Richt- und Verformungspresse dargestellt[2]. Die liegende Ausführung besteht aus einem Kasten mit Löchern für Einsteckbolzen und der Hydraulik-Einrichtung. An der Stirnseite des Preßkolbens ist eine Spannplatte mit Nuten angeordnet, die zur Aufnahme geeigneter

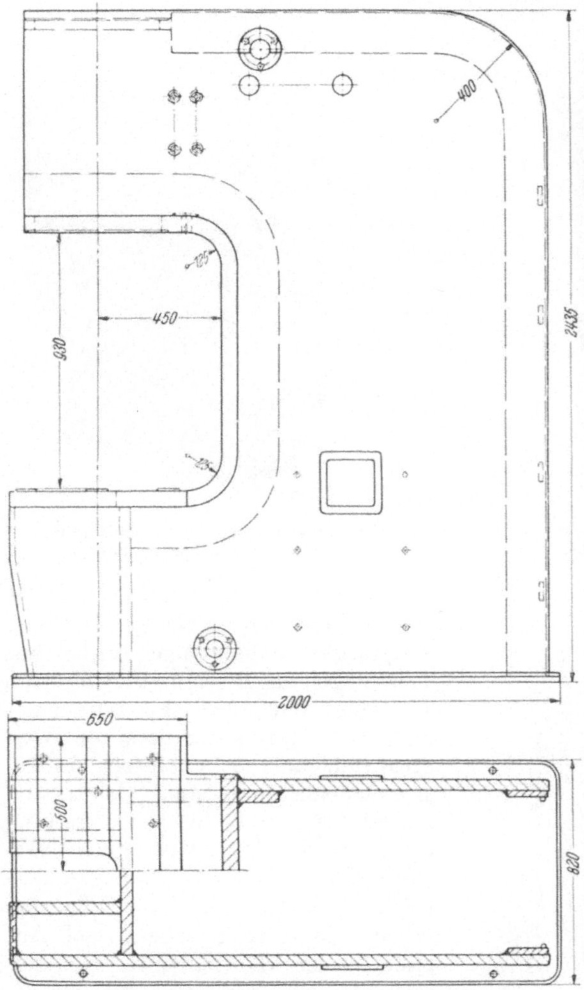

Abb. 171. Konstruktion eines C-Gestelles für 200 t-Presse
(Maschinenfabrik A. Pelissier Nachfolger, Hanau/Main.)

Abb. 172. Ölhydraulische Kunstharzpresse für 100 t in Stahlschweißbau.
(Foto-Atelier W. Müller, München.)

Werkzeuge dient. Je nach Größe können Kräfte von 40, 60 oder 100 t zum Richten und Kaltverformen von Werkstücken sowie zum Auf- und Abpressen von Büchsen aufgebracht werden.

Abb. 179 vermittelt einen Blick in eine moderne Schweißerei, in der Einzelteile für Kurbelpressen und halbfertig geschweißte Grundplatten und Ständerteile zu erkennen sind. Im Vordergrund rechts wird an einem Grobblechteil eine Aussparung ausgeschnitten. Das Ausschneiden erfolgt mit einer Führungsschneidmaschine. Öffnungen können ebenfalls mit Aushaumaschinen aus dem vollen

____

[1] Herstellfirma Spiertzwerke, Strasbourg.
[2] Herstellfirma Bley Gerätebau GmbH, Eschwege.

Blech ausgeschlagen werden. In der Mitte der Abbildung liegen zugeschnittene Blechteile, ferner sind halbfertig geschweißte Gestellteile zu erkennen, die zu einer Kurbelpresse gehören, wie sie in Abb. 180 gezeigt wird. An einigen Gestellen sind

Abb. 173. Doppelständer-Exzenterpresse mit zwei Exzentern und c-förmigen Gestellen in Plattenbauweise.

Abb. 174. Einständer-Exzenterpresse mit Räderantrieb in Plattenbauweise.

Abb. 175. Perforiermaschine mit Torgestell in Stahlschweißbau. Seitenständer in Kastenbauweise.

Schweißarbeiten im Gange. In genau festgelegter Arbeitsfolge werden aus den einzelnen Blechen und Platten Gestelle aufgebaut. Abb. 180a zeigt eine Kurbelpresse in geteilter Konstruktion und in Stahlschweißbau. Die Querschnitte sind als Kasten ausgebildet, und durch Verkrallung einzelner Platten wird gute Verschweißung und große Steifigkeit erreicht [1]. Erfahrungsgemäß sollen bei geschweißten Torgestellen, nach Angabe dieser Herstellfirma, die Gestellauffederungen $1/1000$ der Größtkraft nicht überschreiten, das besagt, daß beispielsweise bei einer Kraft von 400 t die elastische Auffederung 0,4 mm betragen darf. Die Federzahl beträgt somit 1000 t/mm. Bei C-Gestellen sind die Federzahlen, die sich aus den zulässigen Auffederungen ergeben, viel kleiner. Abb. 180b zeigt einen Schnitt durch die Grundplatte und die verkrallten Platten. Die Abmessungen der Wandstärken hängen von der Belastung und der Größe der Kräfte ab. Grundsätzlich kann bei Stahlplattenkonstruktionen mit etwa dem halben Gewicht, wie bei Gußkonstruktionen, aus-

---

[1] Herstellwerk Th. Kieserling & Albrecht, Solingen.

gekommen werden. Die fertig geschweißten Torständer werden vor der Bearbeitung bei 800° spannungfrei geglüht und im Ofen abgekühlt.

Abb. 176. Vorderansicht

Abb. 177. Rückansicht

Abb. 176 u. 177. Nacktes C-Gestell für Exzenterpresse in Plattenbauweise (Gewicht 15,5 t).

Für Abkantpressen und Tafelblechscheren eignet sich der Stahlschweißbau, wie die folgenden Abbildungen zeigen, gut. In Abb. 181 ist die Rückansicht einer Abkantpresse für 50 t Kraft und 2500 mm Arbeitslänge dargestellt[1]. Die kastenförmige Schweißkonstruktion des Pressentisches und des Stößelbalkens aus Stahlplatten ist für diese Maschine kennzeichnend. Die breiten Aufspannflächen des Tisches

Abb. 178. Hydraulische Richt- und Verformungspresse waagerechter Bauart in Stahlschweißbau.

und des Stößels gestatten, verschiedenartige Werkzeuge und Vorrichtungen aufzuspannen. Die Rückansicht läßt erkennen, daß ein besonders breiter Ständer-

---

[1] Herstellfirma der in den Abb. 181 und 182 dargestellten stahlgeschweißten Werkzeugmaschinen ist Karl Eugen Fischer, Maschinen- und Stahlbau, Burgkunstadt, Bayern. Die gesamte Ausführung dieser Maschinen ist patentrechtlich geschützt (DRP ang).

durchgang wegen der einwandigen Ausführung der Ständer zur Verfügung steht. Der Antrieb ist im unteren Teil der Maschine zwischen den Ständern untergebracht.

Abb. 179. Blick in eine moderne Schweißerei für schwere Pressengestelle. Werkfoto der Fa. Th. Kieserling & Albrecht, Solingen.

Die Seitenständer nehmen die Schnittkräfte nicht auf; sie dienen nur zur Führung des Stößelbalkens. Ihre Genauigkeit ändert sich nicht bei verschiedener Belastung. Links ist die Blechverkleidung angeschraubt und rechts dagegen abgenommen. Abb. 181 zeigt die Vorderansicht einer Tafelblechschere in Stahlschweißbau, bei der in der gleichen Weise, wie bei der vorher beschriebenen Schweißkonstruktion, der Messertisch, der

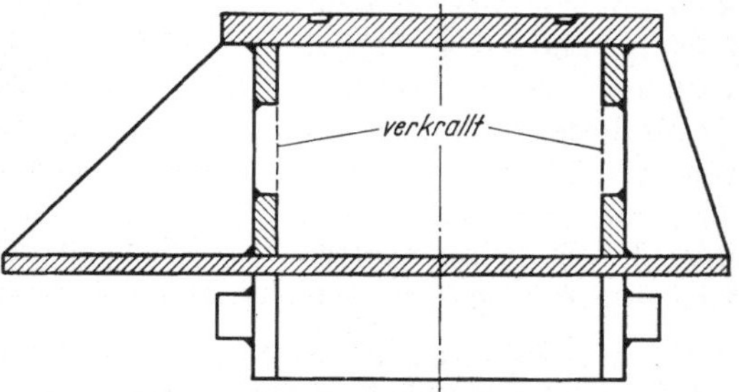

a Betriebsfertige Maschine.   b Schnitt durch Tisch mit Verkrallung von Stahlplatten.
Abb. 180 a u. b. Kurbelpresse, Modell SKP 200/1600 mit Torgestell in Stahlschweißbau.

Messerbalken und der Niederhalter kastenförmig ausgebildet sind. Die einwandigen Seitenständer dienen ebenfalls nur als Führung für den Messerbalken und sind von den eigentlichen Schnittkräften entlastet, da der Messerbalken von unten durch u-förmige Kurbelwangen mit großer Ausladung angetrieben wird. Die Bemessung der Seitenständer erfolgt nur nach den Genauigkeitsforderungen für die Führungen. Die genaue Lage der Blechtafel beim Schneiden nach Anriß wird durch eine lichtelektrische Schnittanzeige erreicht.

Die in Abb. 183 dargestellte geschweißte Abkantpresse besitzt

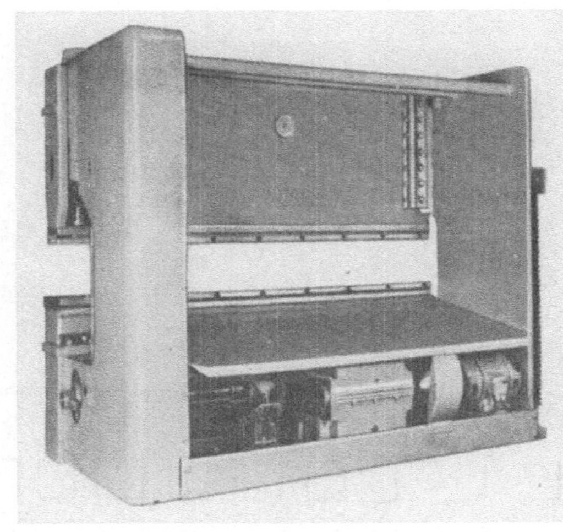

Abb. 181. Rückansicht einer Fischer-Abkantpresse mit 50 t Kraft und 2500 mm Arbeitslänge in kastenförmig geschweißter Stahlplattenkonstruktion.

Abb. 182. Vorderansicht einer Fischer-Tafelblechschere für 2 mm Blechstärke und 4500 mm Schnittlänge in Stahlschweißbau.

keine Seitenständer zur Führung der Oberwange des Messerträgers[1]. Der Messerträger ist beiderseits mit den kastenförmig ausgebildeten Auslegerarmen verbunden und stützt sich über Blattfedern auf den unteren feststehenden Seitenständern ab. Der Antrieb des steifen Messerträgers erfolgt vom Motor über Schwungscheibe durch Kurbeltrieb. Die Messerführung ist daher bogenförmig. Die Bauteile sind kastenförmig ausgebildet und innen durch Platten

---

[1] Herstellfirma Wieger Förderanlagen GmbH, Neuß a. Rh.

Abb. 183. Wieger-Abkantpresse in ständerloser Ganzstahlbauweise.

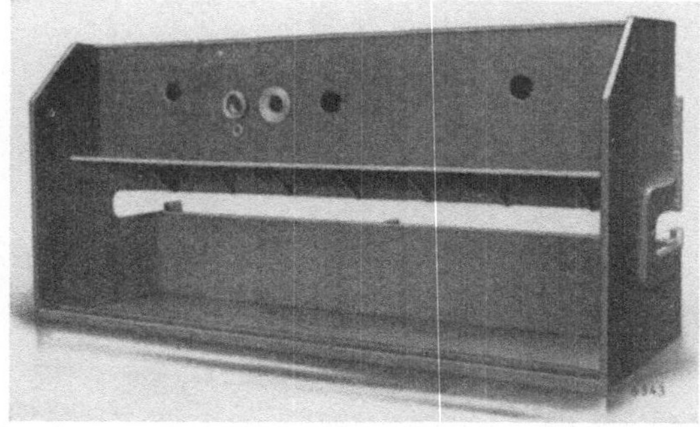

Abb. 184. Ständer einer EUMUCO-Tafelschere in geschweißter Plattenbauweise.

versteift. Die Größtkraft kann durch Überlastungs-Rutschkupplung nicht überschritten werden. Die Biegesteifigkeit des Oberarmes muß groß sein, damit die elastischen Durchbiegungen klein bleiben.

Ein nacktes Gestell in geschweißter Plattenbauweise für eine Tafelschere zum Schneiden und Zurichten von Mittel- und Grobblechen zeigt Abb. 184[1]. Die einwandigen Seitenständer

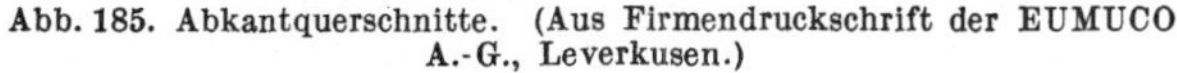

Abb. 185. Abkantquerschnitte. (Aus Firmendruckschrift der EUMUCO A.-G., Leverkusen.)

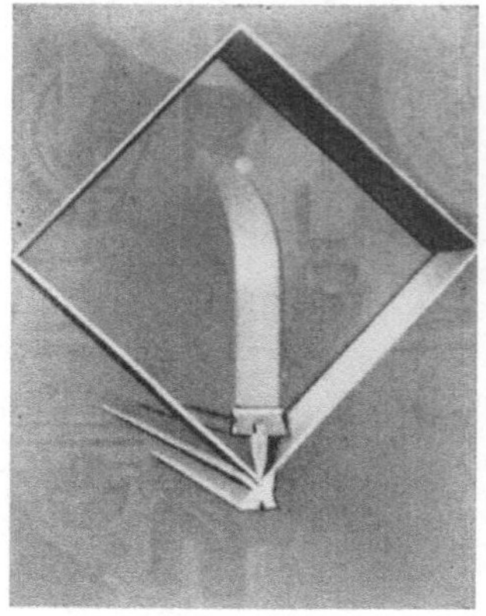

Abb. 186b.

Abb. 186a.

Abb. 186 a u. b. In Bau befindliche Abkantpressen (Werkfoto der Wilhelmsburger Maschinenfabrik, Hinrichs & Sohn, Harburg-Wilhelmsburg). a Blick in die Montagehalle; b Abkanten eines Kastens auf dem Bock.

---

[1] Herstellfirma EUMUCO A.-G., Leverkusen.

sind in der Aussparung verstärkt, um den Beanspruchungen besser gewachsen zu sein. Bei den Abkantpressen dieser Bauweise werden dagegen die Seitenständer als Kasten ausgebildet. Pressenständer, Pressentisch und Stößel sind aus SM-Stahl-Platten zusammengeschweißt. Die einzelnen Bauteile sind durch Verschraubungen verbunden, wie der Transport es erfordert. Eine Auswahl von Abkantquerschnitten zeigt Abb. 185. Einige davon werden im Stahlschweißbau für Werkzeugmaschinen-Gestelle verwendet. Winkel-, U- und Kastenprofile sowie Sonderprofile tragen dazu bei, die Anzahl der Schweißnähte im Gestellbau zu verringern.

Ein besonders gutes Beispiel für die Konstruktion von Kastenständern für Abkantpressen zeigen die Abb. 187a u. b[1]. In der Montage befindliche Pressen zeigt Abb.186. Abb.186a zeigt einen Blick in die Montagehalle und 186b

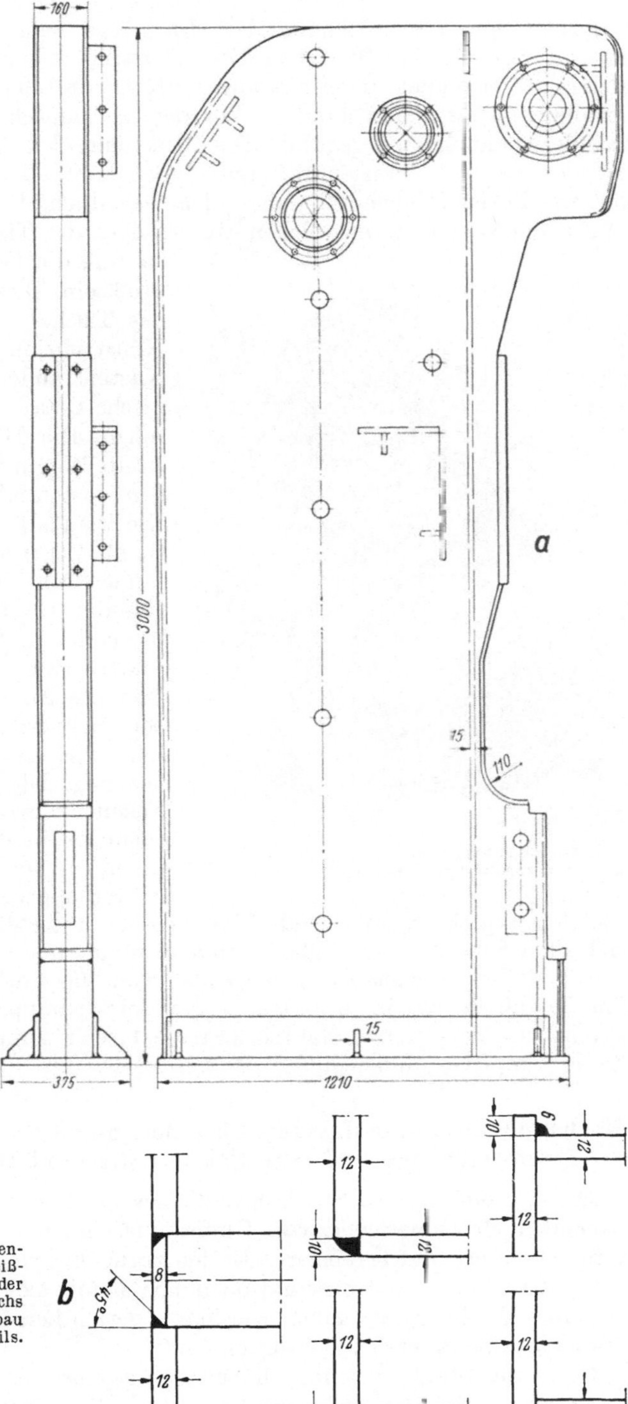

Abb. 187 a u. b. Konstruktion des Kastenständers für eine Abkantpresse und schweißtechnische Details. (Werkzeichnung der Wilhelmsburger Maschinenfabrik, Hinrichs & Sohn, Harburg-Wilhelmsburg.) a Aufbau des Ständers; b Schweißtechnische Details.

---

[1] Herstellfirma Wilhelmsburger Maschinenfabrik, Hinrichs & Sohn, Hamburg-Wilhelmsburg.

das Abkanten eines Kastens auf dem Horn. Kastenständer werden bei den schweren Abkantpressen dieser Bauart und Ständer aus einfachen Platten dagegen bei den kleineren verwendet. Drei aus abgekanteten Stahlblechen bestehende Traversen verbinden beide Seitenständer. Vor der mechanischen Bearbeitung werden die Ständer spannungsfrei geglüht. Die Bemessung der Ständer erfolgt so, daß jeder Ständer die volle Pressenkraft aufnehmen kann. Das einseitige Abkanten von kurzen, dicken Blechen ist daher nicht schädlich. Da die Geradheit langer Abkantungen vom unvermeidlichen Durchfedern des Tisches und Stößels abhängt,

Abb. 188. Knüppelschere Modell 214 in Stahlplattenkonstruktion.

so muß die Federzahl gegen Durchbiegen groß sein. Dies wird durch große Bauhöhe des Tisches und Ständers erreicht. Die Konstruktion des überaus schlanken Kastenständers und einige schweißtechnische Details sind aus Abb. 187a zu ersehen. Die Höhe beträgt 3000 mm, die Breite 1200 mm und der Abstand der beiden den Kasten bildenden Bleche nur 140 mm. Die Wandstärken sind etwa dieselben wie sie im Zellenbau verwendet werden. Besonders sorgfältig ist der Ständerfuß ausgebildet. Doppelbleche und schräge Stützbleche leiten die Kräfte gut auf die untere Platte über. Abb. 187b zeigt 5 Skizzen über die Anordnung von Schweißnähten bei Eckverbindungen und beim Einschweißen einer Welle in eine Ständerbohrung. Die Bleche stoßen nicht in den Ecken aneinander, sondern stützen sich entweder in der vollen Stärke oder mit einem Teil der Stärke ab, wodurch die Verschweißung erleichtert wird. Wird die in eine Bohrung einzuschweißende Welle vorher unter 45° abgefaßt, so erhält man nach dem Schweißen eine glatte Außenwand.

Die Reihe der Konstruktionsbeispiele von Maschinen in Stahlplattenkonstruktion beschließt die in Abb. 188 abgebildete Knüppelschere, Modell 214[1]. Sie besteht aus zwei gleichen Stahlplatten, die durch einen patentierten durchgehenden Stahlgußkopf verbunden sind.

K. Kurze Zusammenfassung über den Stand der Anwendung des Stahlschweißbaues und Ausblick auf die zukünftige Entwicklung.

Die Anwendung des Stahlschweißbaues für Werkzeugmaschinen-Gestelle von spanenden Maschinen und von Umformmaschinen hat die Gestaltungsmöglichkeiten erweitert und bereichert. In den zurückliegenden 15 Jahren ist der Stahlschweißbau für viele Konstruktionen mit Erfolg neu angewendet worden. Geschweißte Werkzeugmaschinen wurden in Serien hergestellt, wofür profilgewalzte Führungsbahnen verwendet worden sind.

Guß- und Stahlschweißbau haben sich gegenseitig befruchtet, und in der Zukunft wird dies noch mehr möglich sein. Die Ergebnisse von exakten Untersuchungen an Gestaltelementen sowohl in der Gußbauweise als auch in Stahl-

---

[1] Herstellfirma Paul Peddinghaus, Gevelsberg.

schweißbau sind veröffentlicht. Federzahlen, die Aufschluß geben über das für Werkzeugmaschinen entscheidende elastische Verhalten von Gestellen, können miteinander verglichen werden, und die Kenngrößen für das Schwingungsverhalten sind teilweise recht gut erforscht. Die positiven Ergebnisse werden sich in der Zukunft mehr und mehr auswirken. Der Konstrukteur hat es gelernt, die der Stahlbautechnik eigenen Gestaltungsgrundsätze zu befolgen. Je mehr dieser Gedanke verwirklicht wird, um so wirkungsvoller wird der Einsatz des Stahlschweißbaues sich gestalten.

Große Vorteile bietet der Stahlschweißbau durch die Freiheit im Entschluß, Änderungen an der Konstruktion und Umstellungen bei Fertigungsstraßen vorzunehmen und Sonderwünsche bei der Bestellung zu berücksichtigen. Die Amerikaner haben vor kurzem die Frage aufgeworfen: „Was wird in den nächsten 10 Jahren in der Metallindustrie Neues zu erwarten sein?". Die gefundene Antwort für das vorliegende Fertigungsgebiet lautet: „Vermehrter Gebrauch von geschweißten Gestellen, besonders für Sonderwerkzeugmaschinen!" Es heißt dort: „Increased use of welded bases, particularly on special machines!".

Allerdings darf nicht außer Acht gelassen werden, daß es der unermüdlichen Forschung gelungen ist, Gußeisen durch die Beifügung bestimmter Magnesium- und Nickellegierungen und die dadurch bedingte Ausbildung des kugeligen Graphits so zu verbessern, daß der Elastizitätsmodul vergrößert worden ist und die Werte von Stahlblech fast erreicht sind (PIWOWARSKY). Trotzdem bietet der Stahlschweißbau insbesondere durch die Anwendung des Stahlleichtbaues mit bester Verrippung und recht günstigem Dämpfungsverhalten dem Konstrukteur viele Möglichkeiten. Auf dem Gebiet des Dämpfungsverhaltens von fertigen Gestellen hat der Stahlschweißbau Erfolge errungen, die konstruktiv verwertet werden können (KIENZLE [1] u. HEISS [1]). Die Zeit ist für die Beurteilung der mit der Auswahl der Gestaltung von Gestellen in Guß- *und* Stahlschweißbau zusammenhängenden Fragen reifer geworden, wie PIWOWARSKY in seinem Buch „Hochwertiges Gußeisen" festgestellt hat. Eine ruhigere Betrachtung der Dinge hat sich durchgesetzt. Den Vorrang für die Entscheidung im Einzelfall sollen die technischen Gesichtspunkte bilden.

IV. Stahlleichtbau für Verbrennungsmaschinen.

Von Oberingenieur Dr.-Ing. Fritz Schmidt, Augsburg.

A. Allgemeines über Stahlleichtbau für Verbrennungsmaschinen.

Die Entwicklung des Dieselmotors in den letzten Jahren vom ortsfesten Motor langsamer Drehzahl, zunächst zum ortsbeweglichen auf Schiffen und dann für alle Verkehrsmittel bis zum Luftschiff und Flugzeug, war nur möglich durch ständige Verringerung des Gewichtes und Raumbedarfs pro Leistungseinheit. Dieses Ziel ist nur auf drei Wegen erreichbar:

1. Erhöhung der Drehzahl, um zeitlich schnellste Ausnützung des Hubvolumens zu erreichen;

2. Änderung des Arbeitsverfahrens, z. B. Anwendung des Zweitaktverfahrens oder des Aufladeverfahrens für Viertaktmotoren;

3. Verminderung des Aufwandes an Werkstoff für 1 l Hubvolumen.

In den letzten 20 Jahren sind die Grenzen dieser Verfahren durch unermüdliche Forschungen und Versuche sowohl betreffs Verbrennungstechnik als auch Werkstoffausnutzung immer weiter nach vorwärts gelegt worden, wobei die Erfolge der einen Seite stets neue Anregungen und Möglichkeiten für die andere Seite brachten.

Für die Verminderung des Gewichtes — bezogen auf 1 l Hubvolumen — kann nur schärfere Ausnützung des Werkstoffes und zweckentsprechende Formgebung unter Ausnützung aller Forschungen in bezug auf Gestaltfestigkeit weitere Fortschritte bringen. Die vielseitigen Anforderungen, die an den Motorenkonstrukteur in bezug auf Gewicht- und Raumbedarf gestellt werden, erfordern daher gründliche Kenntnisse der verschiedenen Werkstoffe und entsprechende Erfahrungen über ihre zweckmäßige Anwendung. Diese Überlegungen haben schon eine große Bedeutung bei der Auswahl des Werkstoffes für die wichtigsten Maschinenteile, wie z. B. Motorengestelle und Grundplatten. Wenn das einfache und billige Gußstück aus Gewichtsgründen ausscheidet, so ist zunächst Stahlguß in Erwägung zu ziehen. Gegen seine Verwendung sprechen die großen Herstellungsschwierigkeiten dünnwandiger Stahlgußstücke und außerdem der oft erhebliche Zeitaufwand bis zur Fertigstellung.

Aluminium, insbesondere Siluminguß, ergibt nach allen Erfahrungen das geringste Gewicht und wird daher für kleinere Maschinenteile in großem Umfange verwendet. Für größere Stücke, insbesondere solche, die durch hohe Wechselkräfte beansprucht werden, sind aber die Erfahrungen mit Leichtmetallguß nicht eindeutig. Gewisse Schwankungen in der Wechselfestigkeit des Materials und die Schwierigkeiten, die Beanspruchungen überall zu überblicken, erhöhen die Gefahr von Dauerbrüchen.

Für solche Teile hat der Konstrukteur in der in den letzten Jahren entwickelten Stahlbauweise mittels Schweißen neue außerordentliche Möglichkeiten gefunden. Die Maschinenteile werden durch Zusammenschweißen von Blechen, Profileisen, manchmal auch Gesenkteilen oder Stahlgußteilen mittels elektrischer Schweißverfahren hergestellt. Neben dem Lichtbogenverfahren mittels Elektrode wird in besonderen Fällen auch die elektrische Widerstandsschweißung verwendet, von der je nach Ausbildung der Teile folgende Abarten zur Verfügung stehen: Das Stumpfschweißverfahren, das Punktschweißverfahren und das Schweißen fortlaufender Nähte dünner Bleche unter Rollen[1].

---

[1] Nahtschweißung: Z. VDI vom 26. Februar 1938.

Das neue Herstellungsverfahren bedingt vielfach eine Abkehr von den bisherigen Grundsätzen der üblichen Gußkonstruktionen. Die leitenden Gesichtspunkte bei dem Entwurf bleiben natürlich unverändert, nämlich:

1. Beherrschung von hohen Wechselbeanspruchungen;
2. Vermeidung von unzulässigen Bewegungen und Verformungen unter dem Einfluß der Verbrennungsdrücke und Massenkräfte;
3. Verringerung des Gewichtes und des Raumbedarfs.

Je nach den Anforderungen, die an das betreffende Werkstück gestellt werden, stellt die Erfüllung dieser drei Aufgaben und der Ausgleich der zum Teil widersprechenden Anforderungen die schwierigsten Aufgaben für den Konstrukteur. Zu diesen rein technischen Bedingungen tritt noch die Beachtung der Wirtschaftlichkeit hinzu, die allerdings in besonderen Fällen, z. B. für Zwecke der Luftfahrt und Landesverteidigung, zurücktritt. Zu den Bemerkungen in der Einführung über Gewicht, Wandstärken und Steifigkeit sollen noch folgende Ergänzungen gebracht werden:

Bei gleichen Wandstärken und annähernd gleicher Konstruktion verhalten sich die Stückgewichte für Stahl, Gußeisen und Silumin wie die Zahlen 7,8, 7,25 und 2,9. Andererseits kann man als Zahlen für die Festigkeit bei Wechselbeanspruchungen in erster Annäherung einsetzen: 22, 14 und 8 kg/mm². Die für Stahl genannte Zahl berücksichtigt dabei allerdings nicht für geschweißte Ausführungen die verminderte Dauerfestigkeit der Schweißnähte selbst. Ausführliche Angaben dieser Zahlen für die verschiedenartigen Ausführungen der Schweißnähte bringen die wertvollen Zusammenstellungen der Anleitungsblätter für das Schweißen im Maschinenbau (VDI). Es besteht kein Zweifel, daß durch die Fortschritte in der Schweißtechnik immer weitere Verbesserungen in der Dauerfestigkeit der Schweißnähte erreicht werden, die der Konstrukteur durch geschickte Anordnungen der Schweißnähte, und der Werkstattmann durch sorgfältigste Ausführung und Anwendung besonderer Verfahren weitgehend unterstützen kann.

In dieser Beziehung haben die neuen automatischen Schweißverfahren, insbesondere das ,,Ellira-Verfahren'' wesentliche Fortschritte gebracht.

Auf eine große Gefahr für geschweißte Werkstücke muß aber besonders hingewiesen werden, das ist die Korrosionsempfindlichkeit. Bekanntlich nimmt die Dauerfestigkeit von Stahl unter dem Einfluß von chemisch angreifenden Flüssigkeiten sehr stark ab. Dabei sind die Schweißstellen durch ihre rauhe Oberfläche und durch gewisse Störungen im Gefügeaufbau ganz besonders empfindlich. Für Maschinenteile, z. B. Motorengestelle, die mit Kühlwasser in Berührung kommen, ist daher größte Vorsicht am Platze. Bei Bespülung mit Süßwasser stehen noch Verfahren zur Verfügung, die die Wände und insbesondere die Kerben der Schweißnähte einigermaßen schützen, z. B. vollkommenes Verzinken, widerstandsfähige Schutzanstriche und bei Kreislaufkühlung Zusatz von Korrosionsschutzöl. Bei Seewasserkühlung haben aber die genannten Schutzmittel keine dauerhafte Wirkung; bis heute steht uns kein sicheres Mittel zur Verfügung, um Stahlkonstruktionen dauerhaft gegen den Angriff des Seewassers zu schützen. Bei Motoren mit Seewasserkühlung ist daher dringend davor zu warnen, leichte geschweißte Bauteile zu entwerfen, deren tragende Wände und Schweißnähte mit dem Kühlwasser in Berührung kommen. In diesem Fall ist die sog. Rahmenkonstruktion vorzuziehen, bei der das geschweißte Gestell nur den tragenden Rahmen für den Motor bildet, und Zylinder bzw. Kühlwassermäntel als nicht durch die Verbrennungskräfte beanspruchte Elemente in diesem Rahmen aufgehängt bzw. eingesetzt sind (vgl. Abb. 209 a bis c und 232).

Die Steifigkeit von Werkstücken mit annähernd gleicher Gestalt und Wandstärke hängt in erster Linie vom Elastizitätsmodul der Werkstoffe ab, die sich für Stahl, Gußeisen und Leichtmetall wie 2,2 zu 1,0 zu 0,7 verhalten.

Aus den angegebenen Kennzahlen für Gewicht, Dauerfestigkeit und Steifigkeit geht die Überlegenheit der Stahlkonstruktion gegenüber Gußeisen deutlich hervor. Beim Vergleich von Stahl und Leichtmetall läßt sich ein Vorteil nicht so klar darstellen, da die drei Kennzahlen annähernd im Verhältnis 3 zu 1 stehen. Dabei muß aber nun berücksichtigt werden, daß Leichtmetall die größeren Wandstärken bedingt, also in vielen Fällen die Konstruktion ausdehnt, außerdem müssen Angriffstellen für Verbindungselemente besonders verstärkt werden (z. B. Einschraubtiefen für Stiftschrauben). Beides bedingt einen höheren Werkstoffaufwand. Andererseits kann man das gleiche Leichtmetallgußstück wegen des einfacheren Herstellungsverfahrens zum Teil freier und leichter gestalten als die Schweißkonstruktion in Stahl. Aus diesen Überlegungen kommt man meistens zu der Erkenntnis, daß Leichtmetall für kleinere Teile überlegen ist, während es sich für größere Stücke mit hoher Wechselbeanspruchung im allgemeinen nicht bewährt. Das Ziel, mit der Stahlkonstruktion das gleiche Gewicht wie mit Siluminguß zu erreichen, erfordert viel Geschick und Erfahrung und oft langwierige Vorversuche. Im allgemeinen wird man daher mit etwas höherem Gewicht der Stahlkonstruktion rechnen müssen, wofür man aber stets eine gewisse Überlegenheit in Festigkeit, Steifigkeit und Sicherheit gewinnt.

Die Wirtschaftlichkeit des geschweißten Stückes gegenüber dem Gußstück läßt sich nicht allgemein beurteilen. Zunächst muß hervorgehoben werden, daß die reinen Werkstoffkosten infolge des niedrigen Kilopreises der verwendeten Bleche und Profile verhältnismäßig gering sind. Die Kostenanteile für Vorbereiten, Schweißen und Fertigbearbeiten sind je nach Ausführung der Stücke ganz verschieden. *Einfache* Maschinenteile, die z. B. als *einzelne* Gußstücke stark mit Modellkosten oder Formerlöhnen belastet sind, werden sicher *teurer* und nebenbei *schwerer* als geschweißte Stücke. Als Beispiele seien Fundamentrahmen, Behälter und Leitungen und schließlich einfache Rahmengehäuse erwähnt. Andererseits sind die Gestehungskosten von geschweißten Teilen, die verhältnismäßig kompliziert sind, wesentlich teurer als gleichartige Gußstücke, die in *größerer* Anzahl nach einem Modell abgegossen werden. Diese Betrachtungen über Wirtschaftlichkeit treten aber zurück, wenn die Forderungen nach geringem Gewicht bzw. höherer Festigkeit und Steifigkeit in erster Linie zu erfüllen sind.

Sowohl für die Güte als auch für die Kosten der Schweißstücke ist es von größter Bedeutung, in welchem Umfange es möglich ist, die bereits genannte automatischen Schweißverfahren anzuwenden. Das Union-Melt-Verfahren, das in Deutschland unter dem Namen „Ellira-Verfahren" eingeführt ist, erzeugt mit großer Zuverlässigkeit saubere, tief durchgeschweißte Nähte; die Zeitersparnis gegenüber der Handschweißung ist um so größer, je stärker die Nähte sind (Bleche über 10 mm Stärke). Trotz des erheblichen Aufwandes für die Geräte und sonstige Unkosten tritt auch eine wesentliche Kostenersparnis ein. Bei der Formgebung und dem Zusammenbau von größeren Schweißstücken ist also besonders zu beachten, daß möglichst viele der langen Nähte mit Automaten geschweißt werden können.

Die Beurteilung der Wirtschaftlichkeit hängt nicht nur an den Fabrikationskosten, sondern an den im Teil I unter 1 bis 6 genannten Gesichtspunkten. In neuester Zeit ist man vielfach deswegen zur Schweißung übergegangen, weil die Leistungsfähigkeit der Gießereien nach dem Kriege in fast allen Ländern Europas durch den Verlust erfahrenen Personals stark zurückgegangen ist, bzw. die Preise für Guß unverhältnismäßig gestiegen sind. Dabei ist ein maßgebender Faktor, daß bei einiger Erfahrung für das Schweißstück kaum eine Ausschußgefahr besteht. Selbst wenn ein erheblicher Fehler unterlaufen sollte, kann man meist den Schaden durch Herausschneiden und Erneuern der fehlerhaften Stelle beheben.

Für die dringenden Entwicklungsarbeiten und auch Reparaturen, die überall nach dem Kriege notwendig waren, erwies sich jedenfalls die Schweißkonstruktion von unschätzbarem Wert, weil man mit kürzeren Terminen ohne Abhängigkeit von anderen Stellen arbeiten konnte.

B. Richtlinien für die Konstruktion.

Für den Entwurf größerer Schweißstücke ist es unerläßlich, daß der Konstrukteur eine klare Vorstellung über den Fertigungsvorgang und seine Schwierigkeiten besitzt, insbesondere über das Entstehen der Schweißspannungen und Schrumpfungen. Die Schweißung verursacht in und dicht an der Naht eine starke örtliche Erwärmung, die entsprechende Wärmedehnung wird aber durch kältere Umgebung verhindert. Dadurch entstehen in dem erwärmten Teil so hohe Druckspannungen,

daß die durch die Erwärmung erniedrigte Streckgrenze überschritten wird und plastische Verformung eintritt. Nach der gleichmäßigen Abkühlung des Stückes verursacht diese Störung der Materialverteilung hohe Spannungen und Verformungen, insbesondere eine Schrumpfung in Richtung der Schweißnähte. Sie ist um so größer, je länger das Schweißstück ist und je mehr Schweißnähte quer zur Meßrichtung liegen. Der Vorgang der Schrumpfung ist an einem einfachen Beispiel in Abb. 189 dargestellt. Bringt man auf einen zweifach gestützten Träger NP 16 auf der Oberseite eine Schweißraupe von 16,3 mm² Querschnitt auf, so dehnt die örtliche Erwärmung den Obergurt, es entsteht eine Durchbiegung nach oben. Der stark erhitzte Mittelteil des Obergurtes erleidet durch den kühler bleibenden Außenteil eine plastische Stauchung. Nach dem Temperatur-Ausgleich entstehen im Mittelteil des Obergurts hohe Zugspannungen, im Außenteil Druckspannungen, er wird etwas kürzer als vor der Schweißung.

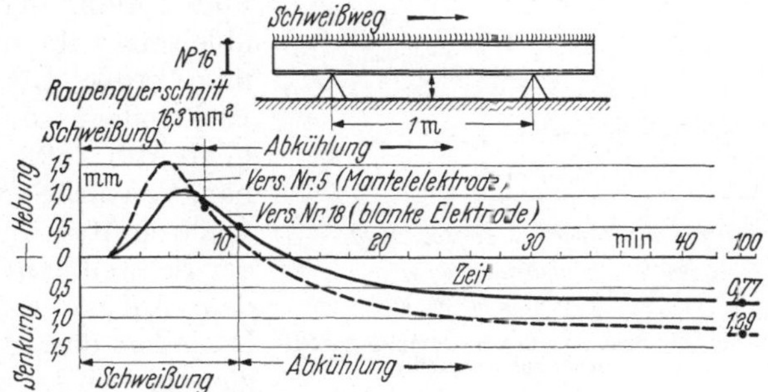

Abb. 189. Verformung durch Schrumpfung beim Lichtbogenschweißen.

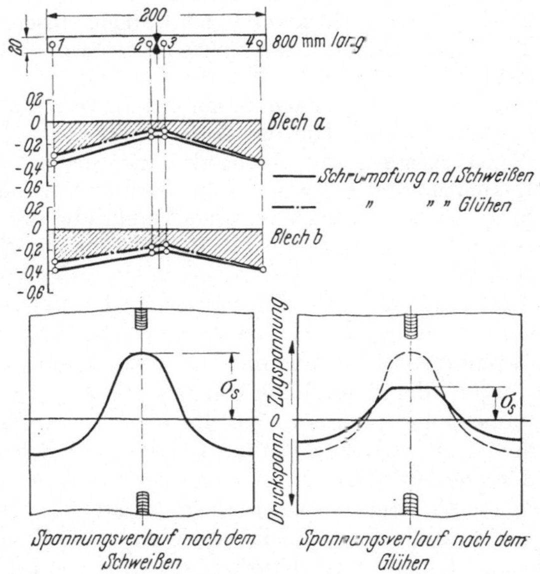

Abb. 190. Spannung und Schrumpfung in einer 800 mm langen Verbindungsnaht.

Auch der Untergurt muß zum inneren Ausgleich der Spannungen unter Druckspannung kommen und sich also auch etwas verkürzen. Im Gesamteffekt verkürzt sich also der Träger oben mehr als unten, es ergibt sich eine Durchbiegung nach unten.

Die beim Zusammenschweißen von zwei starken Blechen durch eine Stumpfnaht entstehenden Schrumpfungen und inneren Spannungen sind in Abb. 190 links dargestellt. Für den Vorgang gelten fast die gleichen Erläuterungen wie für Abb. 189.

Schrumpfungen entstehen auch quer zu den Schweißnähten, in Abb. 191 ist dies für eine zweiseitige Kehlnaht dargestellt. Die umrandete Partie unterliegt starker Erwärmung, sie wird durch die behinderte Ausdehnung gestaucht. Das schraffierte Feld erleidet dabei Zugspannungen. Nach dem Temperaturausgleich setzt nun die gestauchte Partie das untere Gebiet unter Druckspannung, meist so stark, daß eine deutlich sichtbare Ausbeulung entsteht. Die damit quer zur Naht entstehende Schrumpfung beträgt bei Blechen von 12 bis 15 mm Stärke, für jede doppelte Kehlnaht etwa 1 mm.

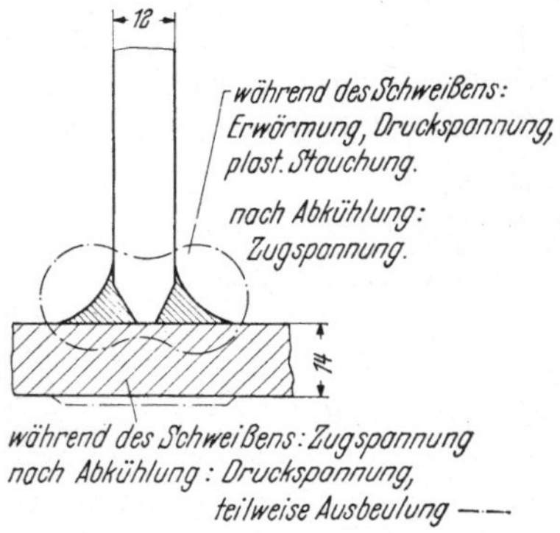

Allgemein hängt die Schrumpfung von Stärke und Umfang der Erwärmung und der Wärmeableitung während des Schweißens ab; verwendet man große Stromstärken bzw. ummantelte Elektroden, so ist die Wärmezufuhr größer. (Vgl. Abb. 189.) Die tatsächliche Schrumpfung hängt natürlich von der Größe des umgebenden Querschnittes im Verhältnis zum Querschnitt der Schweißnaht ab. Bei der Entwicklung und dem Aufbau von größeren Schweißstücken ist besonders darauf zu achten, daß dies Verhältnis günstig wird, und die Spannungsverteilung

12

während des Schweißens:
Erwärmung, Druckspannung,
plast. Stauchung.

nach Abkühlung:
Zugspannung.

während des Schweißens: Zugspannung
nach Abkühlung: Druckspannung,
teilweise Ausbeulung — —

Abb. 191. Spannung und Schrumpfung senkrecht zur Kehlnaht.

symmetrisch erfolgt, damit sich das Stück möglichst wenig verwirft. Da jede eingeschweißte Stützrippe durch ihre Schweißnaht die gesamte Schrumpfung vergrößert, soll man nicht mehr Versteifungen einsetzen, als unbedingt erforderlich ist, um die Maßhaltigkeit des Stückes zu sichern. Wenn große ebene Wände nicht zu vermeiden sind, die bei Druckbeanspruchung zum Ausknicken oder Flattern neigen, bzw. Geräusche stark nach außen übertragen, muß man natürlich für ausreichende Versteifung sorgen. Um das Aufschweißen von Rippen zu vermeiden, kann man die Knickfestigkeit durch eingedrückte Sicken erhöhen, die gleichzeitig quer zur Hauptrichtung eine gewisse Nachgiebigkeit erreichen.

Schon beim Entwurf ist eine Verständigung mit dem Schweißfachmann der Werkstätte notwendig, um die Reihenfolge der Schweißvorgänge festzulegen und gleichzeitig die Zugänglichkeit aller Schweißnähte zu sichern. Man muß sich bewußt sein, daß die gute Zugänglichkeit der Nähte in ihrer ganzen Ausdehnung die Grundbedingung für zuverlässige Arbeit des Schweißers ist, und daß die Reihenfolge des Zusammenschweißens nicht nur aus diesem Grunde, sondern auch wegen der Genauigkeit der Herstellung von größter Bedeutung ist. Die Teile müssen immer so zusammengefügt werden, daß die beim Schweißen auftretenden Schrumpfungen möglichst ausgeglichen werden können und Schrumpfspannungen möglichst vermieden werden. Von der geschickten Planung hängt der ganze Erfolg der Konstruktion ab. Schrumpfspannungen sind der Keim zu späteren Rissen, oder — wenn sie falsch ausgeglichen werden — die Ursachen zu erheblichen Maßabweichungen, die die Brauchbarkeit des Stückes in Frage stellen. Will man diesen Fehler durch größere Zugaben an den bearbeiteten Stellen ausgleichen, so geht ein erheblicher Teil des Gewichtsvorteils des geschweißten Gestells verloren, da ja ein Teil dieses für Ausgleich zugegebenen Werkstoffs im Gestell verbleibt. Zur Überwindung der genannten Schwierigkeiten gehören neben der geschickten Planung zahlreiche Erfahrungen; bei Erstausführung empfiehlt es sich daher, schrittweise durch Versuchsschweißungen Spannungen, Schrumpfungen und Zugänglichkeit der Schweißnähte festzustellen. Solche Vorversuche sind bei großen schwierigen Stükken eine Grundbedingung für den Erfolg. Es kann sich z. B. dabei herausstellen, daß man gewisse Einzelteile mit bestimmten Abweichungen gegenüber der maßgerechten Ausführung einsetzen muß, ja das ganze Stück beim Zusammenfügen zum Schweißen abweichend vom rechten Winkel aufgebaut werden muß.

Als weiteres wichtiges Hilfsmittel ist die Anwendung von allgemeinen Hilfseinrichtungen dringend zu empfehlen. Hierzu gehören Schablonen bzw. Lehren zum Ausschneiden und Zurechtarbeiten der Einzelteile und Schablonen und Spannvorrichtungen zu deren Zusammenfügen. Mit der Arbeitsvorbereitung muß auch geklärt werden, ob sämtliche Einzelteile auf der Zeichnung einzeln herausgezeichnet werden müssen, oder ob es genügt, sie im zusammengezeichneten Zustande zu vermaßen. Zur Sicherung der richtigen Herstellung ist das Herauszeichnen der Einzelteile vorzuziehen.

Dabei müssen im Einvernehmen mit der Werkstätte bei allen Einzelteilen neben den rechnerischen Grundmaßen die sogen. Schrumpfmaße eingetragen werden, die also für das Ausschneiden der Bleche gelten. Bei großen Grundplatten von 6 bis 7 m Länge ergeben sich Übermaße von 12 bis 15 mm! Für große Stücke mit vielen Blechteilen ist dringend zu empfehlen, eine „Blechaufteilung" aufzuzeichnen, in der zur Verminderung des Verschnitts eine weitgehende Ausnützung der vorhandenen Blechtafeln vorgeschrieben wird.

Erfahrungen und Messungen zeigen, daß die durch Schrumpfungen entstehenden Spannungen 1000 bis 2500 kg/cm² betragen können. Für das 800 mm lange Blech (Abb. 190) errechnet sich z. B. aus der Verkürzung der Außenkante eine Druckspannung von etwa 1100 kg/cm². Aus dem ungefähren Verlauf der Spannungskurve über die Blechbreite ergibt sich zwangsläufig eine fast doppelt so hohe Zugspannung in und dicht bei der Naht. Selbst wenn man sich mit Erfolg bemüht, durch geschickte Führung der Schweißung Schrumpfung und Spannungen gering zu halten, bedeuten sie eine erhebliche Gefährdung der Schweißstücke. Für jedes hochbeanspruchte Stück sind diese Spannungen durch einen Glühvorgang zu beseitigen, der als letzter Arbeitsgang der Fertigung einzuschalten ist. Vorher ist das fertig geschweißte Stück auf Maßhaltigkeit zu prüfen und nötigenfalls zu richten. Bei kleinen Stücken kann man die unvermeidlichen Abweichungen durch Kaltrichten ausgleichen, bei größeren geschieht dies durch örtliches Erwärmen, wobei man dieselben Schrumpferscheinungen ausnützt, wie sie beim Schweißen auftreten. An dem gezeigten Träger Abb. 189 wäre z. B. der Untergurt im bestimmten Ausmaße durch Schweißbrenner zu erwärmen, etwa bis auf leichte Rotglut. Zunächst biegt er sich dabei noch mehr nach unten durch. Bei der Abkühlung entsteht aber nun eine Stauchung im Untergurt, die bei richtiger Ausführung den Träger wieder gerade richtet.

Dieses Verfahren verlangt natürlich viel Überlegung und Erfahrung, man kann aber damit selbst die größten Stücke mit bestem Erfolg richten. Durch das Richten werden die ursprünglichen Eigenspannungen nicht verringert, sondern nur verlagert, außerdem treten weitere Spannungsfelder hinzu. Alle diese Eigenspannungen können durch gleichmäßiges Erwärmen auf etwa 600° C weitgehend abgebaut werden. Wie Abb. 192 zeigt, nehmen in diesem Gebiet Streckgrenze und Dauerstandfestigkeit sehr stark ab, durch plastische Verformungen können dann die Spannungen sich ausgleichen bis zu Restspannungen, die in Abb. 192 rechts angegeben sind. Man könnte vermuten, daß sich die vorher gerichteten Stücke beim Glühen wieder verziehen, da ja der Abbau von Spannungen entsprechende Dehnungen zur Folge haben muß. Da aber die Druck- und Zugspannungen sich gegeneinander ausgleichen, tritt nach außen hin eine Verformung kaum zu Tage, vgl. Längenmessung in Abb. 190. Voraussetzungen für erfolgreiches Glühen sind: Langsames gleichmäßiges Erwärmen, gleichmäßige Temperatur im ganzen Ofenraum, langsames Abkühlen im Ofen auf etwa 100° C; große Stücke müssen zur Vermeidung von Durchbiegungen gut abgestützt werden, wobei aber darauf zu achten ist, daß die Stützen nicht durch Wärmedehnungen das Stück verformen. Ein Glühen mit noch höheren Temperaturen bzw. ein regelrechtes Normalisieren wäre natürlich mit Rücksicht auf Gefüge-Änderungen an der Schweißnaht erwünscht, ist aber wegen zahlreichen technischen Schwierigkeiten bei größeren Stücken nicht durchführbar.

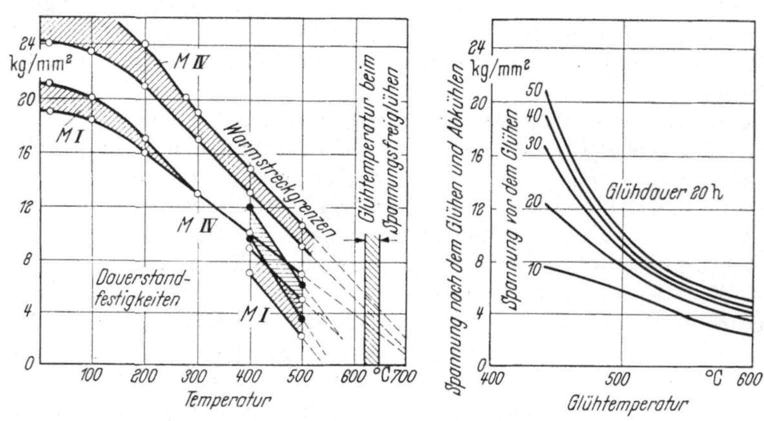

Abb. 192. Verhalten von Stahl beim Spannungsglühen.

1. Verwendbare Werkstoffe. Für alle wichtigen Motorenteile muß ein gut schweißbarer Stahl verwendet werden, der sich ohne Schädigung kalt biegen läßt. Er darf auf keinen Fall zur „Schweißrissigkeit", d. h. zur Verhärtung in den Zonen neben den Nähten neigen. In der deutschen Industrie haben sich bestimmte Prüfverfahren für die Schweißbarkeit von Stählen eingebürgert. Eine entsprechende Gewährleistung durch den Hersteller ist durchaus üblich[1].

Als Anhaltspunkt können folgende Merkmale dienen:

C-Gehalt etwa 0,2%, max. 0,3%
Si- „   etwa 0,2%
Mn- „   etwa 0,4%

Als Gewähr für einwandfreie Verschmelzung und Wärmebehandlung sollte man bei wichtigen Elementen eine Kerbschlagprobe verlangen, die mindestens 6,0 kg/cm² (DVM-Probe) ergeben muß.

Für normale Teile kann man sich auf geprüfte Kesselbleche (Qualität M I und M II verlassen, evtl. auch auf DIN-Stahl 3721 in Sondergüte. Schmiedestücke und Stabmaterial, die in die Konstruktionen eingeschweißt werden sollen, sollen aus gleichem Werkstoff bestehen, z. B. StC. 37.21 S oder Einsatz-Stahl, der wegen des geringen Gehalts an Kohlenstoff und großer Reinheit sich gut zum Schweißen eignet. Normales Profil- und Walzmaterial sollte man für hochbeanspruchte Schweißstücke möglichst nicht verwenden, es sei denn, daß durch besondere Liefervorschriften oder vorhergehende Prüfung gute Schweißbarkeit gesichert ist. Für Stahlguß-Stücke, die eingeschweißt werden sollen, sind dieselben Fertigkeitswerte wie die der verwendeten Bleche vorzuschreiben mit besonderem Hinweis auf homogen Guß, dessen C-Gehalt nicht mehr als 0,3%, und Si-Gehalt nicht mehr als 0,4% betragen soll.

Die Verwendung von Blechen höherer Festigkeit (über 50 kg/mm²) ist bei großen Motorenteilen unzweckmäßig, schon weil mit Rücksicht auf die Steifigkeit sich Abmessungen ergeben,

---

[1] CORNELIUS: Der Einfluß von Kohlenstoff und Mangan auf die Schweißbarkeit von Stahl. Z. VDI 1938, S. 1200.

Bericht des American Welding Research Comittee, Auszug in Z. VDI 1937, Heft 9.

die die Beanspruchungen sehr niedrig halten. In der Hauptsache spricht dagegen, daß der höhere C-Gehalt die Gefahr der Versprödung neben den Schweißnähten erhöht. Diese Stellen würden dann wegen der Kerbempfindlichkeit eine sehr geringe Dauerfestigkeit aufweisen. Wenn sich in besonderen Fällen die Verwendung von Werkstoffen höherer Festigkeit rechtfertigt, so müssen besondere Vorsichtsmaßnahmen beim Schweißen getroffen werden. (Anwärmen vor dem Schweißen, Sonder-Elektroden, nachträgliches Normalisieren u. dgl.)

2. Schweißverfahren. Bei dem Bau von tragenden Hauptteilen von Verbrennungsmotoren muß man sich bewußt sein, daß fast immer Wechselkräfte aufzunehmen sind, deren Wechselzahl schon nach kurzer Betriebszeit zur Ermüdungsgrenze führen kann. Alle wichtigen Schweißnähte sind also unter dem Gesichtspunkt höchster Dauerfestigkeit auszuführen. Bindefehler, Schlacken-Einschlüsse und Einbrandkerben sind also unbedingt zu vermeiden, selbstverständlich auch alle anderen Arten von Kerben und scharfen Übergängen, die zu einer Zusammendrängung des Kraftlinienflusses führen. An Punkten von unvermeidlichen Verformungen muß durch genügend Elastizität, bzw. Arbeitsaufnahmefähigkeit das Entstehen von Spannungsspitzen oder starken Stoßkräften verhindert werden.

Alle wichtigen Schweißnähte sollen zur Vermeidung von Bindefehlern und Wurzelkerben sauber „durchgeschweißt" werden. Es sind möglichst X-Nähte mit gut vorgearbeiteten Schweißkanten anzuwenden, bei jeder Naht muß die Rückseite sauber ausgekreuzt und verschweißt werden. *Die Nähte müssen also von beiden Seiten zugänglich sein.*

Selbstverständlich sind anerkannte geprüfte Schweißer einzusetzen, die eine sorgfältige Herstellung gewährleisten. Häufige Nachprüfungen nach den eingeführten Vorschriften und Kontrolle der Nähte durch Röntgenstrahlen sind notwendig.

Die Konstruktion und die Aufteilung der Schweißarbeiten in einzelne Gruppen sollte weitgehend die Verwendung von Schweißautomaten (z. B. Ellira-Verfahren) gestatten, da sie gleichmäßig und ziemlich fehlerfrei arbeiten und die Fertigungszeit sehr verkürzen.

Die Zeichnungen des Schweißstückes sollen so ausgearbeitet sein, daß die Werkstätte klare Anweisungen über die Ausführung hat. Für die Einzelteile sind die Grundmaße und die Schrumpfmaße und auch die Bearbeitung der Schweißkanten so genau anzugeben, daß die Vorbereitungswerkstätten ohne Rückfragen arbeiten können. In der Zusammenstellungszeichnung sind Art und Güte der Schweißnähte (nach DIN-Vorschriften 1910—12) anzugeben, am besten ist, die Form wichtiger Nähte in natürlicher Größe herauszuzeichnen, sämtliche Angaben müssen im engen Einvernehmen mit der Werkstätte festgelegt werden. Dieser liegt dann die Ausarbeitung des „Schweißplanes" ob, d. h. die Reihenfolge der Schweißarbeiten, der Einsatz der Schweißer bzw. der Automaten, der Elektroden, die notwendigen Vorrichtungen usw.

C. Entwurf von Gestellen und Grundplatten.

1. Richtlinien für die Gestaltung. Wenn man beim Bau eines Motors die größte Gewichtsersparnis erzielen will, so verspricht die Anwendung des Stahlleichtbaues für Motorengestell und Grundplatte, die mit der Kurbelwelle die schwersten Teile des Motors darstellen, den größten Erfolg.

Der Entwurf erfordert zunächst klare Übersicht über Richtung, Größe und Verlauf der Beanspruchungen, die hauptsächlich von den Verbrennungsdrücken und Massenkräften herrühren. In Abb. 193 bis 195 sind für verschiedene Ausführungen von Motorgestellen die Hauptrichtungslinien der Kräfte dargestellt. Die dargestellten Bauarten ergeben allgemein hohe Zugbeanspruchungen in senkrechter Richtung, bedingen also entsprechende Werkstoffquerschnitte und sorgfältige Ausbildung der Schweißnähte bzw. Vermeidung der Schweißnähte quer zur Beanspruchungsrichtung. Um diese Zugbeanspruchungen im Gestell überhaupt zu vermeiden, wendet man daher fast allgemein bei größeren Motoren die auch für Gußeisenkon-

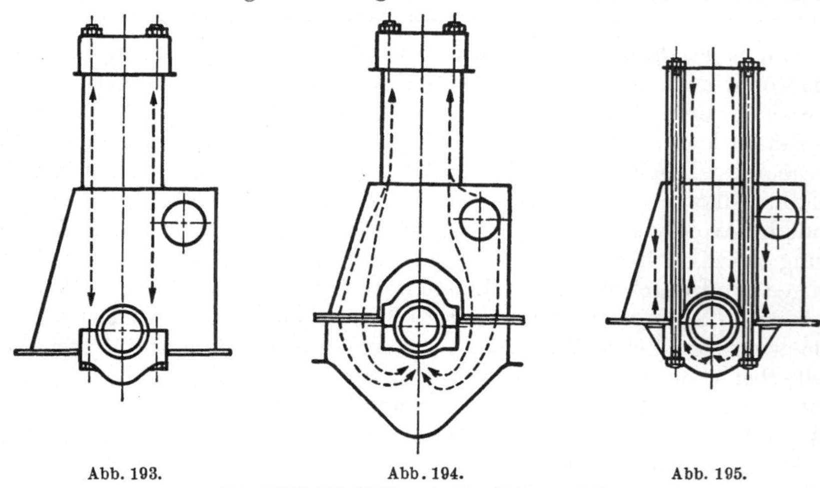

Abb. 193.   Abb. 194.   Abb. 195.

Abb. 193 bis 195. Kräfteverlauf in Motorengestellen.

struktion bewährte Ankerbauart an, d. h. man entlastet das Gestell von den Verbrennungskräften durch starke vorgespannte Anker, die von der Lagerbrücke bis zur Gestelloberkante oder auch bis zum Zylinderdeckel durchgehen (Abb. 195). Das ganze Gestell steht dann auch während der Wirkung des Zünddruckes unter Druckbeanspruchung. Wesentlich ist, auf gute Verteilung der Ankerkraft auf die Gestellquerschnitte zu sorgen und deren Querschnitte in das richtige Verhältnis zum Ankerquerschnitt zu bringen, um zu starke Dehnungen während der Zündungen zu vermeiden[1].

Als weiterer Krafteinfluß auf das Gestell ist nun die Rückwirkung des abgegebenen Drehmomentes zu berücksichtigen, die dem Kippmoment durch den Gleitbahndruck entspricht (Abb. 196). Dieses Moment spielt bei kleineren Motoren eine untergeordnete Rolle, bedarf jedoch bei großen hochgebauten Maschinen besonderer Beachtung, da Resonanz-

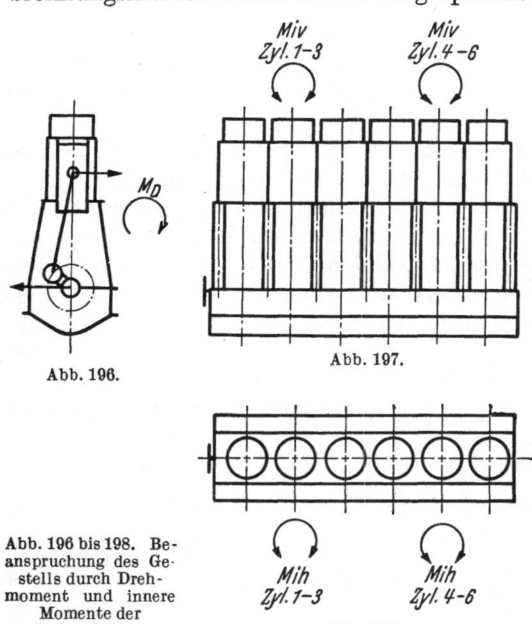

Abb. 196.

Abb. 197.

Abb. 196 bis 198. Beanspruchung des Gestells durch Drehmoment und innere Momente der Massenkräfte.

Abb. 198.

erscheinungen seine Wirkung vervielfachen können. Liegen nämlich die harmonischen Erregenden in Resonanz mit einer Biegungseigenfrequenz des Gestells, so können unangenehme Querschwingungen auftreten. Eine Vorausberechnung der

[1] Z. VDI, Bd. 73 vom 6. Juli 1929.

Eigenfrequenzen eines Gestells für Querschwingungen ist sehr schwer möglich, man kann sie nur auf Grund von Erfahrungen oder vorgenommenen Modellversuchen annähernd vorausbestimmen. Jedenfalls müssen Erfahrung und ein gutes Gefühl des Konstrukteurs mitwirken, um hohen Gestellen die notwendige Steifigkeit zu geben[1].

Für schnellaufende leichtgebaute Motoren ist andererseits die Beherrschung der großen Massenkräfte besonders zu beachten. Der angestrebte innere Massenausgleich bewirkt, daß das Gestell oft durch sehr hohe innere Biegungsmomente beansprucht wird, die sowohl in der senkrechten als auch waagerechten Ebene wirken. In Abb. 197 u. 198 ist z. B. für einen normalen Sechszylinder-Viertaktmotor Größe und Wirkungsrichtung der inneren Momente angegeben. Während das senkrechte Moment durch die Steifigkeit des verhältnismäßig hohen Gestells und die Unterstützung durch das Fundament leicht aufgenommen wird, wirkt das waagerechte Moment in einer Ebene von geringerem Trägheitsmoment und kann erhebliche seitliche Durchbiegungen des Gestells bzw. der Grundplatte hervorrufen. Steifigkeit des Maschinenrahmens in dieser Richtung wird erzielt, indem man starke äußere Längsträger in der Ebene der Kurbelwelle anbringt und diese gut nach den Querträgern hin versteift.

Bei der Formgebung von Gestell und Grundplatte muß man sich den dargestellten Verlauf der Kräfte immer klar vor Augen halten und darauf achten, daß sie auf kürzestem Wege durch entsprechend einfache Querschnitte zu den Gegenpunkten geführt werden. Man vermeide nun möglichst, Schweißnähte quer zur Hauptbeanspruchung zu legen, denn die geringere Wechselfestigkeit der Schweißstelle ist immer eine Gefahr.

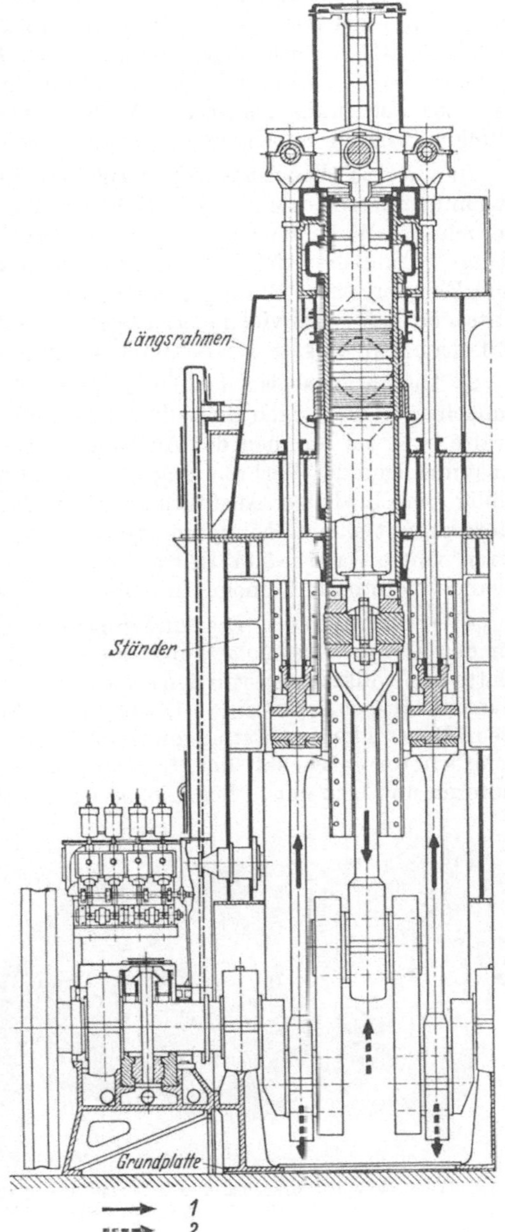

Abb. 199. Schnitt durch den Zylinder eines Doxford-Motors.
1 Verbrennungsdrücke, 2 Massenkräfte erster Ordnung.

Hohe Beanspruchungen verteilt man am besten auf längere Schweißnähte in Längsrichtung, so daß die Naht sozusagen auf Schub beansprucht ist. Alle Eck-

[1] Z. VDI vom 26. April 1930.

verbindungen sind durch das Auftragen der Schweißraupe Punkte von etwas vergrößerter Steifigkeit, gleichzeitig sind die Übergänge von der Schweißraupe zum unberührten Werkstoff erhöhte Gefahrenpunkte durch die Kerbwirkung an den Einbrennstellen. Man achte daher an allen diesen Stellen auf symmetrischen Kraftangriff, um Biegungsmomente in der Schweißnaht zu vermeiden. Man soll deshalb möglichst nicht Schweißnähte an solche Stellen legen, wo durch die Gesamtbeanspruchung des Gestells Verformungen eintreten, die auf eine Änderung der Winkel zwischen miteinander verbundenen Wänden bzw. Rippen hinwirken.

In vielen Fällen ist es schwierig bzw. unzweckmäßig, die Wandstärken nach Rechnung festzulegen, da die Steifigkeit eine größere Bedeutung hat als Beanspruchung. Wenn man sich dann auf die Ausführung bewährter Gußkonstruktionen stützt, so muß man sich immer die im Abschnitt A genannten Zahlen über Festigkeit und Elastizität von Stahl gegenüber Gußeisen vor Augen halten und außerdem die Tatsache, daß Stahl viel zuverlässiger ist als normaler Guß. Daraus und mit einiger Erfahrung entwickelt sich dann das richtige Gefühl für die Stahlkonstruktion.

2. Ausführungsbeispiele. Die Betrachtung von praktischen Ausführungen wird zunächst auf diejenigen Bauteile von Motoren beschränkt, die als Träger der Hauptkräfte bzw. als Rahmen des Aufbaues dienen. Eine Unterteilung der vielseitigen Ausführungen der Verbrennungsmotoren ergibt sich aus der Größe und damit der völlig verschiedenen Ausführungsmöglichkeit der Stücke, und zwar für Großmotoren mit einem Hubvolumen von mehr als 50 l/Zylinder, für mittelgroße Motoren von etwa 6···50 l Hubvolumen, und schließlich für die ausgesprochenen kleinen Motoren mit einem Hubvolumen bis zu 6 l.

a) **Großmotoren.** Die Anregung zu einer besonders leichten Konstruktion lag für den *Doppelkolbenmotor* am nächsten, bei dem sowohl Gestell als auch Grundplatte fast vollkommen von den senkrechten Beanspruchungen der Zünddrücke und Massenkräfte entlastet sind. Die englische Firma Doxford, die mit größtem Erfolg die in Deutschland zuerst angewandte Bauart des Doppelkolbenmotors zum großen Schiffsmotor entwickelt hat, begann schon in den Jahren 1930/33 große Schiffsmotoren mit Leistungen bis zu 5300 PS mit vollständig geschweißten Gestellteilen zu bauen[1]. Der schematische Längsschnitt durch den Zylinder eines Doxfordmotors (Abb. 199) erläutert zunächst, daß die Verbrennungsdrücke der beiden Kolben sich über die Kurbelwelle ausgleichen, und das Gestell nur durch die Querkräfte und kleine restliche Massenkräfte beansprucht wird. Die großen Massenkräfte erster Ordnung sind durch den gegensinnigen Lauf der Triebwerke eines Zylinders fast ausgeglichen. Vollständig geschweißt wurden die in der Abbildung angedeuteten Hauptteile des Gestells, nämlich Grundplatte, Ständer und oberer Längsrahmen. Die Abb. 200 u. 201 zeigen den folgerichtigen Aufbau einer Grundplatte eines Dreizylindermotors von 2300 PS. Die einfache leichte

Abb. 200. Geschweißte Grundplatte eines Doxford-Motors vor dem Anschweißen der oberen Längsgurte.

---

[1] Motor Ship, Lond., Dezember 1933.

Ausbildung der Lagerbrücken ist nur dadurch möglich, daß dieser Bauteil vollkommen von den Zünddrücken und größtenteils von hohen Zentrifugalkräften entlastet ist. Für einen Motor normaler Bauart wäre es nicht zulässig, die Lagermitte über den Querträger zu legen; außerdem müßten die Befestigungen des Lagerdeckels viel stärker ausgebildet werden.

Abb. 202 u. 203 lassen die einfache Bauart der Ständer und die Methode des Zusammenbaues erkennen. Die Ausbildung als Kastenträger, der aus zwei fast gleichen Hälften zusammengesetzt wird, die ihrerseits durch rohrförmige Verbindungsstücke gegen einander versteift sind, gibt einen außerordentlich steifen festen Ständer.

Abb. 204 zeigt den Aufbau einer Hälfte des oberen Querstückes, das als Zylinderträger dient. Da dieser Bauteil sowohl als Aufnehmer als auch

Abb. 201. Geschweißte Grundplatte eines Doxford-Motors.

zur Fortleitung der Spülluft zu den Zylindern dient, ist die Erweiterung der inneren Räume durch die leichte Stahlkonstruktion besonders vorteilhaft.

Es wird in einem Falle angegeben, daß für einen Vierzylindermotor von 2900 PS

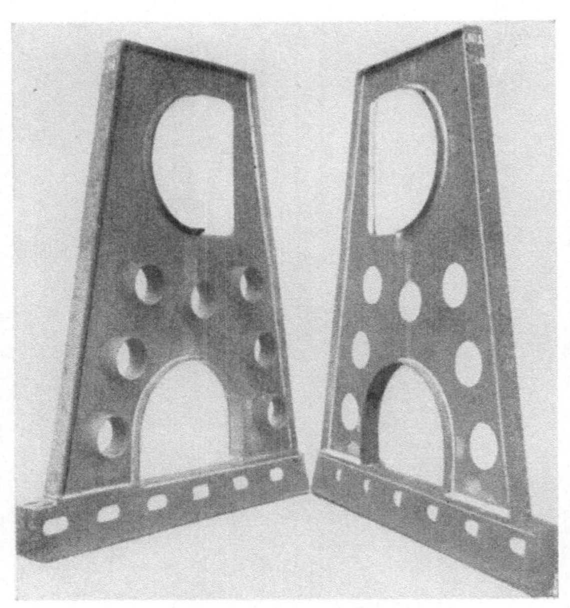

Abb. 202. Grundplatte nach Abb. 213, Unterseite.

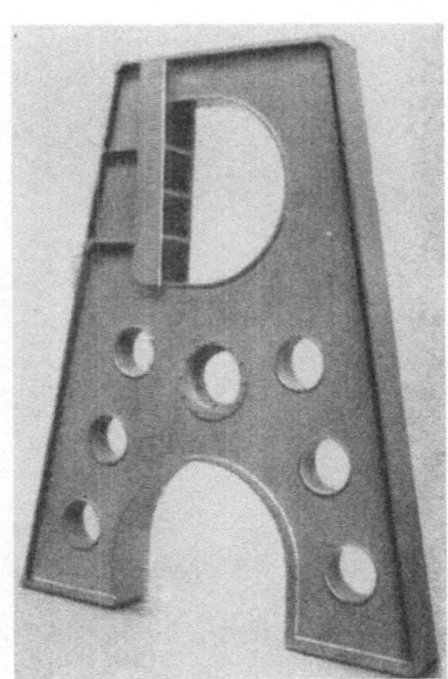

Abb. 203.

die Schweißkonstruktion eine Gewichtsersparnis von 50 t gebracht hat, also etwa 17 kg/PS. Es muß aber offen gelassen werden, ob dieser außerordentliche Erfolg nicht auf den Vergleich mit einer unnötig schweren Gußkonstruktion beruht.

Abb. 204. Geschweißter Zylinderträger eines Doxford-Motors.

Für den normalen stehenden Motor mit einem Kolben ist es unerläßlich, die Verbrennungsdrücke im Zylinder durch das Gestell bis zur Lagerbrücke unter der Kurbelwellenlagerung zu führen. Für Großmotoren haben nun alle Gestalter besondere Maßnahmen ergriffen, um das Gestell zu entlasten oder zum mindesten Schweißnähte quer zum Kräfteverlauf zu vermeiden. Interessant ist nun in dieser Beziehung die „*Zugband*"-Konstruktion der Firma Sulzer, die in Abb. 205 dargestellt ist. Der Grundgedanke ist, den Hauptgurt unter den Kurbelwellenlagern als Zugband bis zur Oberkante des Gestells bzw. der Ständer durchzuführen, und dieses ungeteilte Stahlstück als hauptsächlichen Träger der Kräfte zu benutzen. Dieses Hauptelement wird dann durch Anschweißen der Quer- und Längswände zum voll-

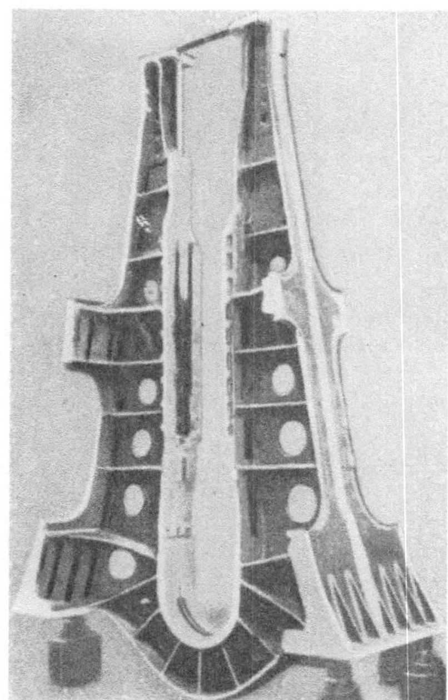

Abb. 205. Geschweißtes Gestell (Zugband-
konstruktion von Sulzer).

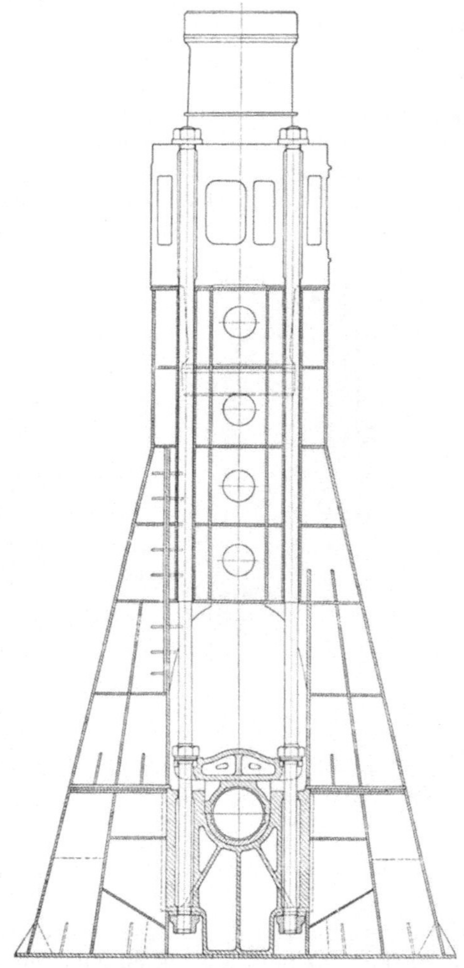

Abb. 206. Schnitt durch das Gestell eines doppeltwirkenden
Zweitakt-Motors von Richardson-Westgarth.

kommenen Ständer erweitert. In Höhe des Kreuzkopfes sind die inneren Flächen des Zugbandes gleichzeitig Träger der Gleitbahnen für die beiderseits des Kreuzkopfes angeordneten Gleitschuhe. (Zweigleisige Führung!)[1]

Die Einzelständer werden zu einem vollständigen Gestell, das gleichzeitig die Grundplatte darstellt, zusammengesetzt. Es ist mit diesem Verfahren gelungen, sehr leichte Zweitaktmotoren — sowohl einfacher als doppeltwirkender Bauart — herzustellen; eine weitgehende Verwendung ist jedoch nicht bekannt geworden.

Die englische Firma Richardson-Westgarth hat zur Entlastung des geschweißten Aufbaues eines großen doppeltwirkenden Zweitaktmotors die bekannte *Zugankerkonstruktion* gewählt[2]. Im Querschnitt durch das Gestell des Motors (Abb. 206), der mit vier Zylindern von 700 mm Dmr. und 1200 mm Hub bei $n = 109$ U/min eine Leistung von 4000 PS abgibt, sind zunächst die geschweißte Grundplatte, und der Ständer in ihrer Grundform dargestellt. Bei der Konstruktion der Grundplatte (Abb. 207) hat man die schwierigen Zusammenfügungen des Mittelteils der Lagerbrücke, die durch die Ankerkräfte sehr hoch beansprucht ist, durch Ausführung in Stahlguß vermieden. Die meisten Schweißnähte sind als Stumpfnähte beiderseitig doppelt geschweißt. Die erste Lage mit 4,8 mm, die zweite mit 6,3 mm starken ummantelten Elektroden. Bei einer Länge von 6850 mm, einer Breite von 4250 mm und einer Höhe von 1610 mm wird ein Gewicht von 29 t genannt, während die gleiche Grundplatte in normaler Gußausführung etwa 44 t wiegt.

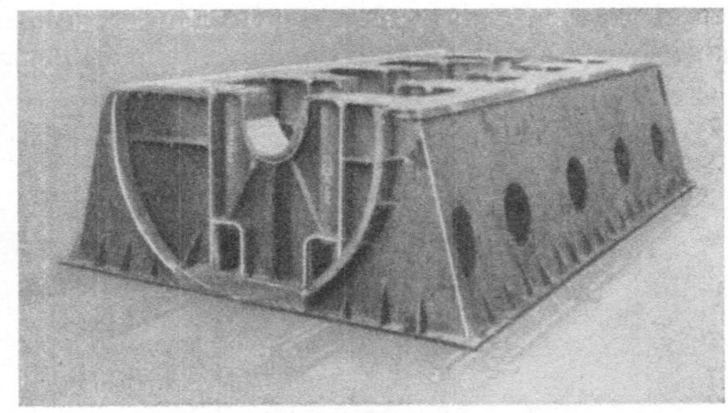

Abb. 207. Geschweißte Grundplatte des Motors von Richardson-Westgarth.

Abb. 208.

Ausführungen und Zusammenbau der Ständer ist aus der Abb. 208 zu erkennen. Als wichtigsten Bauteil der Schweißkonstruktion sind die um den Anker herum liegenden Rohrabschnitte zu bezeichnen, die zur gleichmäßigen Verteilung der Ankerkraft auf den T-Querschnitt des ganzen Ständers beitragen.

---

[1] Motor Ship, Juli 1932. — [2] Marine Engr., Juli 1936.

Die bisher erläuterten ausländischen Konstruktionen stellen — vielleicht mit Ausnahme der Sulzer-Bauart — die folgerichtige Anwendung der Stahlbauweise auf normale Schiffsmotoren dar, die zwar eine erhebliche Gewichtsverminderung brachten, aber wahrscheinlich aus wirtschaftlichen Gründen nicht zur vollen Auswirkung kamen. Vor einem Bericht über die Entwicklung nach dem Kriege sei kurz auf die in den Jahren 1930—1940 von der MAN ausgeführten Gestelle für große Kriegsschiffsmotoren hingewiesen. Hier handelte es sich um die Sonderaufgabe, für Kriegsschiffe verschiedener Größen Motoren-Anlagen zu bauen, die im Bezug auf Gewicht und Raumbedarf den damals bekannten Dampfanlagen überlegen

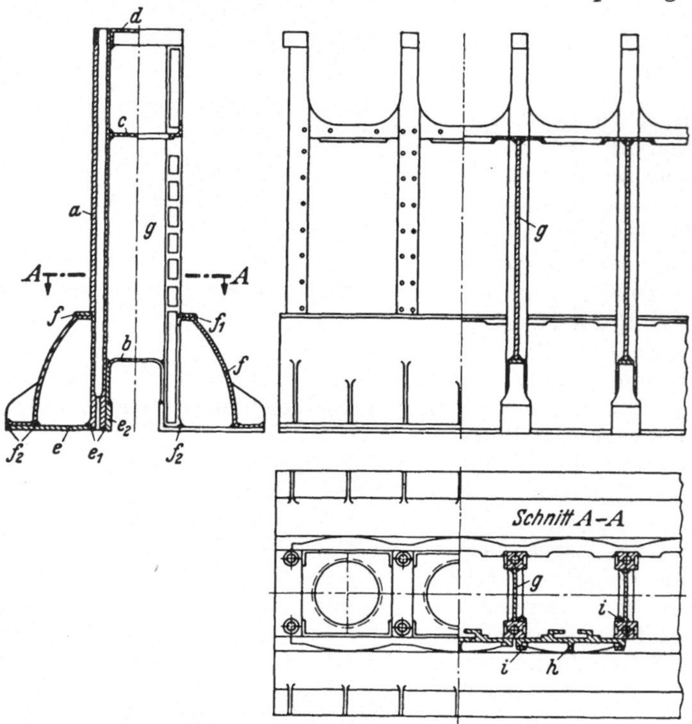

Abb. 209a bis c. Geschweißtes Gestell des MAN-Kriegsschiffmotors.

waren. Die Lösung war zu einem gewissen Teil möglich durch die Erfindung eines neuartigen Gestellaufbaues, der sich durch folgerichtige Ausnützung der Ankerbauart und einfachste Ausbildung der Verbindungsteile auszeichnet.

Die durch DRP. 542055 geschützte Bauart (Abb. 209a bis c) weist als Hauptträger in senkrechter Richtung Stahlsäulen auf, die hohlgebohrt sind und außerdem zwecks Gewichtserleichterung und Herausbildung der Anschlußquerschnitte entsprechend ausgefräst sind. Diese hohlen Säulen werden durch die innen durchlaufenden Zuganker vorgespannt, die von der unten mit dem Anker aufgehängten Lagerbrücke bis zum obenliegenden Zylinderblock durchlaufen (Lagerbrücke und Zylinderblock sind in der schematischen Skizze nicht dargestellt). Die Säulen sind nun durch die eingeschweißten Bleche b (unterer Quergurt, zugleich Abstützung des oberen Lagerdeckels) und das darüber senkrecht nach oben laufende Querblech g weiterhin durch den oberen Längsgurt c, der zugleich Abschluß des Triebwerksraumes nach oben bildet, und den oberen Quergurt d miteinander verschweißt. Den unteren Längsgurt bildet das Grundblech e mit dem rechtwinklig aufgebogenen

Teil e_2 mit der wichtigen Verschweißung bei e_1. Zur seitlichen Versteifung dienen nun noch die Rippen und Seitenwände f, die gleichzeitig den eigentlichen Kurbelraum nach außen abschließen und entsprechende Öffnungen für die Zugänglichkeit des Triebwerkes aufweisen. Das ganze schlanke Gestell erhält nun in Längsrichtung noch eine wesentliche Versteifung durch die an den Säulen angeschraubten Gleitbahnen k (s. Abb. 238), die als starke Verbindungsbrücken ausgebildet sind, und gleichzeitig noch eine weitere Versteifung durch den aufgesetzten Zylinderblock.

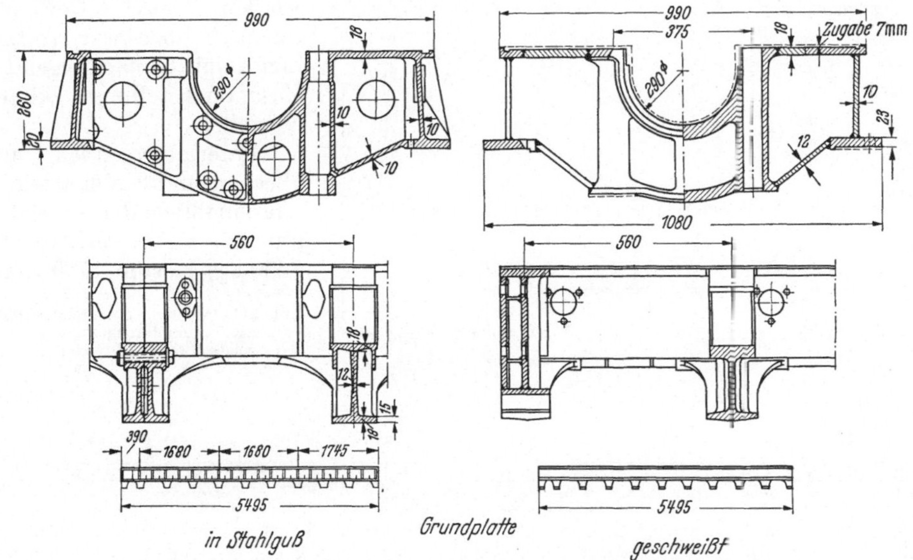

Abb. 210. Umbau einer leichten Stahlgußgrundplatte in Schweiß-Konstruktion.

Der durchschlagende Erfolg dieser Bauart ist durch die zahlreichen weiteren Ausführungen für die Reichsmarine und durch das große Aufsehen bewiesen, das die Maschinenanlagen der deutschen Panzerschiffe in der ganzen technischen Welt hervorriefen.

Nach dem Kriege hat sich die Motoren-Industrie der ganzen Welt, aus den auf S. 140 genannten Gründen, in viel größerem Umfang der Schweißkonstruktion zugewandt, insbesondere die Firmen, die große Motoren für die Seeschiffahrt bauen. Während einige Firmen auch bei Schweiß-Konstruktionen die bewährte Ankerbauart beibehalten und schwierigere Teile als Stahlgußstücke einsetzen, glauben andere auf die Anker verzichten zu können und belasten die geschweißten Gestellteile mit den hohen Verbrennungsdrücken.

Besonders kennzeichnend ist die Entwicklung von einer reinen Stahlguß-Ausführung zur Schweiß-Konstruktion bei Grundplatte und Gestell für einen hochbelasteten Viertaktmotor (Zylinder-Durchmesser 400 mm, Hub 460 mm) der von der MAN während des Krieges in großen Serien gebaut wurde.

Grundplatte: Ausführung in Stahlguß für 9 Zylinder, Abb. 210 links. Aus gießtechnischen Gründen aus 5 Einzelstücken zusammengeschraubt, 3 gleiche Mittelstücke, 2 Endstücke, Wandstärken 10···12 mm.

Gewicht der 5 Gußstücke vorgearbeitet mit 3 mm Zugabe 1730 kg.

Rohgewicht ab Gießerei 2000 kg, Einsatzgewicht an flüssigem Stahl 6250 kg.

Gewicht der fertig zusammengeschraubten Grundplatte 1780 kg

·Kosten: (Serienfabrikation). Vorgearbeiteter Stahlguß: 3470 RM

Arbeitszeit für Zusammenbau ohne Fertigbearbeitung 290 Std.

Fertigpreis ca. 4000 RM

Eine notwendige Erhöhung der Stückzahl konnte keine weitere Preisermäßigung bringen, überschritt aber die Lieferfähigkeit der Stahlwerke, außerdem verursachten Ausschuß und Flickarbeiten untragbare Verzögerungen der Fertigung. Die Umstellung zur Schweißkonstruktion nach Abb. 210 rechts brachte trotz der fabrikatorischen Schwierigkeiten einen vollen Erfolg. Aus Termingründen mußte für den Lagerstuhl ein vorhandenes Gesenk benutzt werden, dessen Gewicht reichlich hoch war, trotzdem zeigt die nachfolgende Zusammenstellung klare Vorteile.

Materialverbrauch an Blechen und Stabmaterial, einschließlich der Gesenkstücke und Elektroden 2530 kg, Kosten 1720 RM.

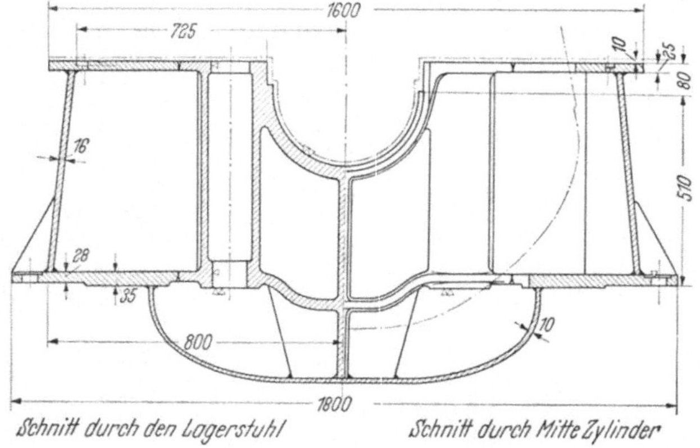

Abb. 211. Niedrige Grundplatte mit nach unten durchgezogener angeschweißten Ölwanne.

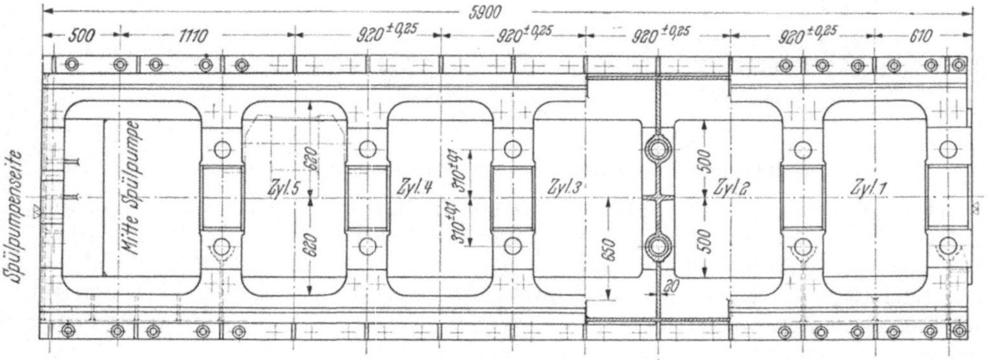

Zurechtschneiden und Vorarbeiten alter Einzelteile: 99 Arbeitsstunden zu 195 RM.

Für das Zusammenschweißen, Richten, Glühen und Absanden, also bis zur Anlieferung an die Fertigbearbeitung waren 500 Std. mit 1070 RM Kosten aufzuwenden. Herstellungskosten in diesem Zustand: 2985 RM, Gewicht 1990 kg. Obgleich die Bearbeitungskosten gegenüber der Stahlguß-Grundplatte wegen der größeren Zugaben etwas höher sind, liegt der Preisvorteil klar bei der geschweißten Platte. Dabei ist aber der erhebliche Aufwand für Flickarbeiten für den Stahlguß nicht berücksichtigt. Von größter Bedeutung war aber, daß die dadurch entstehenden Verzögerungen entfielen, und das Herstellerwerk nunmehr unabhängig von den Stahlgießereien nach eigenem Terminplan arbeiten konnte. Es bedarf wohl keines Beweises, daß die geschweißte Platte eine wesentlich größere Steifigkeit gegen Biegung und Verdrehung hat, als die aus einzelnen Stücken zusammengesetzte Stahlgußplatte.

Die Grundplatte war für einen Spezialmotor bestimmt, bei dem Gewicht und Raumbedarf von entscheidender Bedeutung waren.

Für schwere Schiffsmotoren sind etwas andere Ausführungen üblich, die in den Abb. 211 bis 213 dargestellt sind. Man kann grundsätzlich folgende Formen unterscheiden:

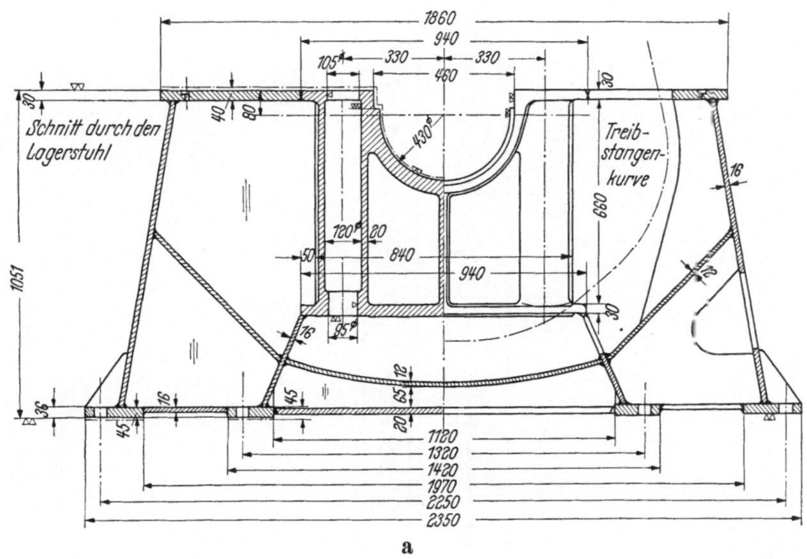

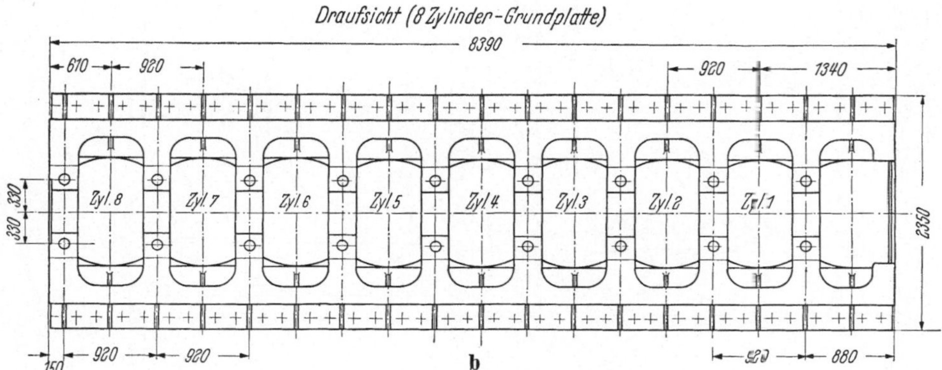

Abb. 212 a u. b. Hohe, unten ebene Grundplatte.

Beispiel 1: (Abb. 211). Niedrige Grundplatte mit nach unten durchgezogener angeschweißter Ölwanne, bestimmt für einen einfachwirkenden Zweitaktmotor, 5 Zylinder, 520 mm Durchmesser,

Hub 700 mm, mit angehängter Spülpumpe als 6. Zylinder.

Leistung etwa 2000 PS bei $n = 215$.

Gewichte:

6 Lagerstühle, Stahlguß vorgearbeitet	1980 kg	
Gesamter Blechbedarf	5000 kg	
Eingebaute Bleche	4300 kg,	Verschnitt 700 kg = 14%
Gesamtgewicht unbearbeitet	6330 kg	
Gesamtgewicht fertig bearbeitet	5800 kg	
Gesamtlänge	5900 mm	

Wenn auch die Platte nicht mit gleichen Abmessungen als Gußstück ausgeführt wurde, so läßt sich doch ziemlich genau angeben, daß diese etwa 9500 kg wiegen würde.

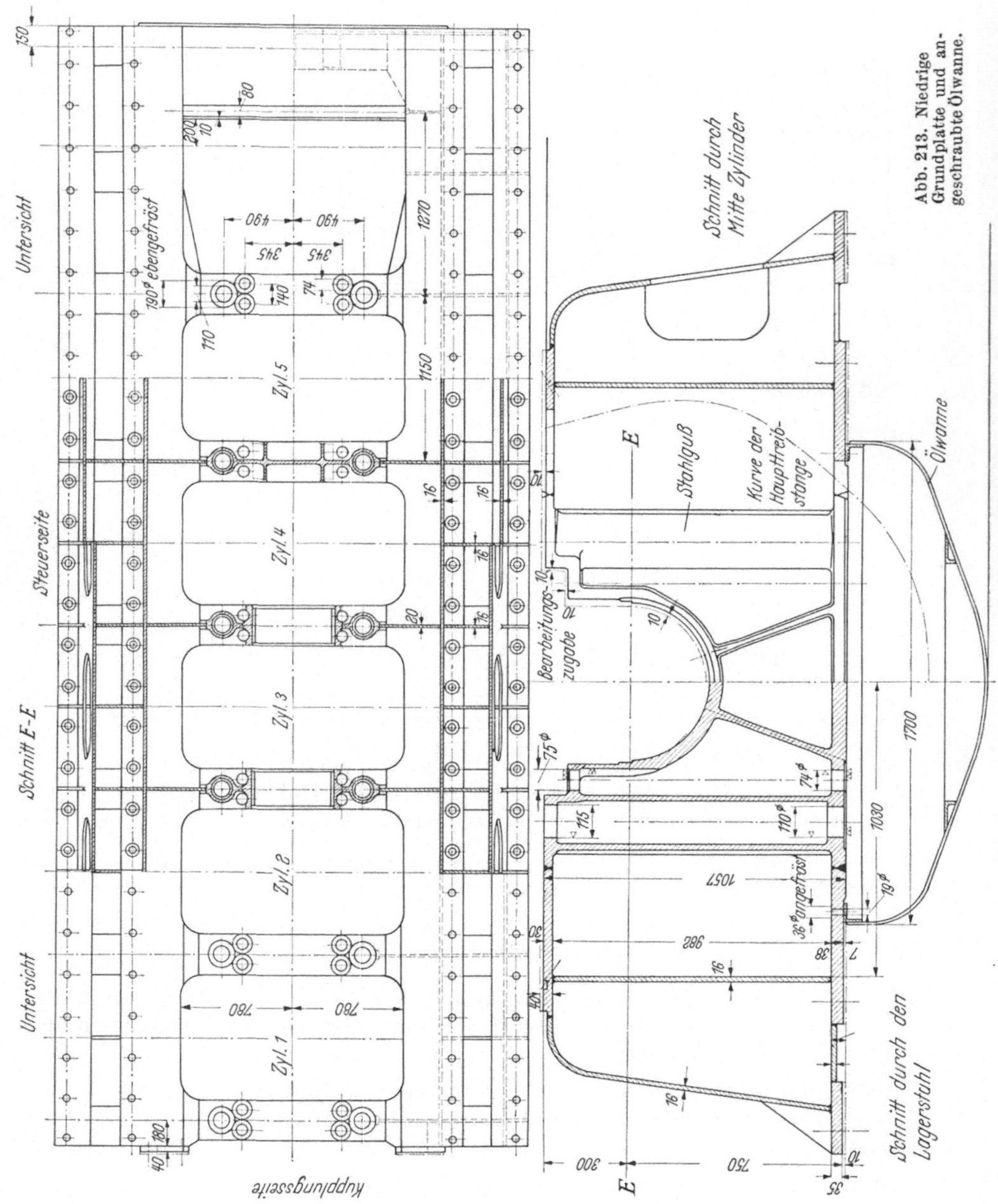

Abb. 213. Niedrige Grundplatte und angeschraubte Ölwanne.

Beispiel 2: (Abb. 212). Hohe Grundplatte, die Befestigungsflanschen liegen so tief, daß die Grundplatte auf einer ebenen Fläche z. B. Doppelboden des Schiffes aufgestellt werden kann. Die Ausführung ist bestimmt für einen einfachwirkenden

Zweitaktmotor mit 8 Zylindern, 520 mm Durchmesser, 900 mm Hub, Leistung etwa 2800 PS $n = 160$.

Gewichte:

9 Lagerstühle, Stahlguß vorgearbeitet 3 100 kg
Gesamter Blechbedarf 13 100 kg
Eingebaute Bleche 10 600 kg, Verschnitt also 18,3%
Gesamtgewicht unbearbeitet 14 000 kg
Gesamtgewicht fertig bearbeitet etwa 13 200 kg
Gesamtlänge 8 930 mm

Für den gleichen Motor wurde vor dem Kriege die Grundplatte in Gußeisen ausgeführt mit einem Fertiggewicht von 21 500 kg.

Beispiel 3: (Abb. 213). Niedrige Grundplatte wie Beispiel 1, jedoch mit angeschraubter Ölwanne, deren Abtrennung aus Herstellungsgründen bei sehr großen Platten bisher vorgezogen wurde. Die dargestellte Platte ist für einen größeren doppeltwirkenden Zweitaktmotor bestimmt, 5 Zylinder, 600 mm Durchmesser, Hub 1100 mm und angehängter Spülpumpe als 6. Zylinder. Leistung etwa 4000 PS, $n = 125$.

Ein besonderes Merkmal der Bauart ist, daß die Längsträger als doppelwandige Kastenträger ausgebildet sind und außerdem auf jeder Seite durchlaufend 2 Reihen Fundamentschrauben angeordnet sind. Trotzdem ist der Zusammenbau durch die senkrechte und waagerechte Durchführung der Gurte denkbar einfach und gestattet weitgehende Verwendung des Ellira-Automaten (Vgl. Abb. 214 u. Abb. 215).

Abb. 214. Ansicht der fertigen Grundplatte nach Abb. 226.

Abb. 215. Anschweißen der Querbleche am Lagerstuhl mit Ellira-Automaten.

Gewichte:

6 Lagerstühle, Stahlguß vorgearbeitet 4 160 kg
Gesamter Blechbedarf 13 900 kg
Eingebaute Bleche 12 500 kg, Verschnitt also 10%
Gesamtgewicht unbearbeitet 16 850 kg
Gesamtgewicht fertig bearbeitet 15 900 kg, mit Ölwanne 17500 kg
Gesamtlänge 7 800 mm.

Für den gleichen Motor wurden bisher gegossene Grundplatten in der hohen Ausführung verwendet, deren Gewicht 35 t betrug. Zu einer der geschweißten Platte ähnlichen Form würde das Gewicht ca. 30 t betragen. Gewichtsverhältnis der Stahl- zur Gußausführung also etwa 0,58.

Abb. 216 zeigt die fertige Hälfte einer Grundplatte schwerster Bauart für einen Zweitaktmotor von 780 mm Zylinder-Durchmesser und 1400 mm Hub. Einen Begriff von den aufzunehmenden Kräften erhält man daraus,

Abb. 216. Grundplattenhälfte für einen schweren Schiffsdieselmotor 1952.

daß der Durchmesser der darin gelagerten Kurbelwelle 520 mm, und die maximale Zugkraft der 4 Anker eines Zylinders 290 t betragen. Die Abmessungen der in einem Stück geschweißten Vierzylinderhälfte betragen:

Länge	6,42 m
Breite am Fußflansch	4,0 m
Gesamthöhe	1,75 m

Die Blechstärken sind:

Hauptquerblech	25	
Längsbleche	20	
Oberer Gurt	40	fertig bearbeitet
Fußflanschen	40	Zugabe 10 mm

Das Gesamtgewicht des fertigen Schweißstückes beträgt 29100 kg, darin sind 5 Lagerstühle aus Stahlguß mit einem Gesamtgewicht von ca. 6900 kg enthalten.

Die Ständer für diesen Motor sind ebenfalls geschweißt, wobei der Aufbau der Ausführung Abb. 208 ähnelt. Wesentlich ist, daß bei diesem Ständer nach Abb. 217 u. 218 die Zugankerrohre von oben bis unten ohne Unterbrechung durch eine Schweißnaht durchgeführt sind. Die Form und die Wandstärken wurden unter dem Gesichtspunkt höchster Steifigkeit gegen Querkräfte gewählt. Die Gewichte betragen:

fertig geschweißt, unbearbeitet	4300 kg
fertig bearbeitet	4100 kg
Gesamter Blechbedarf	4415 kg
Blechverschnitt 115 kg =	2,6 %

Für die Abstützung der Spülpumpe, deren Zugkräfte ja gering sind, werden leichtere Ständer nach Abb. 219 geschweißt. Er wiegt fertig bearbeitet 1566 kg (Blechbedarf 1870 kg), während ein Gußstück kaum unter einem Gewicht von 3100 kg gefertigt werden könnte.

Für kleinere Gestellteile sind die Vorteile nicht so ins Auge fallend, zumal da dann der Preis des Modells nicht so bedeutend ist, und meistens auch größere Stückzahlen in Betracht kommen. Ein Beispiel, wo wegen Einzelausführung zur Schweißkonstruktion gegriffen wurde, ist ein Lagerbock zur Brennstoffpumpenwelle nach Abb. 220.

Preisvergleich von geschweißten und gegossenen Großteilen.

Setzen wir zunächst folgende Begriffe fest:

$p_1 =$ Preis für erstklassige Kesselbleche mit amtlicher Abnahme in DM/kg
$p_2 =$ Preis für Stahlguß entsprechender Qualität mit amtlicher Abnahme in DM/kg
$G =$ Gewicht des fertigen unbearbeiteten Stückes in kg
$m =$ Verhältnis des eingebauten Stahlgusses zu G
$n =$ Verhältnis des eingebauten zum verbrauchten Blechgewicht, d. h. Verschnitt
$\quad = (1-n)\,100\%$
$r =$ Lohnaufwand (einschl. Unkosten) für Fertigstellung, also Zurechtschneiden
$\quad$ Vorarbeiten, Schweißen, Richten, Glühen, Sanden, Aufwendungen für Elektroden, Schablonen und Schweißvorrichtungen in DM/kg.

Dann sind die Kosten des Schweißstückes bei Anlieferung zur Bearbeitung

$$m \cdot p_2 + \frac{1-m}{n} \cdot p_1 + r = p \text{ in DM/kg.}$$

Dem Anlieferungspreis des Schweißstückes $G \cdot p$ ist nun gegenüberzustellen der Gußpreis. Setzt man ein:

$z =$ mittleres Gewichtsverhältnis des geschweißten zum gegossenen Stück
$p_3 =$ Gußpreis pro kg
$A =$ Modellkosten und Ausschußrisiko bezogen auf ein Gußstück

so ist der Gußpreis:

$$\frac{G}{z} \cdot p_3 + A\,.$$

Bei Grundplatten ähnlich den Ausführungen Beispiel 211 bis 216 liegt der Faktor m zwischen 0,2 und 0,3, n zwischen 0,82 und 0,9. Der Lohnaufwand ist natürlich weitgehend von den Einrichtungen und den Erfahrungen der betreffenden Werkstätte abhängig, ebenso von der Stückzahl.
Man kann für r Werte

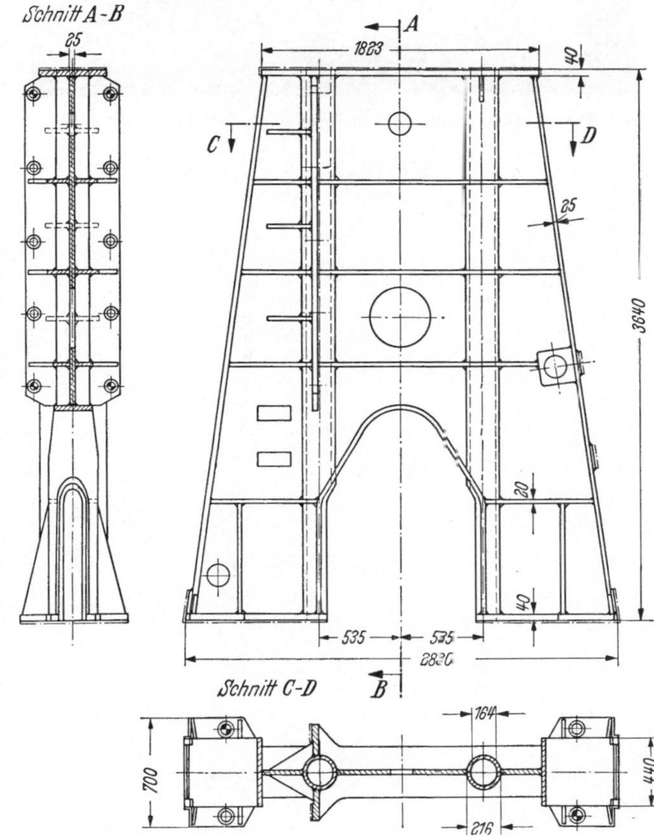

Abb. 217. Geschw. Ständer für einen schweren Schiffsdieselmotor 1952.

von 0,65 bis 0,85 DM/kg erwarten (Preisstand 1949/50). Für den Faktor z ergibt sich bei richtiger Konstruktion 0,6···0,65.

Führt man auf dieser Basis Vergleiche durch, so ergibt sich meistens nicht ein klarer Preisvorteil für die geschweißte Ausführung, zum mindesten ist das Ergebnis abhängig von dem Einsatz des Faktors A für Modell-Kosten und Ausschußrisiko.

Von großem Einfluß sind der Faktor m und die hohen Preise für Stahlguß. Man wird sich daher bemühen, den Aufwand an Stahlguß möglichst herabzusetzen. Untersuchungen haben aber gezeigt, daß der Ersatz von komplizierten Stücken (wie z. B. der Lagerstühle) durch Schweißkonstruktionen kaum einen wirtschaftlichen Vorteil bringt. Solange man also Stahlguß in einwandfreier Ausführung termingerecht erhalten kann, ist schon mit Rücksicht auf die Sicherheit der gesamten Konstruktion Stahlguß vorzuziehen.

Abb. 218. Geschw. Ständer für einen schweren Schiffsdieselmotor 1952.

b) **Motoren mittlerer Größe.** Während die bisher behandelten Großmotoren fast ausnahmslos für die Schiffahrt verwendet werden, haben sich die Motoren mittlerer Leistung durch die ständige Erhöhung der Drehzahl und Entwicklung leichterer Bauarten ein vielseitiges Verwendungsgebiet erobert. Die stürmische Entwicklung solcher Motoren für den Einbau in Triebwagen, leichte Schnellboote, fahrbare Kraftanlagen usw., die etwa in den Jahren 1927···30 einsetzte, hat zu vielen Versuchskonstruktionen in allen möglichen Richtungen geführt. Die zunächst naheliegende weitgehende Verwendung von Leichtmetall wurde bald wieder fast allgemein verlassen, da die Dauerfestigkeit selbst der besten Legierungen nicht befriedigte. Diese Erfahrung führte zwangsläufig zur Stahl-

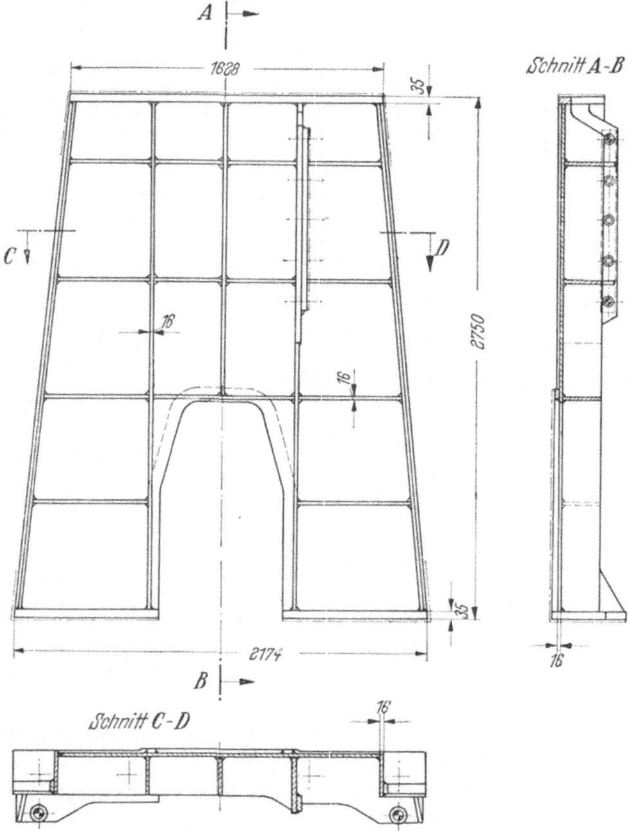

Abb. 219. Leichter Ständer für Spülpumpe.

leichtbauweise durch Schweißen, wobei sowohl durch verschiedenartige Ausführungsformen als auch durch die noch in Entwicklung stehende Schweißkunst viel Lehrgeld bezahlt worden ist.

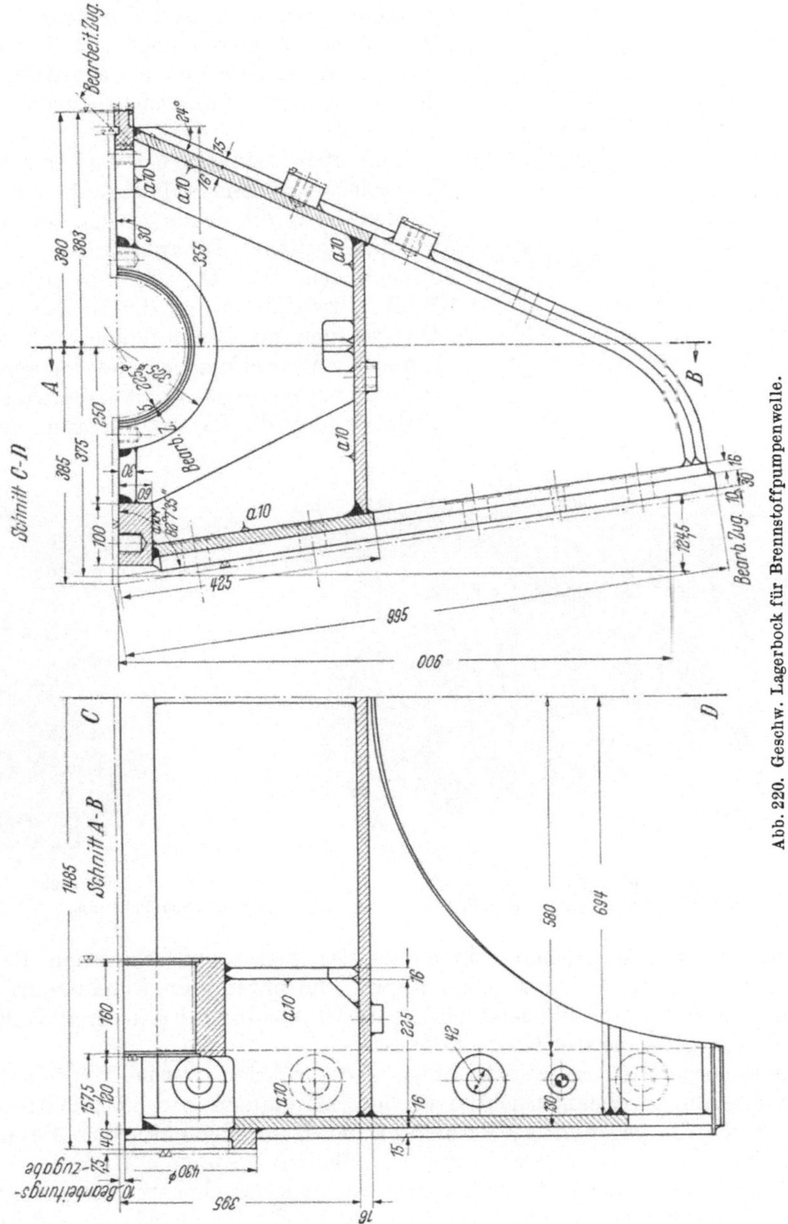

Abb. 220. Geschw. Lagerbock für Brennstoffpumpenwelle.

Eine der interessantesten Konstruktionen stellt das geschweißte Gestell eines Sechszylinder-Viertaktmotors von 300 PS Leistung bei 600 U/min dar, das von der englischen Firma Davey Paxmann nach Patenten von H. STEVENS ausgeführt ist[1] (Abb. 221 bis 223). Um jede Schweißnaht quer zur Hauptkraftrichtung zu vermeiden, werden die zwischen je zwei Zylindern liegenden Querwände als geschlossene, aus Blechen ausgeschnittene Ringkörper h ausgebildet, deren Außenform derjenigen des ganzen Gestells entspricht. Diese Bauweise ähnelt in ihrem Grundgedanken der Zugband-Konstruktion von Sulzer; das Zugband liegt jedoch quer zur Maschinenachse und ist bis zur Außenwand des Gestells gerückt und nach oben vollständig geschlossen.

Der obere Längsgurt b, auf dem die Zylinderdeckel mittels Stiftschrauben befestigt werden, ist in die sieben geschlossenen Querwände eingehängt. Die ausgefrästen Schlitze d ermöglichen, den Quergurt in genügender Breite auszuführen und ihn so fest mit den Querwänden zu verschweißen, daß die gegenseitige Versteifung ganz hervorragend ist. In ähnlicher Weise ist die mittlere waagerechte Trennwand c, die Triebwerksraum und Zy-

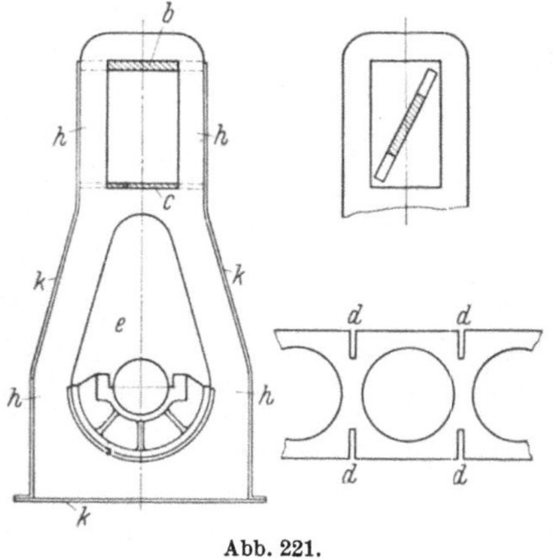

Abb. 221.

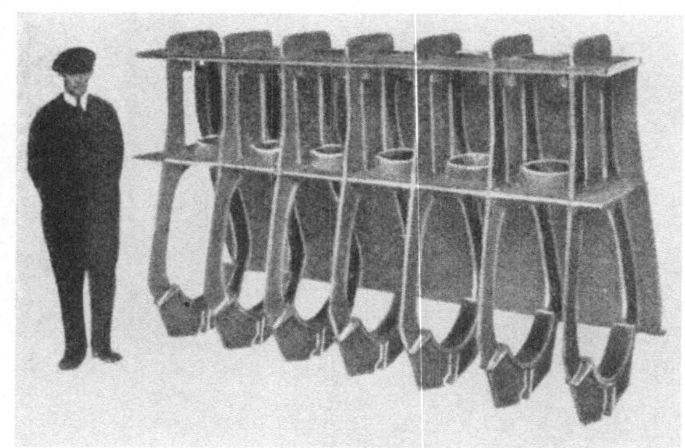

Abb. 222.

Abb. 223.

Abb. 221 bis 223. Geschweißtes Gestell des 300 PS-Viertaktmotors von Paxmann.

linderraum voneinander scheidet, eingesetzt. An den so entstandenen Rahmen werden nun die Seitenwände k angeschweißt, die unten zum Fundamentflansch herausgebogen sind. Anschließend bildet die Umkleidung des unteren Teiles der Querträger die Ölwanne des Kurbelraumes.

Diese außerordentliche zweckmäßige Konstruktion vermeidet vollständig Schweißnähte an hochbeanspruchten Stellen, ist einfach und übersichtlich und läßt sich durch die gegenseitige Verhakung der Hauptelemente ohne Benutzung von Schablonen und Spannvorrichtungen maßhaltig zusammenfügen.

Als Nachteil muß man die weite Öffnung e der Querwände betrachten, die wegen des Einbaues der Kurbelwelle in Längsrichtung notwendig ist, was an und für sich bei Montage und Überholung sehr unbequem ist. Außerdem ist die Befestigung der wegen der großen Öffnungen notwendigen Einsatzstücke für die Grundlager etwas schwierig durchzuführen.

---

[1] Engineer vom 17. Juli 1931.

Das Gewicht des gesamten Motors, das bei normaler Gußkonstruktion 23 kg/PS betrug, ist durch Verwendung dieses neuartigen Gestells vermutlich auch durch weitere Erleichterungsmaßnahmen auf 12 kg/PS herabgesetzt worden.

Von ähnlichen Gesichtspunkten geht die Konstruktion eines Gestelles für einen mittelgroßen Zweitaktmotor aus, den die Firma Bolnes (Holland) in den letzten Jahren entwickelt hat. Besonders bemerkenswert ist, daß die Firma das Gestell in Baukastenart aus fertigen Elementen zusammenbaut. Der Querrahmen des Gestelles wird gemäß Abb. 224 dargestellt. Das Lagerstück(e) ist aus Stahlguß, die Blechstärke für den Querrahmen a—c ist 8 mm. Diese Bauteile werden

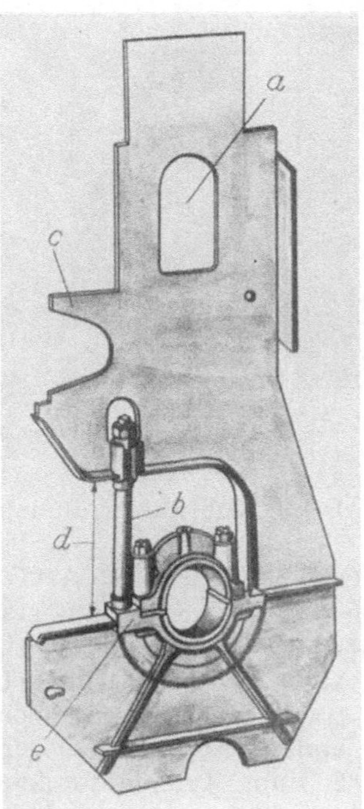

Abb. 224.

Abb. 225.

fortlaufend auf Vorrat gefertigt, wobei die Bearbeitung der Lagerbohrung vorher auf Fertigmaß erfolgt. Der Zusammenbau der Gestelle für die verschiedenen Zylinderzahlen erfolgt auf besonderen schwingbaren Vorrichtungen, wobei die Schweißfolge so sorgfältig erprobt wurde, daß der Verzug vernachlässigbar klein wird. Dadurch, daß das Lagerstück auf einer Seite eine Öffnung (d) besitzt, die später durch einen Spannbolzen (b) geschlossen wird, kann die Kurbelwelle von der Seite eingebaut werden.

Abb. 225 zeigt ein fertiges Gestell[1].

Die amerikanische Motorenfirma Winton, Cleveland, die ein sehr vielseitiges Bauprogramm an Dieselmotoren aufweist, hat in Zusammenarbeit mit der Schweißfirma Luckenweld viel Mühe und Versuche der Entwicklung leichter geschweißter Gestelle gewidmet[2]. Der Bericht erwähnt, daß man zunächst in Anlehnung an die normale Gußkonstruktion Grundplatte und Gestellunterteil geschweißt hat, wobei man sich nicht scheute, die Hauptkräfte durch die Schweißnähte zu leiten. Dank der schweren Ausführung haben die Teile im Dauerbetrieb gehalten, übrigens ein

---

[1] Die gleiche Firma hat im Jahre 1953 einen größeren Motor in ganz ähnlicher Schweißkonstruktion herausgebracht, s. holl. Zeitschrift: Schip und Werf vom Juli 1953.

[2] Werkzeitung Winton News vom Februar 1936.

Beweis für die Güte der Schweißung. Ein technischer und wirtschaftlicher Fortschritt wird aber mit dieser Bauweise nicht erreicht, auch keine wesentliche Verringerung des Gewichtes. Man baute nun für einen größeren Achtzylindermotor ein Gestell mit durchlaufenden Zugankern, um belastete Schweißnähte zu vermeiden.

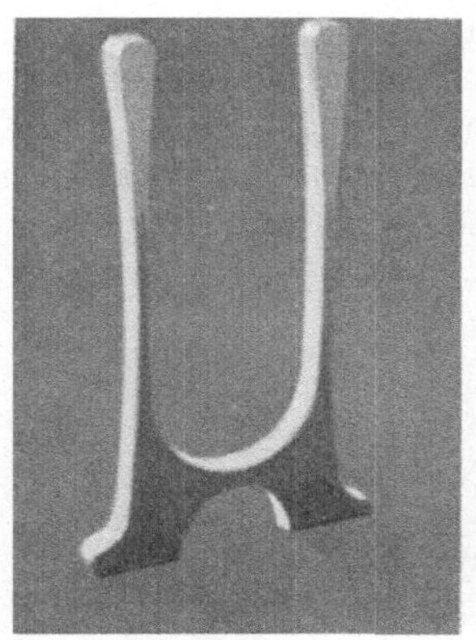

Abb. 226. Kraftübertragungsglied für Gestelle der Winton-Motorenfabrik.

Abb. 227. Versuchsgestell der Winton-Motorenfabrik.

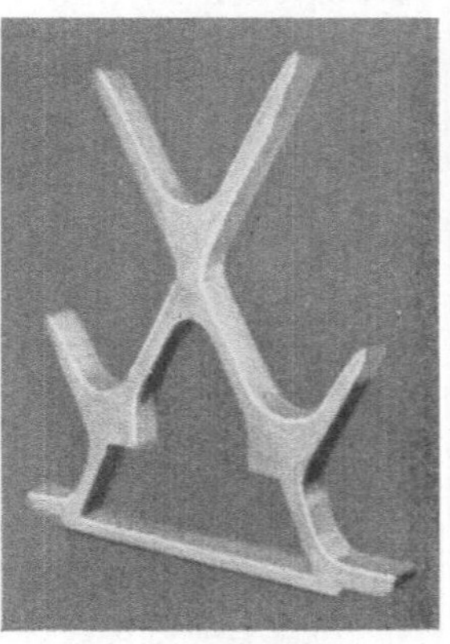

Abb. 228. Kraftübertragungsglied für *V*-Motor der Winton-Motorenfabrik.

Diese Ausführung erwies sich aber als ein Mißerfolg, da die Kühlwasserräume nicht dicht zu bekommen waren.

Nun entstand eine neue Bauart, bei der in die Querwände als eine Art Gerüst sog. *Kraftübertragungsglieder* eingefügt werden. Diese Teile werden aus starken Blechen ausgebrannt und bilden das Gerippe des Gestells, an dem gleichzeitig die Lagerbrücken durch Stiftschrauben befestigt werden. Abb. 226 zeigt ein solches Übertragungsglied für einen schnelllaufenden Zweitaktmotor von 203 mm Zylinderdurchmesser und 254 mm Hub; Abb. 227 das erste Gestell für einen Versuchszylinder. Der Grundgedanke dieser Bauweise erwies sich als besonders wertvoll bei der Entwicklung eines Zwölfzylinder-*V*-Motors gleicher Zylinderabmessungen. Die recht schwierige Übertragung der Kräfte beider Zylinderreihen zur Kurbel-

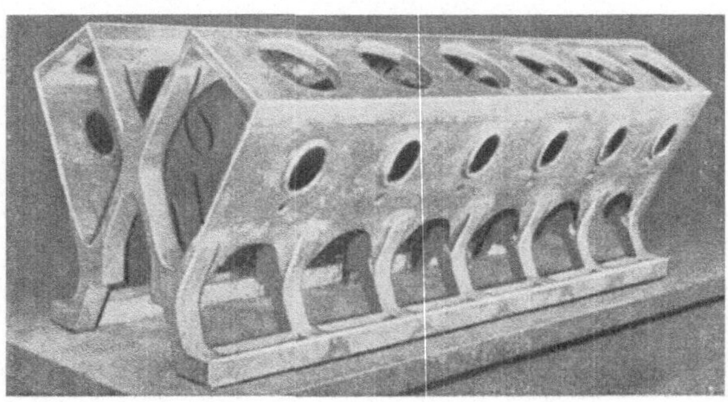

Abb. 229. Gestell für *V*-Motor der Winton-Motorenfabrik.

wellenlagerbrücke ist in zweckmäßiger Form durch die Einfügung entsprechender Kraftübertragungsglieder gelöst (Abb. 228/229). Die Schweißnähte zur Verbindung der oberen Enden der Übertragungsglieder mit den anschließenden Gestellteilen werden zwar durch die Verbrennungsdrücke hoch beansprucht, können aber dank der reichlichen Werkstoffquerschnitte genügend stark ausgebildet werden. Der Bericht erwähnt noch, daß für Unterseebootsmotoren zum Zwecke einer weiteren Gewichtsersparnis (190 kg für das Gestell eines Zwölfzylindermotors) mit Erfolg legierter Stahl verwendet worden ist.

Es wird weiter zugestanden, daß die entwickelte Bauart wegen des Werkstoffaufwandes für die Kraftübertragungsglieder (viel Abfall beim Ausschneiden) sich als außerordentlich teuer erwies und später verlassen wurde. Soweit sich aus einer Abbildung einer neuen Ausführung erkennen läßt, hat man die Übertragungsglieder in kleinere Fußstücke zusammenschrumpfen lassen, die aus legiertem Stahl im Gesenk geschmiedet werden können. Man erkennt, daß das Versuchsstadium noch

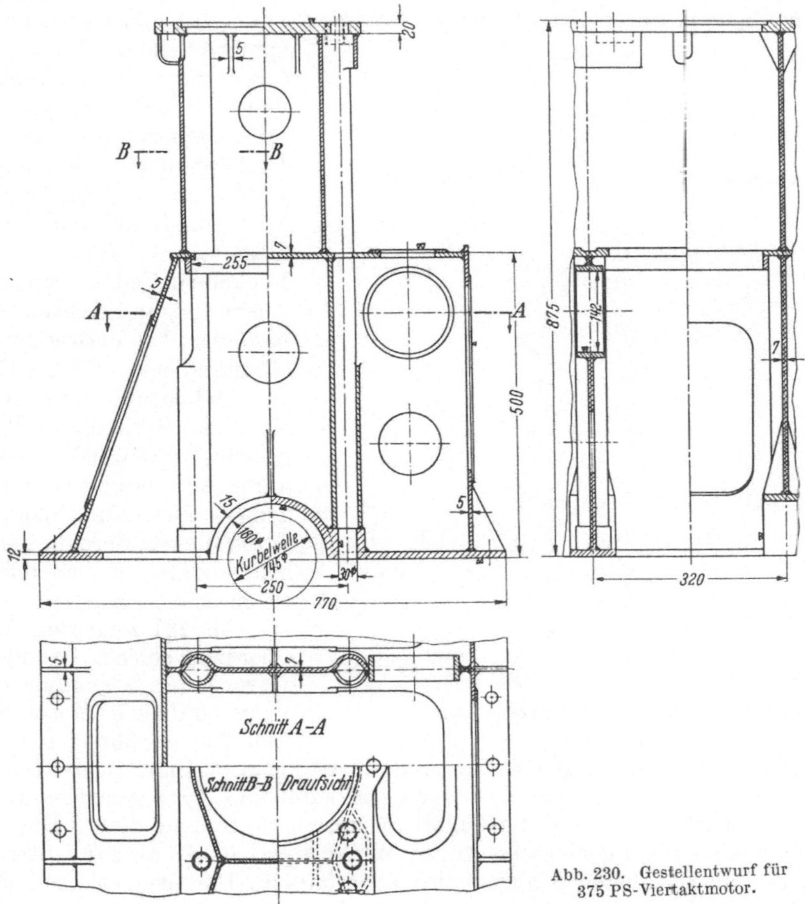

Abb. 230. Gestellentwurf für 375 PS-Viertaktmotor.

nicht abgeschlossen ist und mit amerikanischer Gründlichkeit nach der wirtschaftlichsten Bauart gesucht wird.

In Deutschland hat man im allgemeinen die Ankerbauart auch für Gestelle mittelgroßer Motoren eingeführt, da sie infolge Entlastung des Gestells in senkrechter Richtung eine größere Freiheit im Entwurf ergibt. Daß man sich zunächst ziemlich eng an die Gußkonstruktion halten konnte, zeigt der Entwurf eines Gestells für einen Sechszylinder-Viertaktmotor (225×300, 375 PS bei 900 U/min) (Abb. 230). Der Aufbau ist verhältnismäßig einfach, jedoch bedingt er außerordentlich viel Schweißarbeit. Dies betrifft nicht nur den etwas schwierigen Zusammenbau des Mittelteils mit den Durchtrittsstellen der Zugankerkanonen, sondern auch die zahlreichen aufgeschweißten Leisten, die sowohl zur Verstärkung als auch als Paßflächen für aufgeschraubte Steuerungsteile und Triebwerkdeckel dienen. Um schwierige Bearbeitung der Einzelteile und unbequeme Schweißnähte zu vermeiden, aber auch um ausreichend Zugabe für den Ausgleich von Verziehen zu haben, ist man gezwungen, mehr Werkstoff aufzuwenden als aus Festigkeitsgründen notwendig ist. Das Ziel der Stahlleichtbauweise wird also nicht voll erreicht.

Diese Mängel führen zwangsläufig zu neuen Lösungen. Man vermeidet das Zusammenschweißen von schwierigen Partien, insbesondere solcher mit unangenehmen Verschneidungen, durch *Ausbildungen in Stahlguß*, oder bei günstiger Form und entsprechender Stückzahl als *Gesenkstück*. Das Aufschweißen von Verstärkungsrippen bzw. Paßleisten wird ersetzt durch Umbördelung. Die auf den Bördelkanten aufzusetzenden Verschlußdeckel können dann nicht mehr einfache glatte Deckel sein, jedoch bereitet ihre Ausbildung in Leichtmetallguß, besonders bei Verwendung von ölbeständigem Buna-Gummi zur Abdichtung keine Schwierigkeiten. Schließlich gilt es allgemein, Schweißnähte zu sparen durch Anwendung von vorhandenen Normalprofilen oder durch Biegen, Bördeln und ähnliche spanlose Formgebung der Bleche.

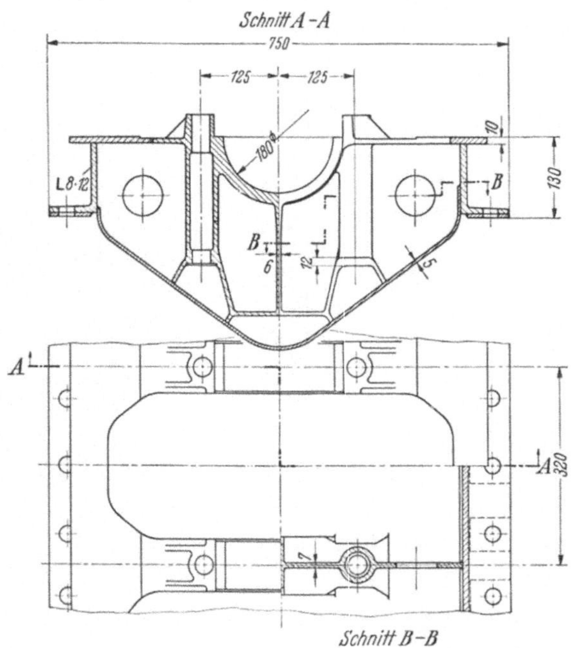

Abb. 231. Grundplatte für 375 PS-Viertaktmotor.

Abb. 231 zeigt den Aufbau einer nach solchen Grundsätzen entwickelten Grundplatte für einen ähnlichen Motor wie in Abb. 230 erwähnt. Die Querwände mit den Lagerbrücken sind aus dünnwandigem Stahlguß hergestellt. Sie werden zunächst in der Lagerbohrung vorgearbeitet und dann gemeinsam in der Außenform bearbeitet, wobei die Lagerbohrung zur Aufnahme dient. Die beiden Längsträger sind aus ungleichschenkligen Winkeleisen 8 × 12 ausgeschnitten und werden nur an der oberen Schweißkante abgeschrägt. Die Grundplatte läßt sich unter Zuhilfenahme einer einfachen Abstandsschablone leicht und mit wenig Schweißarbeit zusammenfügen. Wenn sie auch nicht als extrem leicht bezeichnet werden kann, so steht doch die erzielte Gewichtsersparnis in gutem Verhältnis zum Arbeitsaufwand, zumal die Modellkosten gespart sind.

Die erwähnten Grundsätze sind besonders gut bei einem von der MAN entwickelten Gestell für einen *Sechszylinder-Viertaktmotor* zur Durchführung gelangt. (Motor 6 × 220 × 300 mm, 350···400 PS, 900···1000 U.) MAN-Patent Nr. 590 557 (Abb. 232).

Das hochbeanspruchte Mittelstück h, das zur Ankerführung und zur Aufnahme der seitlichen und senkrechten Kräfte des in ihm geführten oberen Lagerdeckels dient, ist als Gesenkstück ausgeführt. Die Rohrsäulen d, die als Ankerkanonen das Hauptgerippe in senkrechter Richtung bilden, sind im Mittelstück und auch in der oberen Gurtplatte a passend geführt. Die entsprechenden Bohrungen werden nach Schablonen gebohrt, das Gerippe des Gestells ist also vor dem Schweißen vollkommen festgelegt, die Zugaben für die Bearbeitung können also sehr gering sein. Durch diese Führungen sind gleichzeitig die Schweißverbindungen zwischen den Rohrsäulen und den Teilen h und a, die durch die Zuganker schon von den senkrechten Zündungsdrücken entlastet sind, von den seitlichen Beanspruchungen befreit. Die Umrahmungen für die Öffnungen zum Triebwerksraum, auch solche von Erleichterungslöchern, sind durch Herausbördeln der Bleche hergestellt. Aufschweißen von Ver-

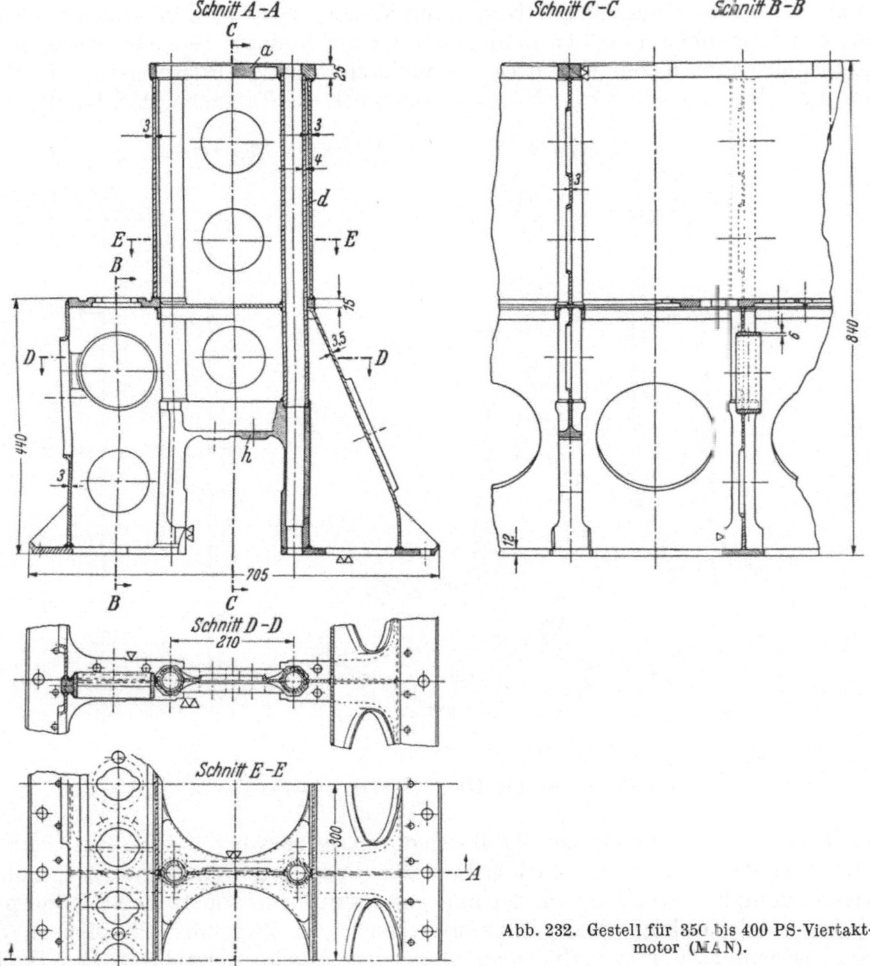

Abb. 232. Gestell für 350 bis 400 PS-Viertaktmotor (MAN).

stärkungsleisten ist also ganz vermieden. Der Zylinderteil des Gestells kommt nicht mit Kühlwasser in Berührung, der Kühlmantel ist als geschweißter Blechzylinder um die im Gestell geführte Zylinderbüchse gelegt.

In diesem Entwurf sind die grundsätzlichen Richtlinien für Leichtbau durch Schweißen klar durchgeführt. Die dadurch erzielte Gewichtsersparnis ist bemerkenswert, so daß sie auch bei Anwendung von Leichtmetall kaum übertroffen werden dürfte. Während ein unter höchster Beanspruchung einer hochwertigen Gießerei mit 7 mm Wandstärke gegossenes Gußeisen-Gestell etwa 700 kg wog, wurde mit der Schweißkonstruktion ein Gewicht von 480 kg erreicht.

c) **Kleinmotoren.** Für kleinere schnellaufende Motoren mit einem Leistungsbereich von etwa 50···200 PS ist Gewichtsersparnis besonders dringend bei Verwendung als Antriebsmotoren für Fahrzeuge. Der Bedarf an solchen Spezialmotoren hat in den letzten Jahren so zugenommen, daß alle bedeutenden Motorenfabriken zum Bau in mehr oder weniger großen Serien übergehen konnten. Daraus hat sich einerseits ein erbitterter Kampf um den mengenmäßigen Absatz, andererseits eine ständige Senkung der Gestehungskosten ergeben. Der Kampf um den geringsten Preis hat schließlich denjenigen um das kleinste Gewicht etwas in den Hintergrund treten lassen, soweit es sich nicht um Sonderforderungen, z. B. Flugwesen handelte. Sowohl dieser Umstand, als auch die Tatsache, daß bei Motoren

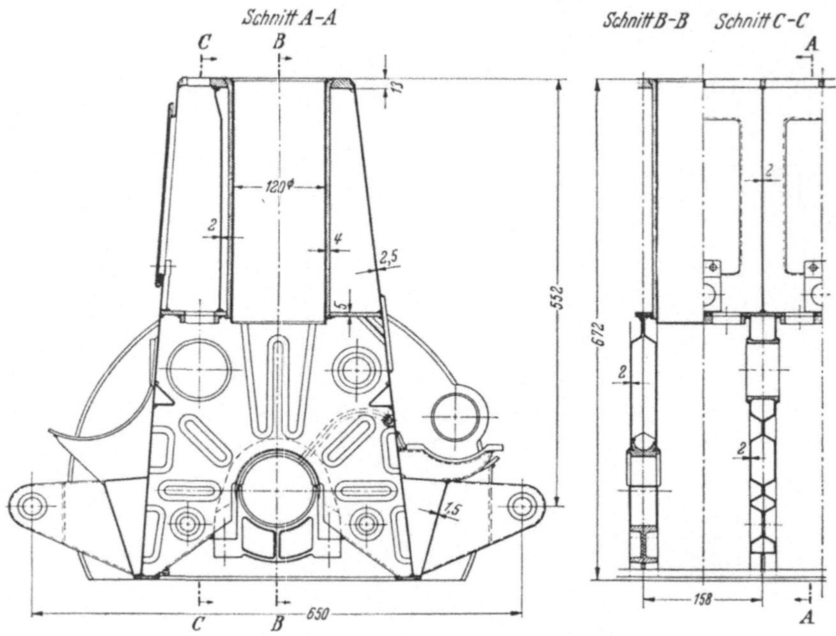

Abb. 233. Versuchsgestell für 150 PS-Fahrzeugmotor (MAN).

dieser Größenordnung Leichtmetallguß sich durchaus bewährt, hat die Entwicklung geschweißter Konstruktionen stark behindert. Das Gestell eines Fahrzeugmotors mit seinen komplizierten Formen, den angegossenen Böcken für Brennstoffpumpen, Anlasser, Lichtmaschine, Luftpumpe und sonstigem Zubehör läßt sich in der Gießerei serienmäßig mit verhältnismäßig wenig Risiko herstellen. Die Wandstärken ergeben sich größtenteils aus gießtechnischen Gründen und damit auch ein bestimmtes Gewicht. Wohl wäre es möglich, in Stahl leichter zu bauen, aber die Löhne für das Herrichten der Einzelteile und das Schweißen würden zu einem untragbaren Preis führen. Es sind daher sehr wenig Ausführungen geschweißter Gestelle bekannt geworden.

Abb. 233 stellt die Konstruktion eines Gestells für einen 150 PS-Fahrzeugmotor der MAN-Nürnberg dar, der auf der „Internationalen Autoausstellung 1936" ausgestellt war. Die kraftübertragenden Querträger sind doppeltwandig ausgeführt, wobei in die dünnen Bleche tiefe Wulste eingedrückt sind, die eine gegenseitige Verschweißung der beiden Seitenwände gestatten. Diese Bauweise ergibt einerseits Steifigkeit des Kastenträgers, andererseits eine gewisse Nachgiebigkeit zum Ausgleich von Schweißspannungen. Die Verbindungsnähte liegen allerdings teilweise etwas unglücklich und sind bei entstehenden Verformungen auf Biegungen beansprucht. Der Entwurf gibt einen Einblick in den Aufwand von Arbeit für die Her-

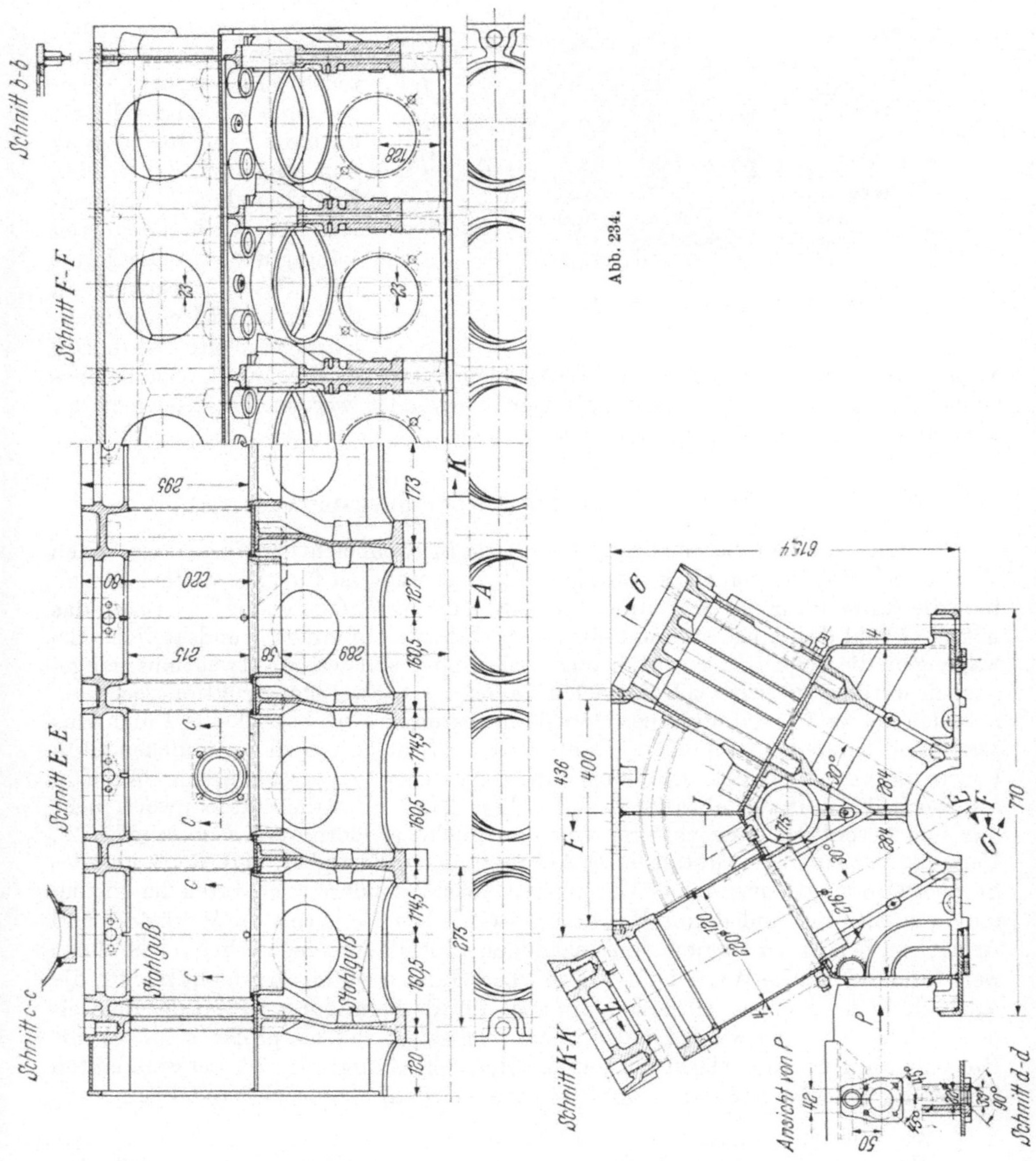

stellung eines solchen Stückes und läßt es begreiflich erscheinen, daß es bei einer Versuchskonstruktion geblieben ist.

Bei Motoren etwas größerer Zylinderabmessungen, z. B. Antriebsmotoren für Schnelltriebwagen, haben die Vorteile der Schweißung neuerdings zur Konstruktion von geschweißten Motorgestellen geführt. Zu Abb. 234 u. 235 ist die Gestellkonstruktion des neuen MAN-Triebwagenmotor dargestellt. Es handelt sich um einen 12 Zylinder V-Motor, der bei 1400 Umdr. mit Aufladung 800 PS leistet, Zylinder-$\varnothing = 175$ mm, Hub $= 210$ mm. Um schwierigen Schweißkonstruktionen zu umgehen, hat man weitgehend Stahlguß verwendet, und zwar die Querwände des unteren Gehäuseteiles, die sowohl die Lagerung der Kurbelwelle als auch die Kraftübertragung vom Lager zu den beiden Zylinderreihen übernehmen, als auch die oberen Längsgurte, wo die Kraft der Gestellschrauben in die Zylinderdeckelschrauben übergeleitet wird. Das

Abb. 235. Fertiges Gehäuse nach Abb. 234.

Gestell wird bereits in größeren Stückzahlen gefertigt, wobei weitgehend Schablonen, Biege- und Schweißvorrichtungen verwendet werden. Das Gewicht des Gestelles beträgt roh 860 kg, bearbeitet 650 kg.

D. Weitere Bauteile von Verbrennungsmotoren.

Während die Entwicklung der Gestellteile in Stahlleichtbau wegen der hohen Wechselbelastungen manche schwierige Aufgaben stellt, ist für viele weitere Einzelteile die Anwendung der Schweißung verhältnismäßig einfach und erfordert nur das nötige Gefühl des Konstrukteurs für den Stahlbau. Auf einige grundsätzliche Erwägungen, die schon in der Einführung berührt sind, soll deshalb etwas näher eingegangen werden. Es wird z. B. in vielen Fällen zur Schweißkonstruktion gegriffen, lediglich um die Herstellung eines Modells zu sparen und das betreffende Teil in kürzester Zeit herstellen zu können. Dann wird das Stück oft nach der üblichen Gußkonstruktion ausgebildet, z. T. auch mit entsprechenden Wandstärken. Auch in solchen Fällen muß sich aber der Gestalter bewußt sein, daß die Stahlbauweise nicht nur eine wesentliche Gewichtsersparnis ermöglicht, sondern auch *dazu verpflichtet*. Denn die zweckmäßige Gestalt unter Ausnutzung der Festigkeit und Steifigkeit des Stahles wird nicht nur durch das geringere Gewicht, sondern auch durch den kleineren Lohnaufwand und damit Preis dargestellt. Die Ersparnis an Werkstoff und Arbeit ergeben in der Summe von unzähligen Einzelfällen einen erheblichen Mehrwert für die deutsche Wirtschaft. Diese Überlegungen gelten aber nicht nur für die Ausbildung des Stückes selbst, sondern auch für die Festlegung der Art der Schweißung. Der Arbeitsaufwand für das Schweißen selbst soll nie größer sein, als mit Rücksicht auf die Anforderungen und die Beanspruchungen in den Schweißnähten notwendig ist. Es muß daher wohl beachtet werden, ob es sich handelt um:

1. Bauteile mit ruhender Beanspruchung,
2. Bauteile mit ruhender Beanspruchung und Dichtheit gewisser Schweißnähte gegen Überdruck,
3. Bauteile mit Wechselbeanspruchung (Dauerbiege- oder Zugdruckbeanspruchung).

Je nach diesen Anforderungen ist die Lage, Ausführung und Güte der Schweißnähte in der Zeichnung klar festzulegen. Näheres darüber bringen die „Anleitungsblätter für das Schweißen im Maschinenbau", insbesondere Blatt 3 und 4.

Eine verständnisvolle Anwendung dieser Grundsätze mit einer Kenntnis der praktischen Schweißtechnik geben dem Konstrukteur neuartige und fruchtbare Wege frei. Er wird z. B. in sehr vielen Fällen das teure Formschmiedestück durch ein mit wesentlich geringeren Kosten herstellbares Schweißstück ersetzen. Natürlich hängt die Wirtschaftlichkeit von der Stückzahl ab; bei entsprechender Stückzahl und geeigneter Form ist das in Gesenk geschlagene Stück selbstverständlich billiger.

Aus der unerschöpflichen Fülle von Einzelteilen, die für verschiedene Motorenarten in Frage kommen, sollen kurz folgende Beispiele angeführt werden:

1. Lagerböcke, kleine Ständer usw. Für solche Teile hat die Schweißkonstruktion noch den besonderen Vorteil, daß man wegen des Wegfalles der Modellherstellung die endgültige Form sehr spät festlegen kann, ohne die Ablieferung des Motors damit zu verzögern. Hinweise für eine zweckentsprechende Konstruktion bringt die Sammlung von Vorträgen: „Schweißgerechtes Konstruieren". (s. Schrifttum-Verzeichnis).

2. Übertragungshebel für Gestänge, z. B. Indiziervorrichtung, Ventilhebel und dgl. Fast alle Hebel geringer Stückzahl werden nicht mehr handgeschmiedet, sondern aus Nabe, Blech-

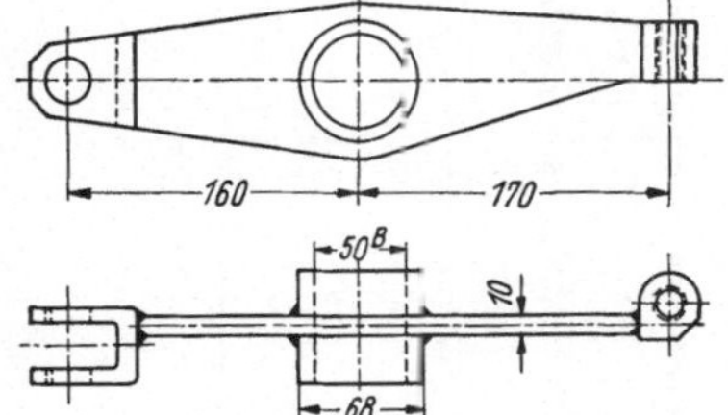

Abb. 236. Geschweißter Ventilhebel.

armen und Kopfstücken (Augen oder Gabel) zusammengeschweißt. Für Ventilhebel ergibt sich meistens wegen der größeren Stückzahl die wirtschaftlichste

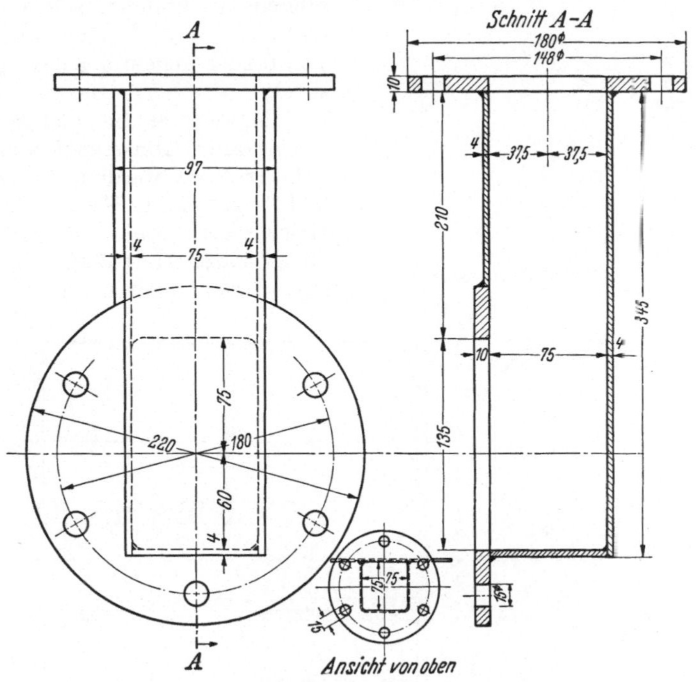

Abb. 237. Entlüftungsstutzen.

Herstellung im Gesenk. Für Erst- oder Versuchsausführungen ist aber eine Schweißkonstruktion gut möglich, wie in Abb. 236 dargestellt. Bei Motoren hoher Drehzahl haben die Hebel, besonders die des Auslaßventils, hohe Schwell-

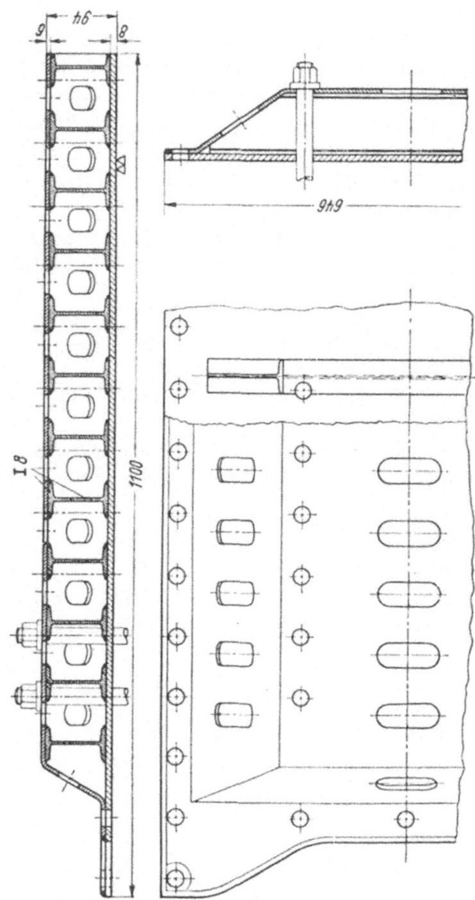

Abb. 238. Geschweißte Gleitbahn (MAN).

beanspruchungen mit Stoßwirkung zu ertragen, daher ist sorgfältige Ausführung in Schweißgüte S erforderlich.

3. Hauben, Verschalungen, Getriebekästen, Rohrstutzen usw. Die erwähnten Teile sind im allgemeinen als Schweißstücke vorzuziehen, teils weil sie vereinzelt aufgeführt werden, teils weil entsprechende Gußstücke zu sperrig und zu schwer werden würden.

Der Aufbau ist gewöhnlich einfach, hohe Beanspruchungen liegen selten vor. Der Entlüftungsstutzen in Abb. 237 ist ein Beispiel eines solchen einfachen Stückes. Die Anzahl der Schweißnähte ist sehr gering, beim Ausschneiden und Zusammenfügen wurde schon auf ihre günstigste Anordnung geachtet. Der Stutzen ist zwar nicht besonders leicht gebaut mit Rücksicht auf die im Handelsschiffbau gebräuchlichen Flanschanschlüsse und allgemein übliche schwere Bauart, trotzdem ergibt sich ein Gewicht von 6,1 kg gegenüber 9,0 kg als Gußstück.

Als weiteres Beispiel soll noch die interessante Konstruktion einer Gleitbahn erwähnt werden, die zu dem auf S. 153 gezeigten Gestell der leichten Kriegsschiffmotoren gehört Abb. 238 (MAN-Patent 564473). Um die Vorteile dieser Ausführung zu ermessen,

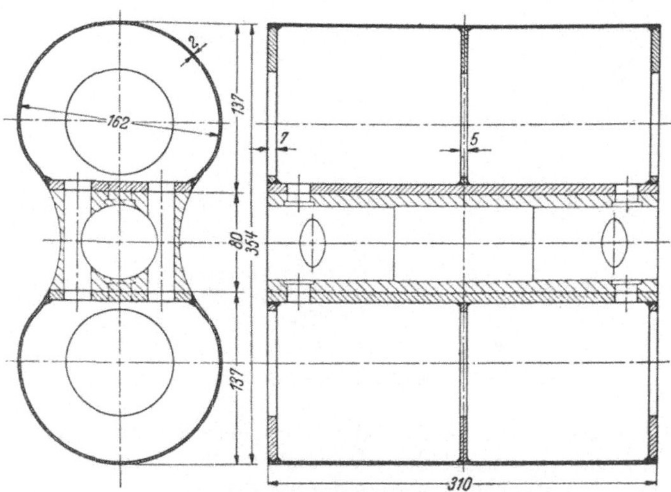

Abb. 239.   Geschweißte Gebläseflügel.

muß man sich das entsprechende Stück in Gußeisen oder Stahlguß vorstellen. Die Gleitbahn besteht nur aus der eigentlichen Gleitbahnplatte aus hartem Kohlenstoffstahl, dem oberen Gurtblech und den dazwischenliegenden entsprechend ausgeschnittenen Doppel-T-Trägern. Beim Zusammenbau sind die Schweißnähte zur Verbindung der Träger mit der Bodenplatte durch die Öffnungen im Gurtblech zugänglich, was allerdings Übung und Geschick des Schweißers erfordert.

4. Rotierende Teile, wie Zahnradkörper, Gebläseflügel usw. Für hohe Drehzahlen ist die Verringerung des Gewichtes, besonders der außenliegenden Teile, von größter Bedeutung, sowohl zur Verminderung der Fliehkräfte als auch des Schwungmomentes, dessen Größe bei hochübersetzten nicht ganz schwingungsfreien Antrieben für die Beanspruchung des ganzen Antriebs eine große Rolle spielt. Diese Über-

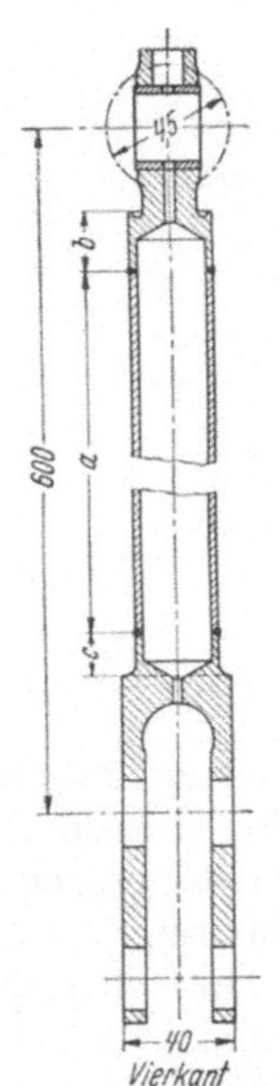

Abb. 240. Stumpfgeschweißte Ventilstoßstangen.

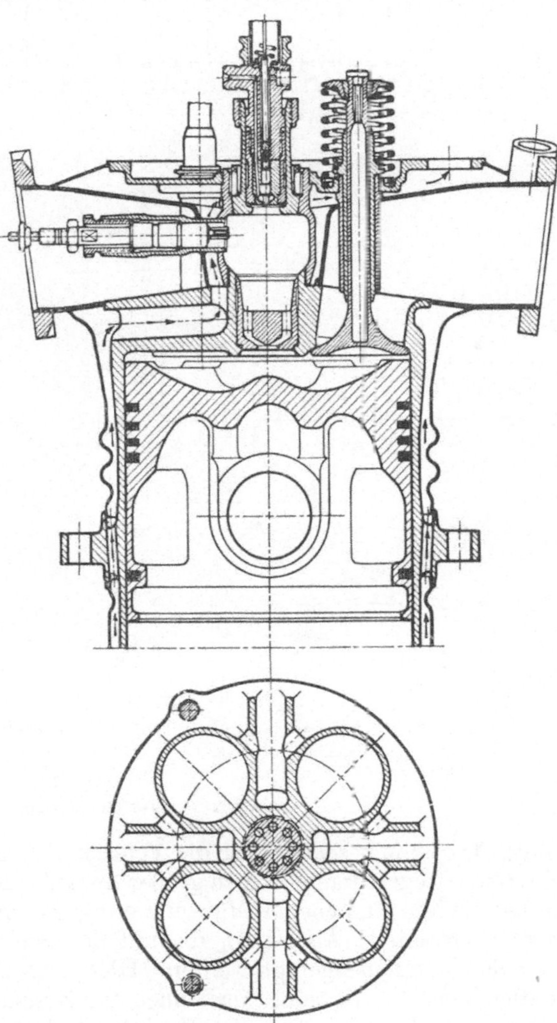

Abb. 241. Zylinderdeckel mit Zylinder für Luftschiffmotor (Daimler-Benz).

legungen gelten z. B. für Flügel von Kapselgebläsen, die zur Erzeugung von Spülluft oder Aufladeluft dienen. Ein solcher geschweißter Gebläseflügel, Abb. 239, muß schon beim Schweißen mit großer Genauigkeit hergestellt werden, um bei der Fertigbearbeitung die vorgesehenen Wandstärken einhalten zu können. Gute Schablonen und Spannvorrichtungen müssen daher benutzt werden; die Reihenfolge der Schweißung muß durch Versuch so festgelegt werden, daß möglichst wenig Verzug eintritt. Sonderschweißung ist bei hoher Drehzahl erforderlich.

5. Stumpfschweißen (Abschmelzschweißung). Für alle Arten von Gestängen, sei es aus massiven Profilen oder Rohren, eignet sich besonders das elektrische Stumpfschweißverfahren, das eine außerordentliche Zeit- und Kostenersparnis mit sich

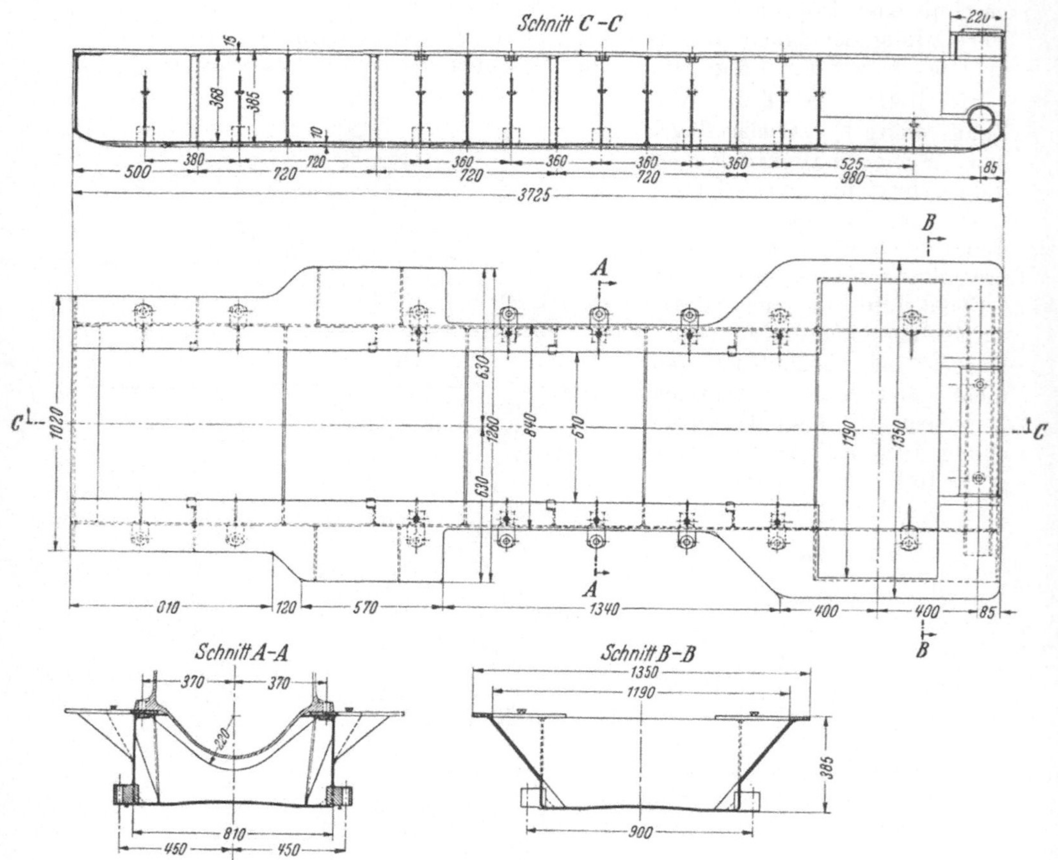

Abb. 242. Geschweißter Fundamentrahmen.

bringt. Dies gilt besonders für die Ventilstoßstangen von Viertaktmaschinen, die bei serienmäßiger Herstellung in großer Anzahl gefertigt werden müssen. Die Stangen bestehen in einfacher Ausführung nur aus dem Kopf, dem Rohrstück und dem unteren Gabelteil (Abb. 240), die auf der Stumpfschweißmaschine in wenigen Sekunden zusammengefügt werden. Hierzu muß zunächst eine Vorrichtung geschaffen werden, um beim Einspannen und Zusammendrücken die drei Teile genau in Richtung zu halten. Dann ist durch Versuch festzustellen, wie groß der Abbrand bzw. die Zusammenstauchung an den Schweißstellen ist, wobei Stromstärke und Stauchdruck ebenfalls festgelegt werden müssen. Daraus ergeben sich dann die notwendigen Längen a, b, c, man kann die Zuschläge für diese Maße bei der Rohrstärke von $33 \cdots 38$ mm mit etwa $7 \cdots 10$ mm pro Schweißstelle einsetzen. Die Einzelteile sollen an den Schweißstellen möglichst die gleichen Querschnitte aufweisen. Der Kopfteil wird zunächst mit vollem Kugelkopf ausgeführt, das Gabelstück ebenfalls noch voll, d.h. die Gabel nicht ausgefräst, Außenmasse aber fertig. Nach dem Schweißen werden die Stangen — wenn nötig — noch leicht nachgerichtet und dann zum Glattarbeiten der Schweißnähte auf die Drehbank genommen. Nun wird der Kopf nach Richtung des unteren Vierkantes gefräst, und dann die Gabel unter genauer Richtigstellung der Länge ausgefräst. Schließlich werden die Bolzenbohrungen oben und unten nach Vorrichtung gebohrt.

Abb. 243. 200 PS-Aggregat auf geschweißtem Rahmen (MAN).

Da die hohlen Stangen meistens auch zur Weiterführung des Schmieröles dienen, das durch die aufgesetzten Tropföler zugeleitet wird, ist auf sauberste Arbeit zu achten. Schmelz- und Schlackenperlen dürfen nicht in den Rohren bleiben, da sie sich im Betrieb lösen und die Lagerschmierung stören würden.

6. Zylinderteile. Die Herstellung von Zylindern mit Zylinderdeckeln aus Stahl unter Zuhilfenahme der Schweißung, insbesondere das Anschweißen der Kühlwassermäntel, hat sich im Flugmotorenbau stark eingebürgert. Eine meisterhafte Anwendung dieses Verfahrens stellt der Zylinder mit Deckel dar, den die Firma Daimler Benz für den 1000 PS-Zeppelinmotor ausgeführt hat (Abb. 241)[1]. Der Zylinder mit Deckelboden und anschließenden Führungskanonen für je zwei Einlaß- und Auslaßventile und die in der Mitte liegende Vorkammer ist aus dem vollen Stahl herausgearbeitet. Die knappen, zwischen diesen Kanonen liegenden Räume sind dabei noch äußerst zweckmäßig zur Kühlwasserführung herangezogen. Der Kühlwassermantel oberhalb und unterhalb des Befestigungsflansches, die Kanäle für die Führung von Frischluft und Auspuffgasen und deren Umkleidung sind aus dünnen Blechen an das Stahlstück angeschweißt. Der Aufwand von Mühe und Arbeit wird belohnt durch die Tatsache, daß mit solchen Konstruktionen erstmalig ein Luftschiffdieselmotor geschaffen wurde, der trotz des niedrigen Gewichtes von etwa 2,2 kg/PS (bezogen auf die Normalleistung) sich als unbedingt betriebssicher erwies.

7. Fundamentrahmen. Kleine und mittelgroße Motoren werden zusammen mit direkt gekuppelten Arbeitsmaschinen meistens auf gemeinsamen Rahmen montiert, um die Aufstellung an Ort und Stelle zu erleichtern. In Anbetracht der immer wechselnden Ausführungen würde der gegossene Rahmen schon wegen der Belastung durch die Modellkosten sehr kostspielig werden. Hierzu kommt noch als Nachteil das hohe Gewicht und der Zeitaufwand für Modellherstellung und Abguß.

Hier gibt das Schweißverfahren ungeahnte Möglichkeiten, jeden Rahmen den gegebenen Ansprüchen entsprechend leicht, billig und schnell herzustellen. Auch hier gelten für den Entwurf die auf S. 139 bis 143 entwickelten Grundsätze.

---

[1] Bericht der Tagung der Lilienthal-Gesellschaft 1937.

Der in Abb. 242 dargestellte Rahmen ist ein gutes Beispiel für eine einfache und leichte Ausführung. Er ist für einen 200 PS-Dieselaggregat für Bohranlagen bestimmt (Abb. 243) und trägt den Motor mit Schwungrad und Außenlager, den Kühler mit Lüfter- und Pumpenantrieb, außerdem die Anlaßflasche. Die beiden Seitengurte und der Untergurt sind ohne Schweißen durch Umbiegen einer Blechtafel entstanden. Das Anschweißen von Befestigungsflanschen auf der ganzen Länge ist vermieden. Zur Befestigung auf dem Fundament dienen eine Anzahl Augen, die auf beiden Seiten in die umgebogenen Kanten eingeschweißt werden. Die Augen werden aus Vierkanteisen gefertigt, im Rahmen werden entsprechende Ausschnitte für diese Klötze ausgebrannt, in die dieselben eingeschweißt werden. Die Gewichtsersparnis gegenüber langen Flanschen liegt auf der Hand, zumal diese zum Ausgleich von Verziehen reichlich dick gemacht werden müßten. Außerdem spart die Anordnung dieser Füße Schweißarbeit und Bearbeitungskosten.

E. Allgemeine Richtlinien für den Leichtbau.

Die vorstehenden Ausführungen sollen nicht bedeuten, daß Werkstoffersparnis und Gewichtsverminderung allein durch Schweißkonstruktion erreicht werden kann. Die bisher erzielten Fortschritte und die noch zu lösenden Aufgaben des Motorenbaues sind durch Forschungsergebnisse der Dynamik und Festigkeitslehre befruchtet, die beide dem Konstrukteur viele neue Gesichtspunkte für die Bemessung hochbeanspruchter Teile gebracht haben.

Mit dem Ansteigen der Drehzahlen sind die alten Anschauungen der statischen Kräfteverteilung nicht mehr gültig, da neue Einflüsse durch Massenwirkungen und Federung des Werkstoffes hinzutreten.

Diese Erscheinungen rufen besonders im Falle der Resonanz Wechselkräfte von unerwarteter Stärke und hoher Wechselzahl hervor. Hier entstand ein neues wichtiges Aufgabengebiet des Konstrukteurs, nämlich die gefährlichen Resonanzen im voraus zu ermitteln, sie zu vermeiden oder zum mindesten durch Dämpfung die Kräfte ungefährlich zu machen. Die Beherrschung dieser Berechnungsverfahren ermöglicht, die Sicherheitszuschläge kleiner zu halten und damit Werkstoff zu sparen.

Aber auch die Auffassungen über zulässige Beanspruchungen eines Werkstoffes mußten durch die neuen Forschungsergebnisse der Festigkeitslehre weitgehend geändert werden. Das Verhalten der Baustoffe unter dem Einfluß von schnell wechselnden Kräften ist völlig anders als beim normalen Versuch in der Zerreißmaschine. Die zulässige Beanspruchung liegt in diesem Falle nicht nur wesentlich unter der statischen Festigkeit, sondern ist außerdem weitgehend von der Gestalt der betreffenden Teile abhängig. Je geringer man den Sicherheitszuschlag bemessen will, desto besser muß man diese Einflüsse kennen und bei der Formgebung berücksichtigen. In einer kurzen Zusammenfassung kann man folgende Grundsätze aufstellen:

1. Der Konstrukteur muß für den benutzten Werkstoff die Schaubilder der Dauerfestigkeit kennen und benutzen, bzw. den Werkstoff nach diesen Angaben auswählen; nicht nach den Festigkeitswerten in den normalen Listen.

2. Die Herabsetzung der Dauerfestigkeit durch Kerbwirkung ist besonders zu beachten, und durch entsprechende Formgebung soweit als möglich zu vermeiden. Der Begriff der „Gestaltfestigkeit" und die Ergebnisse der Forschungen auf diesem Gebiet sind ein unerläßliches Rüstzeug für den Motorenkonstrukteur. Zu diesen Kenntnissen gehört ein gutes Gefühl für den Verlauf des Spannungsflusses, um die Spannungsspitzen durch geeignete Übergänge herabzudrücken. Hierzu gehören noch folgende weitere Maßnahmen:

Anordnung von Entlastungskerben, Verhindern der Kerbwirkung durch Oberflächendrücken, zweckmäßige Oberflächenbehandlung, z. B. Polieren der Kerben und Abrundungen, unter Umständen auch Nitrieren der Bauteile.

3. Auch die Anordnung von Verstärkungsrippen an Gußstücken oder Schweißkonstruktionen erfordert besondere Überlegung. Falsch bemessene Verrippung hat zur Folge, daß Spannungsspitzen in den Rippenkanten auftreten und dadurch die statische Tragfähigkeit des ganzen Baustückes herabgesetzt wird. Bei wechselnder oder stoßender Belastung wirkt sich ein solcher Fehler besonders unheilvoll aus[1].

4. Der Konstrukteur muß sich klar sein über die Verformungen, die unter dem Einfluß der Kräfte oder auch von Temperaturdifferenzen eintreten. Die anschließenden Teile, insbesondere aber die Befestigungsschrauben, müssen diese Verformungen ohne hohe Zusatzbeanspruchungen aufnehmen. Es gilt also, diesen Teilen möglichst große Dehnungsmöglichkeiten zu geben, oder die Verformung von ihnen fernzuhalten. Hierzu gehört die Anwendung von sog. „Dehnschrauben" oder von federnden und im gewissen Sinne nachgiebigen Unterlagen.

Die richtige Anwendung dieser Grundsätze ergibt in vielen Fällen, daß es verkehrt ist, im Betrieb gebrochene Teile einfach zu verstärken. Es widerspricht nicht nur der Absicht des Leichtbaues, sondern bringt auch keinen Erfolg. Die Aufgabe besteht nur darin, diesem Bauteil die zweckentsprechende Form zu geben. Meistens ergibt die bessere Gestaltfestigkeit auch den geringeren Werkstoffaufwand.

Es ist ebenso verfehlt, zur Anwendung von legierten hochwertigen Stählen überzugehen, wenn man bei entsprechender Formgebung mit normalen Maschinenbaustahl denselben Erfolg haben würde. Im Interesse der Herstellungskosten und der Ersparnis devisenbelasteter Legierungszusätze ist es besser, die Form hochzuzüchten als den Werkstoff.

Bei hochbeanspruchten Teilen, die unter dem Einfluß von angreifenden Flüssigkeiten, z. B. Seewasser stehen, ist ganz besondere Vorsicht anzuwenden, da die Korrosion die Dauerfestigkeit fast aller Werkstoffe außerordentlich herabsetzt. Wenn sich die Anordnung von wechselbeanspruchten Teilen unter Korrosionseinfluß nicht vermeiden läßt, so muß man sie durch absolute dichte Schutzmäntel oder Überzüge vor jedem Angriff schützen.

Bestehen Zweifel über die zweckmäßige Form oder den besten Werkstoff, so muß man sich eine Grundlage durch Vergleichsversuche schaffen. Diese Versuche dürfen aber nicht auf der Zerreißmaschine, sondern müssen in Vorrichtungen für Dauerwechselbelastungen durchgeführt werden, am besten derart, daß die zu vergleichenden Teile bzw. Ausführungen durch Einspannen in die gleiche Vorrichtung unter genau gleichen Versuchsbedingungen geprüft werden. Diese Vorarbeiten werden schließlich fortgesetzt in einer gründlichen Erprobung des ganze Bauwerkes in einer geeigneten Versuchseinrichtung oder im praktischen Versuchsbetrieb. Wenn der fertiggestellte Motor das im Entwurf vorgesehene Gewicht erreicht hat, Leistung und Verbrauch und alle übrigen Bedingungen auf dem Prüfstand erfüllt hat, so ist noch nicht der betriebssichere marktfähige Motor geschaffen. Erst der auf Dauerfestigkeit und Verschleiß geprüfte Motor, d. h. die riß- und fehlerfrei überstandene Betriebszeit über die genügende Millionenzahl von Lastwechseln ergibt den Beweis für den endgültigen Erfolg und den Lohn für die wahrhaft schöpferische Tätigkeit des Ingenieurs[2].

---

[1] THUM, A., und S. BERG: Z. VDI, Bd. 77 (1933) S. 281.

[2] THUM, A.: VDI-Jahrbuch 1935, S. 15; 1936, S. 14; Berichtswerk der 74. VDI-Hauptversammlung 1936; LEHR, E.: Spannungsverteilung in Konstruktionselementen, Berlin 1934.

Schrifttum.

Zu Kapitel I und II.

Anleitungsblätter für das Schweißen im Maschinenbau (VDI-Verlag). — Arbeitsblätter Nr. 1 bis 5 des Fachausschusses für Maschinenelemente beim VDI (VDI-Verlag). — Ausgewählte Schweißkonstruktionen, Band 2: Maschinenbau (VDI-Verlag). — BOBEK: Über die Berechnung von dauernd wechselnd beanspruchten Schweißverbindungen. Elektroschweißg. 1936 H. 3. — DIN 1912 Blatt 1 und 2. — GRAF, S.: Dauerfestigkeit von Stahl mit Walzhaut, ohne und mit Bohrung, von Niet- und Schweißverbindungen. Berlin: Springer. — MELLER: Die Entwicklung der Lichtbogenschweißung im Elektromaschinenbau. Elektroschweißg. 1935 H. 3. — 7. — MELLER: Elektrische Lichtbogenschweißung. Handbuch, Leipzig: S. Hirzel. — SCHIMPKE, P., H. A. HORN und R. HÄNCHEN: Praktisches Handbuch der gesamten Schweißtechnik. III. Berechnen und Entwerfen der Schweißkonstruktion. Berlin/Göttingen/Heidelberg: Springer 1952.

Zu Kapitel III.

AKER, J.: Maschinengestelle, insbesondere Drehbankbetten. Industrie-Anzeiger, Essen. Bd. 75 (1953), H. 68/69, S. 883 (203)/86(06). Sonderteil „Werkzeugmaschine und Fertigungstechnik". — ATSCHERKAN, N. S.: Werkzeugmaschinen. Berechnung und Konstruktion. Bd. 1 Kapitel IV: Betten, Führungen, Ständer, Tische, Ausleger, Querbalken und Supporte. Berlin: Verlag Technik 1952. — BICKEL, E.: Technische und wirtschaftliche Gesichtspunkte zur Wahl von Guß- und Schweißkonstruktionen. Industrielle Organisation. Schweizerische Zeitschrift für Betriebswissenschaft. Sonderheft „Schweißen und Gießen im Maschinenbau". Bd. 22 (1953), H. 8, S. 331/343. — BRÖDNER, E.: Entwicklungsstand der Werkzeugmaschine in der Schweiz. Werkstatt und Betrieb. Bd. 83 (1950), H. 3, S. 94/103. — CHISHOLM, A. J.: Metall Cutting and Machine Shop Productivity. — The Causes of Chatter Vibrations. Machinery, Bd. 75 (1949), S. 51/53. — DIDILLON, E.: Wirtschaftliche Einzweckmaschinen zum Bohren und Gewindeschneiden von Massenteilen. Werkstattstechnik. Bd. 34 (1940), S. 105/09. — EISELE, F.: Problematik in der Auffindung der Erregerquellen von Schwingungserscheinungen. Technische Mitteilungen. Bd. 45 (1952), H. 9/10, S. 308/14. — FIGGE, K.: 3 Jahre Gußeisen mit Kugelgraphit in Westdeutschland. Gießerei Bd. 41 (1954), H. 8, S. 153/98. — GEORG, O.: Ein allgemein anwendbares Baukastensystem für Werkzeugmaschinen. Werkstattstechnik und Maschinenbau. Bd. 40 (1950), H. 3, S. 65/70. — GOEBEL, H.: Selbsttätige Maschinen-Fließreihen. Werkstattstechnik und Maschinenbau. Bd. 42 (1952), H. 4, S. 128/34. — GÖTZE, F.: Grundlagen des Leichtbaues von Maschinen. Konstruktion. Bd. 4 (1952), H. 1, S. 16/21. — GRIESE, F. W. [1]: Schweißtechnische Gestaltung und Fertigung im Maschinenbau. Schweißen und Schneiden. Bd. 2 (1950), S. 232/46 u. S. 259/69. — [2]: Kleinformgebung einfacher geschweißter Bauteile. Schweißen und Schneiden. Bd. 3 (1951), H. 6, S. 182/85. — [3]: Der Konstrukteur und die Schweißtechnik. Industrie-Anzeiger. Bd. 73 (1951), S. 826/28, 836/39, 848/49 und 857/59. — [4]: Schweißen im Maschinenbau. Schweißen und Schneiden. Bd. 4 (1952), H. 1, S. 6/18. — HAAS, T.: Product Design and Development. Design Trends and the Style of Machine Tools. Milling and Grinding Machines. — The Engineers Digest. Bd. XI (1950) Nr. 1, S. 24/32. — HÄNCHEN, R.: Schweißkonstruktionen. Berechnung und Gestaltung. Konstruktionsbücher, H. 12. Hrsg. von E.-A. CORNELIUS, Hamburg. Berlin/Göttingen/Heidelberg: Springer 1953. — HEGNER, K.: Die neuen Bearbeitungseinheiten des deutschen Werkzeugmaschinenbaues. Z. VDI. Bd. 88 (1944), Nr. 45/46, S. 633/37. — HEISS, A. [1]: Schwingungsverhalten von Werkzeugmaschinen-Gestellen. Gestaltung von Elementen in Stahlschweißbau. VDI-Forschungsheft 429. Düsseldorf, VDI-Verlag 1949/50. — [2]: Schwingungsverhalten von geschweißten Werkzeugmaschinen-Gestellen. Schweißen und Schneiden. Jg. 3 (1951), Sonderheft 1951, S. 122 (S)/130 (S). — [3]: Gestell- und Werkzeugschwingungen. Technische Mitteilungen. Bd. 45 (1952), H. 9/10, S. 301/308. — HISSERICH, H.: Aus der Praxis des Leichtbaus. Maschinenmarkt. 1942, H. 32. — HORN, H. A.: Brennschneiden. Autogenes und elektrisches Schneiden. Berlin/Göttingen/Heidelberg: Springer 1951. — IRTENKAUF, J.: Die Bearbeitungseinheiten für das Drehen. Werkstattstechnik und Maschinenbau. Bd. 39 (1949) Nr. 3, S. 65/71. —

JURCZYK, K.: Geschweißte Maschinen-, Apparate- und Behälterkonstruktionen aus Stahl Z. VDI, Bd. 97 (1955), H. 11/12, S. 332/36. — KESSELRING, F.: Bewertung von Konstruktionen. Ein Mittel zur Steuerung der Konstruktionsarbeit. Düsseldorf, VDI-Verlag. 1951. — KETTNER, H.: Dynamische Untersuchungen an Werkzeugmaschinen-Gestellen. Entwicklung eines elektrischen Meßgerätes. Vergleichende Messungen an Ausführungen in Gußeisen und Stahl. Diss. Berlin 1938. Würzburg: Triltsch. — KIEKEBUSCH, H.: Die Werkzeugmaschine unter Last. Formänderungen und Beanspruchungen der Drehbank unter Betriebslast. VDI-Forschungsheft 360. Berlin, VDI-Verlag 1933. — KIENZLE, O. [1]: Stahlschweißbau bei Werkzeugmaschinen. Werkstattstechnik und Maschinenbau. Bd. 39 (1949), S. 33/41. — [2]: Tatsachen und Bilder aus deutschen Werkzeugmaschinenfabriken. Werkstattstechnik und Maschinenbau. Bd. 41 (1951), H. 8, S. 295 bis 328. Insbesondere Abschnitt 5: Gießen, Schweißen, Härten. S. 301/303. — [3] u. H. KETTNER: Das Schwingungsverhalten eines gußeisernen und eines stählernen Drehbankbettes. Werkstattstechnik Bd. 33 (1939), S. 229/37. — KLOTH, W.: Leichtbaufibel. München-Wolfratshausen 1950: Hellmut Neureuter. — KOENIGSBERGER, F. [1]: Design for Welding in mechanical Engineering. London-New York-Toronto: Longmans, Green and Co. 1948. — [2]: Gestaltung und Berechnung von Schweißkonstruktionen. Schweißen und Schneiden. Bd. 3 (1951), Sonderheft S. (S) 73/80. — KRONENBERG, M.: Die Beeinflussung der Werkzeugmaschine durch Erwärmung und Belastung sowie durch Schwingungen. Industrielle Organisation. Bd. 20 (1951), H. 11, S. 339. — KRUG, C. [1]: Der Stahlbau bei Werkzeugmaschinen. Werkstattstechnik und Werksleiter. Bd. 31 (1937), H. 24, S. 541/46. Enthält Aufbaupläne von geschweißten Betten und Ständern für Schleifmaschinen. — [2]: Die Stahlbauweise im Maschinenbau. Z. VDI Bd. 73 (1929), S. 14. Weitere sind im VDI-Forschungsheft 429 von A. HEISS zusammengestellt. — [3]: Stahlleichtbau bei Werkzeugmaschinen. Grundlagen und Ausführungsbeispiel. Z. VDI. Bd. 84 (1940), H. 1, S. 11/16. — [4]: Form und Federung bei Werkzeugmaschinen. Werkstattstechnik und Werksleiter. Bd. 35 (1941), H. 11, S. 189/93. — KRUG, H.: Störschwingungen bei Schleifmaschinen, ihre Entstehung und Beseitigung. Technische Mitteilungen. Bd. 45 (1952), H. 9/10, S. 314/16. — KRUG, P.: Schweißwerkstätten im Maschinenbau. Werkstattstechnik und Werksleiter. Bd. 36 (1942), H. 13/14, S. 257/64. — MÄKELT, H.: Werkzeugmaschinen für die Blech-, Profil- und Drahtverarbeitung. Z. VDI Bd. 96 (1955), H. 31, S. 1057/64. — MARTINAGLIA, L.: Gießen und Schweißen vom Konstrukteur aus gesehen. Industrielle Organisation. Sonderheft „Schweißen und Gießen im Maschinenbau". Bd. 22 (1953), H. 8, S. 344/52. — MÖBIUS, W. [1]: Zur Entwicklung der Stahlleichtbau-Drehbänke. Versuche mit Betten rohrförmigen Querschnittes. VDI-Zeitschrift Bd. 88 (1944), H. 21/22, S. 277/86. — [2]: Ausgeführte Taktstraßen. Industrie-Anzeiger, Essen. Bd. 73 (1951), Nr. 69/70, S. 40/42. — PANDJIRIS, A. K.: Weldment Design and Engineering Practice. Weld. J. Bd. 29 (1950), Nr. 4, S. 305/08. — PIWOWARSKY, EUGEN: Hochwertiges Gußeisen (Grauguß), seine Eigenschaften und die physikalische Metallurgie seiner Herstellung. Berlin/Göttingen/Heidelberg: Springer 1951. — RAUPP, A.: Übersicht über die europäischen spangebenden Werkzeugmaschinen. Z. VDI. Bd. 93 (1951), Nr. 25, S. 781/812. — ROLOFF, J.: Schweißen oder Gießen im Werkzeugmaschinenbau? Industrie-Anzeiger, Essen. Bd. 71 (1949), Nr. 103/104, S. 55/58. — SALJÉ, E.: Werkzeugschwingungen beim Drehvorgang. Technische Mitteilungen. Bd 45 (1952), H. 9/10, S. 318/20. — SCHAPITZ, E.: Festigkeitslehre für den Leichtbau. Düsseldorf: VDI-Verlag 1951. — SCHIMPKE, P., H. A. HORN und R. HÄNCHEN: Berechnen und Entwerfen der Schweißkonstruktionen. III. Bd. des Praktischen Handbuches der gesamten Schweißtechnik. Berlin/Göttingen/Heidelberg: Springer 1952. — SCHIMPKE, P., und H. A. HORN: Praktisches Handbuch der gesamten Schweißtechnik. I. Bd. Gasschweiß- und Schneidetechnik, II. Bd. Elektrische Schweißtechnik. Berlin/Göttingen/Heidelberg: Springer 1948 (I. Bd.) und 1950 (II. Bd.) — SCHMIDT, O., und E. JÖLLENBECK: Normal- und Spannungsfreiglühen. Elektroschweißung. Bd. 11 (1940), H. 4, S. 57/62 und Bd. 13 (1942), H. 10, S. 141/48 und H. 11, S. 156/62. — SCHWERDTFEGER, FR.: Beton-Untergestelle für kleine Werkzeugmaschinen Werkstattstechnik und Werksleiter. Bd. 33 (1939), H. 7, S. 195/97. — SMITHERS, I. A.: Welded Construction Cuts Broach Cost. Amer. Mach. Bd. 93 (1949), S. 65. — STAUFFER, W.: Das duktile Gußeisen. Industrielle Organisation. Bd. 22 (1953), H. 8, S. 277/88. — STRATENBERG: Leichtbau durch Preß-, Zieh- und Stanzteile. Industrie-Anzeiger. Bd. 73 (1951), Nr. 66, S. 6/7. — STROMBERGER, C.: Aufbaueinheiten für die Reihenfertigung. Werkstatt und Betrieb. Bd. 84 (1951), Nr. 9, S. 417/23. — WOLLENHAUPT: Honsberg-Aufbaumaschinen mit elektro-mechanischer Steuerung DBP. ang. Von Werkzeugen und Werkzeugmaschinen. Hahn & Kolb-Nachrichten. 1953, H. 3, S. 12/16. — Ohne Verfasser und ohne Nr.: What's ahead the next ten years in... machining ... American Machinist. Bd. 96 (1952), H. 24, section E. S. E1, E73. — THUM, A., und O. PETRI: Steifigkeit und Verformung von Kastenquerschnitten. VDI-Forschungsheft 409, Berlin 1941.

Zu Kapitel IV.

ALF, F.: Die Induktionswärmebehandlung von Schweißnähten. Z. Schweissen und Schneiden 1954. S. 328. — BERG, S.: Gestaltfestigkeitsversuche der Industrie Z. VDI-Bd. 81 (1937) S. 483. — CORNELIUS, H.: Dauerfestigkeit von Schweißverbindungen Z. VDI Bd. 81 (1937) S. 883. — CORNELIUS, H.: Der Einfluß von Kohlenstoff und Mangan auf die Schweißbarkeit von Stahl, Z. VDI Bd. 82 (1937) S. 1200. In beiden Abhandlungen Zusammenfassung des ausländischen Schrifttums. — ERKER, A.: Die vorgespannte Schraubenverbindung unter Dauerbeanspruchung und Überlastungen. MAN-Forschungsheft 1953. — FLATZ, E.: Werkstoffsparen im Maschinenbau, Z. VDI Bd. 81 (1937) S. 1481. — KUNZ, H.: Neuere Erkenntnisse auf dem Gebiet des autogenen Entspannens von Schweißnähten. Z. Schweissen und Schneiden, Sonderheft Dez. 1952, S. 55. — KUNZ, H.: Autogenes Entspannen geschweißter Großkonstruktionen im Schiff- und Behälterbau, Z. Schweissen und Schneiden 1954, S. 328. — MANTEL, W. u. WOLF: Neuere Erkenntnisse auf dem Gebiete des Ellira-Schweißens. Z. Schweissen und Schneiden Bd. 5 (1953) Heft 9, S. 339. — PFEIFER, R.: Das Richten mit der Flamme, Schweissen und Schneiden, Sonderheft Dez. 1952. — RANKE, H. u. H. TANNHEIM: Das Ellira-Verfahren, ein neues elektrisches Schweißverfahren, Elektroschweißung Bd. 10 (1939), Heft 6. — SCHIMPKE, P., H. HORN u. R. HÄNCHEN: Praktisches Handbuch der gesamten Schweißtechnik, Bd. 3, Berechnen und Entwerfen von Schweißkonstruktionen, Berlin/Göttingen/Heidelberg: Springer 1953. — Schweißgerechtes Konstruieren, neuzeitliche Fertigungsverfahren. Herausgegeben v. Deutschen Verband für Schweißtechnik, Ortsverband Duisburg, als Manuskript gedruckt. — STOLL, A.: Ausführung und Einsatz einer Groß-Ellira-Anlage. Z. Schweissen und Schneiden Bd. 4 (1952), Heft 12, S. 437. — TANNHEIM, H.: Die physikalischen und chemischen Grundlagen des Ellira-Verfahrens, Elektroschweißung Bd. 15, (1948), Heft 2. — THUM, A.: VDI-Jahrbuch 1935, S. 15, 1936, S. 14. — THUM, A. u. G. BERGMANN: Dauerprüfung von Dauerfestigkeit und Konstruktion. Berlin 1932. — THUM, A. u. F. DEBUS: Vorspannung und Dauerhaltbarkeit von Schraubenverbindungen, Berlin 1936. — THUM, A. u. A. ERKER: Die Gehaltfestigkeit von Schweißverbindungen VDI-Verlag 1942. — THUM, A. u. Th. LOPP: Zur Frage der Dauerhaltbarkeit geschweißter und gegossener Konstruktionselemente. Gießerei Bd. 21 (1934) S. 41 ff. — WIDEMANN, M.: Der Bindefehlernachweis an Schweißnähten durch Röntgenstrahlen. Z. VDI Bd. 81 (1937) S. 1403. — ZEYEN, K. L., Fortschritte auf dem Gebiete des Schweißens und Schneidens (Berichte über wichtige Veröffentlichungen in der Weltliteratur). Z. Schweissen und Schneiden Bd. 4 (1952), T. 402 und Schweissen und Schneiden Bd. 6 (1954), S. 298.

Namen- und Sachverzeichnis.